W0260382

ALLGEMEINE KONSTITUTIONSLEHRE

IN NATURWISSENSCHAFTLICHER UND MEDIZINISCHER BETRACHTUNG

VON

O. NAEGELI

DR. MED. · DR. JUR. H. C. · DR. DER NATURWISSENSCHAFTEN H. C.
O. Ö. PROFESSOR DER INNEREN MEDIZIN AN DER UNIVERSITÄT
UND DIREKTOR DER MEDIZINISCHEN UNIVERSITÄTSKLINIK ZÜRICH

ZWEITE AUFLAGE

MIT 32 ZUM TEIL FARBIGEN ABBILDUNGEN

BERLIN
VERLAG VON JULIUS SPRINGER
1934

ISBN-13: 978-3-642-90191-1 e-ISBN-13: 978-3-642-92048-6
DOI: 10.1007/978-3-642-92048-6

Reprint of the original edition 1934

Vorwort zur ersten Auflage.

Wegleitend für dieses Buch ist der Gedanke, daß menschliche Konstitutionslehre nur im innigsten Zusammenhang mit den Erfahrungen über Konstitutionen auf dem Gesamtgebiete der Naturwissenschaften richtig dargestellt werden kann. Darum ist einer eingehenden naturwissenschaftlichen Betrachtungsweise in allen hier aufgeworfenen Problemen der größte Raum gewährt worden.

Ich empfinde es schmerzlich, daß die Medizin viel zu sehr, und wie mir scheint, immer stärker von Botanik und Zoologie sich entfernt und glaubt, ihre eigenen Wege gehen zu können. Im Gegensatz zu früheren Dezennien interessiert sich der Mediziner heute recht wenig dafür, welche Vorstellungen sich die Naturwissenschaften über Konstitutionen und Neuentstehungen in der Natur machen.

Diese Trennung kann nicht gut sein und muß sofort zu großen Irrtümern in der Betrachtung menschlicher Konstitutionen führen. Das läßt sich in den medizinischen Werken der neuesten Zeit durch zahlreiche Beispiele belegen.

Aber auch die Naturwissenschaftler kümmern sich gleichfalls recht wenig um das reiche Tatsachenmaterial, das aus medizinischen Beobachtungen stammt, und das zum Teil glänzende Dokumente enthält, weil die Analyse menschlicher Konstitutionen in mancher Hinsicht außerordentlich viel feiner und ausgedehnter durchgeführt werden kann als die Prüfung in den Naturwissenschaften. Der hohe Stand der medizinischen Untersuchungsmethodik und die viel größere Differenzierung der Art homo sapiens, erklärt das. So können wir heute durch die Spaltlampenuntersuchung den Star auf ganz verschiedene Arten von Linsentrübungen mit völlig selbständiger Genese zurückführen und scheinbar Einheitliches in biologisch und konstitutionell ganz verschiedenes zerlegen, und in der feineren Zellmorphologie der roten Blutzellen finden wir den Weg, die Anämien in vollständig verschiedene Typen zu trennen.

Ich habe daher den Wunsch, es möchten meine hier vorliegenden Ausführungen, die ich seit einer Reihe von Jahren in Vorlesungsform gehalten habe, ein Bindeglied bilden zwischen Naturwissenschaften und Medizin, aus dem beide Teile eines unteilbaren Reiches Anregungen und Wissen schöpfen.

Die eingehende Beschäftigung mit Naturwissenschaften, insbesondere mit Botanik, seit meiner Jugend und die stete Fortführung dieser Studien erlauben es mir, viele eigene, namentlich botanische Beobachtungen, als Beispiele meinen Schilderungen einzureihen. Ich habe stets das Empfinden, daß nur das, was man selbst geprüft und selbst erlebt hat, ganz festen Boden für die kritische Beurteilung schafft.

Der Charakter des Buches ist ein persönlicher. Deswegen sind meine eigenen botanischen und medizinischen Arbeiten oft zitiert; nicht etwa, daß nicht andere Beobachtungen ebensogut verwendet werden könnten, sondern deswegen, weil diese letzteren für mich nicht den gleichen Grad der Sicherheit in der Beurteilung des Beobachteten enthalten.

Die hauptsächlichsten Gesetze der Vererbung und der zytologischen Forschung in den Vererbungsfragen muß ich als bekannt voraussetzen. Eine Wiederholung hätte den Umfang des Buches zu sehr vergrößert, was ich durchaus vermeiden wollte.

Die Unvollständigkeit und Ungleichheit meiner Darstellungen kenne ich sehr wohl. Für jede Kritik und für jeden Hinweis zu einem weiteren Ausbau der Ziele, die dieses Buch verfolgt, bin ich dankbar.

Zürich, den 1. März 1927.

O. Naegeli.

Vorwort zur zweiten Auflage.

In den 7 Jahren seit dem Erscheinen der ersten Auflage sind die hier erörterten Probleme der Konstitution und der Vererbung in außerordentlich weite Kreise hineingedrungen, und vor allem hat auch die medizinische Wissenschaft sich mit diesen Fragen weit eingehender beschäftigt, als dies seit langen Dezennien der Fall gewesen ist. Ich halte es daher für richtig, das vorliegende Werk in etwas erweiterter Gestalt neu aufzulegen. Dabei will ich die feste Grundlage aller dieser Probleme, die naturwissenschaftliche Basis, noch fester in den Vordergrund stellen als bisher; denn das ist gegenüber den vielfach noch vollkommen verschwommenen Ansichten und Auffassungen in diesen Fragen nötiger denn je.

Die letzten 7 Jahre haben aber gerade auch auf naturwissenschaftlichem Gebiet enorme Fortschritte gebracht, und zwar Fortschritte, die sich ganz direkt auch auf medizinische Probleme auswirken. Vor allem weise ich darauf hin, wie das Problem der de Vriesschen Mutation heute in den Mittelpunkt vieler Fragen der Variabilität und der Evolution getreten ist. Während früher viele Mediziner den de Vriesschen Begriff überhaupt nicht gekannt haben, sieht man jetzt in vielen Arbeiten über konstitutionelle Fragen die Mutationslehre ausgewertet und die frühere Ablehnung und Opposition ist verschwunden. Vor allem haben die experimentellen Forschungen über Mutation in den letzten Jahren einen enormen Wert bekommen, ganz besonders die Studien der Morganschule und die Möglichkeit, durch bestimmte Experimente, ganz besonders durch

Röntgenstrahlen, die Häufigkeit der auch in der Natur vorkommenden Mutationen enorm zu steigern, so daß die Häufigkeitsrate auf das 150fache gesteigert werden konnte. Auch das Problem der gerichteten Mutation hat ganz besonderes Interesse gefunden und ist für unsere Vorstellungen von großer Bedeutung.

Wie wichtig die MORGANschen Untersuchungen über Mutation auch für die Medizin geworden sind, beleuchtet am besten die Verleihung des Nobelpreises für Medizin und Physiologie an MORGAN 1933.

Außer der noch breiteren naturwissenschaftlichen Basis habe ich aber auch zahlreiche medizinische Probleme viel eingehender behandelt, um so im Kreise der Ärzte noch größeres Interesse für all diese grundlegenden Fragen zu finden.

Zürich, im März 1934.

O. NAEGELI.

Literaturhinweise konnten leider nur beschränkt gegeben werden und meist nur abgekürzt, z. B. bedeutet Zitat (*69*/30): Kongreßzentralblatt für innere Medizin, Bd. 69, S. 30.

Inhaltsverzeichnis.

Einleitung.

Beispiele für die Bedeutung des konstitutionellen Denkens.

Konstanz konstitutioneller geistiger Eigenschaften. In der Dichtung des schwäbischen Dichters Mörike sind die fünf Gedichte an Peregrina das Bedeutendste seiner Muse. Nie hat der Dichter später wieder Töne gefunden, die gleich tief aus seinem Herzen kamen.

Wer war Peregrina? Ein junges Mädchen aus Schaffhausen, das sich selbst als eine Fremde hinstellte und seine Herkunft stets geheimhielt,

Abb. 1. Haus der Peregrina.

das sich gewöhnlich vor einer Stadt in hysterischem Schlafzustand auffinden ließ, um gleich das Interesse und die Augen aller Welt auf sich zu ziehen und auch sofort von einem Sagenkreis umwoben wurde.

1823 ist sie zum erstenmal in Ludwigsburg aufgetaucht und hat Mörike gefangen genommen. Sie wurde in seine Familie eingeführt und mit Wohltaten überhäuft; ein unbändiger Drang nach Freiheit und nach Abenteuern hat sie nach kurzer Zeit wieder fortgetrieben. Später brachte sie 10 Jahre mit Zigeunern zu.

Erst vor kurzer Zeit ist das spätere Lebensschicksal Peregrinas mit Sicherheit festgestellt worden. P. CORRODI[1] schildert, wie sie einen ehrbaren Schreiner geheiratet und in dem kleinen thurgauischen Dorfe Wylen 1865 gestorben ist, nachdem sie durch ein untadelhaftes Leben ihre früheren Sünden gebüßt hätte.

Als ich diese Zeilen las, habe ich mir sofort gesagt, wenn es eine Konstitutionslehre gibt, die einmal Geschaffenes als unabänderlich darstellt, so kann dieser Schluß nicht richtig sein. Meine Nachforschungen an Ort und Stelle haben denn auch ergeben, daß Peregrina auch in den fortgeschritteneren Jahren ihres Lebens romantische Beziehungen zu den Herren der kleinen Nachbarstadt unterhalten hat, daß sie ein überaus merkwürdiges Geschöpf geblieben ist, überschwenglich in Freude und Trauer, daß sie als gutmütig trotz ihrer auffälligen Eigenschaften beliebt, ja verehrt war, und daß auch an ihrem Sterbensorte ein Sagenkreis sie umwoben hielt.

Abb. 2. Schech el Beled.

Peregrina ist in allen wesentlichen Eigenschaften die gleiche geblieben. Nur die äußeren Umstände des vorgeschritteneren Alters und die überaus einfachen ländlichen Verhältnisse (ihr Herd hatte nur ein einziges rundes Loch) hatten eine äußere Modifikation herbeigeführt und andere Bedingungen der Lebensgestaltung geschaffen.

Konstanz konstitutioneller körperlicher Eigenschaften. Im Lande der Pharaonen lebt auch heute das „ewige Volk der Ägypter“. An einem kleinen Orte haben die Ausgrabungen vor einigen Jahrzehnten die berühmt gewordene Statue des SCHECH-EL-BELED zutage gefördert, eine Statue von großer Natürlichkeit der Darstellung. Als die Dorfbewohner sie ansahen, erklärten sie sofort: Das ist ja unser Dorfschulze, der SCHECH-EL-BELED, so sehr stimmten alle Züge des Ägypters vor mehreren Jahrtausenden mit denen des jetzt lebenden überein. Und doch haben zahlreiche Erobererzüge fremder Völker das Volk der Ägypter unterjocht, und immer neue fremde Stämme haben zu starken Mischungen der Konstitutionen geführt. Wie ist es möglich, daß dennoch

[1] CORRODI, PAUL: Das Urbild von MÖRIKES Peregrina. Jahrbuch der literarischen Vereinigung. Winterthur 1923.

sehr viele Ägypter, besonders in Oberägypten, noch so außerordentlich stark dem früheren Pharaonenvolk gleichen, und wie kommt es, daß einzelne Typen noch völlig dem Typus, der vor 4 und 5 Jahrtausenden gelebt hat, entsprechen?

Wenn man sich alle Faktoren überlegt, die in Betracht kommen, so ist die Beantwortung der Frage nicht sehr schwer. Ägypten war stets ein ganz außerordentlich stark bevölkertes Land. Man denke an das große Theben mit seinen 100 Toren gegenüber dem griechischen Theben. Ägypten ist auch heute mit seinen 15 Millionen auf der anbaufähigen Fläche das weitaus stärkstbevölkerte Land der Welt, dreimal stärker besiedelt als Deutschland und wesentlich stärker als Belgien. Zu diesen Millionen kamen die fremden Eroberer doch nur mit wenigen Hunderttausenden, gewohnlich in noch viel kleinerer Zahl, und diese wurden weitgehend von den Ureinwohnern im Laufe der Zeiten aufgesogen. Nach dem MENDELschen Spaltungsgesetz mußte daher zufolge der Mengenverhältnisse oft der alte Urtypus [1] wieder zum Vorschein kommen, mindestens in sehr großer Annäherung. Jeder, der Ägypten selbst kennengelernt hat, wird beim Vergleich der Statuen und auch der anderen Darstellungen im ägyptischen Museum in eindringlicher Deutlichkeit weitgehende Übereinstimmung von Einst und Jetzt finden können.

In anderer Weise hat ein so ernster Forscher wie SCHWEINFURT zu diesen Problemen Stellung genommen: Keine Rasse ist von so ausgeprägter Eigenart wie das ewige Volk der Ägypter. Die Menschen müssen hier immer wieder zu dem von der Natur bedingten Typus sich umgestalten, wenn ihnen auch ursprünglich ein anderer Typus vorgezeichnet war. Diese Rassenstetigkeit steht im Widerspruch zu unseren Vorstellungen von Verfall und Entartung.

Noch beweisender, sagt er, ist die Tierwelt für die umgestaltende Nilluft. Nach wenigen Generationen werde das in Ägypten eingeführte europäische Rind zum ägyptischen Büffel. Die klimatischen Faktoren und die Einflüsse der Außenwelt schaffen in sehr kurzer Zeit den ägyptischen Typ des Rindes.

Dieser Erklärungsversuch ist selbstverständlich irrig. Er entspricht dem alten Denken, wie es *vor* der Ära der Konstitutionslehre geherrscht hat. Er beleuchtet grell, wie naiv das menschliche Denken früher gewesen ist, wie dem exogenen Faktor damals alles für möglich zugeschrieben und dem endogenen keine Bedeutung beigelegt worden ist.

---

[1] In dieser Beziehung sind die Untersuchungen FISCHERS (Verlag Jena 1912) über die Rehobother Bastarde in Südafrika von überzeugender Beweiskraft. Aus diesen Mischungen von Buren mit Hottentotten entsteht ein großes körperliches und geistiges Mosaik, und immer zeigt sich das Abspalten, Herausmendeln von Eigenschaften der beiden Rassen. FISCHER hat die Gültigkeit der Mendelspaltung in diesen seinen Untersuchungen auch für Menschenrassenbastarde bewiesen. Seither ist das allgemein gültige dieser Gesetze an weiteren Bastardmischungen gezeigt worden.

Es leben heute in Ägypten Europäer in der 4. Generation, unvermischt mit dem einheimischen Volke. Kein Mensch wundert sich im geringsten, daß sie nichts von den Zügen des altägyptischen Volkes angenommen haben, so wenig wie jemals ein Neger in den Vereinigten Staaten seine afrikanische Konstitution verliert. Im Gegensatz dazu hört man freilich gelegentlich, wie sehr sich die Europäer in ihrem Äußeren, namentlich im Gesichte, in Amerika „amerikanisieren". Ich komme später auf diese Frage zurück.

Das gleiche primitive Denken hat in früheren Jahrhunderten die Entstehung der Blutbuche mit dem vergossenen Blut eines Ritters in

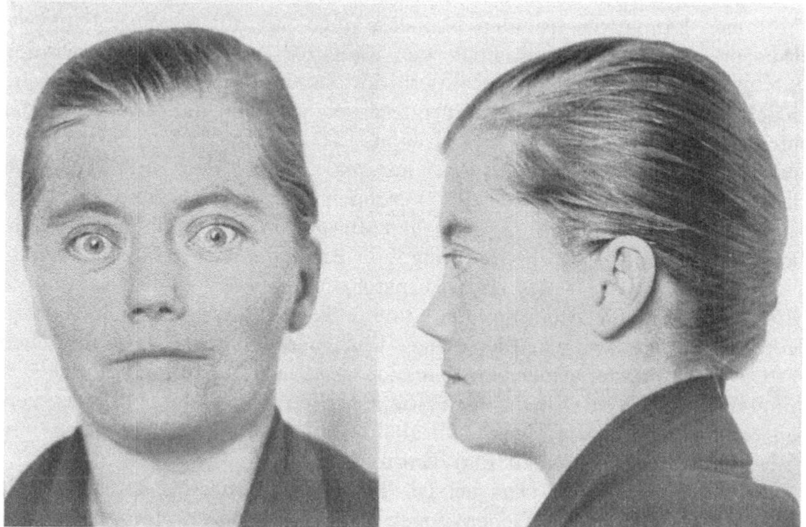

Abb. 3. Hamolytischer Ikterus. Turmschadel.

Zusammenhang gebracht, der von seinen Brüdern erstochen worden sei, an der Stelle im Walde, wo die erste Blutbuche gesehen worden ist.

Konstitutionelle hämolytische Anämie mit Kugelzellen. Vor einigen Jahren kam ein 42jähriges Mädchen mit Gelbsucht und starker Blässe zu mir. Sie erzählte, ihr Vater, jetzt 70 Jahre alt, hätte auch zeitweise Gelbsucht und sei nun schon 13mal in Karlsbad gewesen, bald mit, bald ohne Erfolg.

Wer sich auf Konstitutionspathologie versteht, stellt hier vor jeder Untersuchung mit fast absoluter Gewißheit die Diagnose: konstitutioneller hämolytischer Ikterus, und wer die Konstitutionen solcher Kranker genauer kennt, der sieht jetzt auch einen gewissen Grad von Turmschädel bei der Patientin, und jetzt ist er sicher in seiner Annahme, es könne nur diese Konstitutionsanomalie vorliegen.

Er empfindet jetzt den Nachweis der beweisenden Anzeichen einer vergrößerten Milz und scheinbar kleiner roter Blutkörperchen, Kugelzellen, Sphärozyten, im mikroskopischen Präparate als etwas Selbstverständliches, und er weiß, daß jede andere Krankheit nun als ausgeschlossen anzusehen ist.

Sichelzellenanämie. Bei klinisch ganz ähnlichem Bilde trifft man bei Negern und Mulatten die roten Blutzellen als Sichelzellen. Damit ist wiederum mit Sicherheit eine besondere Konstitutionskrankheit erwiesen.

Probleme der Sepsis lenta. Ein Mann der 50er Jahre, von hünenhafter Gestalt, strotzend von Kraft, kommt ins Krankenhaus. Anscheinend hat er sich bei einer Bergbesteigung doch zuviel zugemutet, zumal er nicht trainiert war. Sonst hätte nach seiner eigenen Meinung die Herzstörung nicht auftreten können. Die Untersuchung zeigt einen Herzfehler nach früher durchgemachter Polyarthritis, der seit Jahren keinerlei Störung gemacht hatte.

Die Messung der Temperaturen ergibt aber leichte Fieber, und diese wollen auch in der Folge nicht weichen. Eine Ursache kann nirgends gefunden werden. Sorgfältige Blutbefunde zeigen keinerlei nennenswert von der Norm abweichende Ergebnisse an roten und weißen Blutzellen oder am Serum. Das Blut der Lenta sepsis bietet anfänglich nichts von Entzündungszeichen. Keine Leukozytose. Keine deutliche Vermehrung der Neutrophilen. Die Kerne der Polynukleären sind nicht verklumpt. Die Granula sind nicht grob und verändert. Eosinophile Zellen sind in fast normaler Weise vorhanden und nicht, wie bei anderen entzündlichen und toxischen Zuständen, abnorm auf nahezu 0 reduziert. Mehrere bakteriologische Untersuchungen ergeben kein Wachstum von Bakterien.

Dennoch weiß der Arzt, der Konstitutionspathologie kennt, daß ein solcher Krankheitszustand eine ganz bestimmte Infektion nicht ausschließt, die fast ausnahmslos gerade kräftige Leute befällt, in der Mehrzahl der Fälle den Boden eines alten Herzklappenfehlers betritt, die, beurteilt nach allen klinischen und hämatologischen Zeichen, eine verhältnismäßig milde Infektion darstellt und doch stets zum Tode führt.

Wer auf diese Auffassung eingestellt ist, weiß jetzt die Bedeutung der kleinen Fieberzacken richtig einzuschätzen. Ihn läßt das Fehlen aller Schüttelfröste den Gedanken an Sepsis nicht aufgeben. Er kennt die ungünstige Prognose und die Aussichtslosigkeit der Therapie. Er weiß, daß in diesen Fällen der veränderten Körperreaktionen die Milz nicht den gewöhnlichen septischen Charakter des weichen, sondern jenen eigenartigen des großen, harten Tumors aufweist. Er weiß endlich, welche Zeichen die Diagnose sicher gestalten, entweder der später doch noch positive bakteriologische Blutbefund oder das plötzliche Auftreten einer Klappenperforation mit diastolischem lauten Geräusch, oder das

Auftreten einer hämorrhagischen Herdnephritis, oder das schmerzhafte Auftreten von Embolien an den Fingern.

Zwischen zwei Möglichkeiten schwankt auch heute die Auffassung dieses klinischen Phänotypus, entweder haben sich die Bakterien in ihren Eigenschaften, besonders in bezug auf Virulenz, im Kampfe mit dem kräftigen Organismus verändert, sie sind modifiziert worden, oder es liegen Keime von besonderer Virulenz vor, die einen anderen Ablauf der Krankheit bedingen.

Weil jetzt die Forschung ergibt, daß genotypisch verschiedene Streptokokken und auch Enterokokken Sepsis lenta erzeugen, so gewinnt die erste Auffassung die größere Wahrscheinlichkeit.

Konstitutioneller Diabetes. Wenn ein 31jähriger Mann mit auffälliger Abmagerung uns aufsucht, sein Harn Zucker enthält und Ketonkörper, und er erzählt, sein Bruder sei gleichfalls wie er im 30. Lebensjahr an *Zuckerkrankheit* erkrankt und später mit 32 Jahren gestorben, so wissen wir, daß die Konstitutionslehre derartige Fälle von familiärem konstitutionellem Diabetes wohl kennt und deren äußerst ungünstige Prognose klargelegt hat. Es ist außerordentlich wahrscheinlich, daß auch dieser zweite Bruder ungefähr gleichlange Zeit noch leben wird, weil der Verlauf solcher Beobachtungen vollständige Homologien aufzuweisen pflegt, entsprechend der Homochronie des Auftretens der Krankheit im gleichen Lebensalter, und es belegen derartige Beobachtungen den dominierenden Einfluß des Endogenen, der Anlage für Diabetes, und das fast Bedeutungslose der Einflüsse der Außenwelt, indem trotz aller Therapie auch der Charakter und der Verlauf des Leidens bei beiden Brüdern außerordentlich gleichartig (Homotypie) sich gestalten wird.

Atrophische Myotonie. Ein Mann von 35 Jahren klagt über starke Abmagerung und Kraftlosigkeit der Arme und Hände. Er sei der gewohnten Feldarbeit nicht mehr gewachsen. Er zeigt eine auffällige Stirnglatze. Seine Sprache ist langsam und wenig artikuliert. Nach dem Faustschließen kann er die Hand nicht sofort öffnen. Es hätte nicht so vieler Zeichen gebraucht, und heute wüßte jeder in den Konstitutionsfragen bewanderte Arzt: dieses Leiden ist keine gewöhnliche Muskeldystrophie, etwa vom Typus Aran-Duchenne, das ist die atrophische Myotonie, ausgesucht vererbbar, auf Jahrhunderte in den Familien zurückzuführen, sehr oft gleichzeitig bei mehreren Geschwistern vorhanden. Der Kundige forscht jetzt gleich auch nach etwas atypischen, symptomenarmen Fällen. Der Mann erzählt uns, seine Schwester sei ganz gesund und kräftig; ihr falle die Feldarbeit nicht schwer, ihre Arme seien nicht abgemagert, aber sie habe schon mit 30 Jahren einen Star, und auch der Vater sei frühzeitig an Star operiert worden. Wie wir wissen, sind das alles Beweise für die heute wohlbekannte Konstitutionskrankheit, die auch zu einer an sich spezifischen Form des Stares (VOGT) führt.

Evolution erbkonstanter, aber nahe verwandter Pflanzen seit der Eiszeit. Ein botanisches Beispiel: Viele Freunde der Alpen kennen den purpurfarben blühenden Steinbrech (*Saxifraga oppositifolia*, L.). Im hohen Norden, in Island, Spitzbergen, Norwegen und Schweden, Kola, tritt er wieder reichlich auf. Im deutschen Riesengebirge ist eine einzige Siedelung vorhanden. Höchst erstaunlich ist nun das Vorkommen am Bodensee, wo diese Pflanze jedes Jahr mehrere Monate metertief unter dem Wasserspiegel lebt unter ganz anderen biologischen Bedingungen. Zuerst denkt man, diese Bodenseepflanze ist nur heruntergeschwemmt; aber die Samen schwimmen nicht, und es gibt keinen anderen See der Welt, wo die Pflanze submers vorkommt. Die Standorte liegen auch nicht etwa an der Mündung des Rheines, sondern am unteren Teil des Sees, da wo stärkere Moränenablagerungen aus der Eiszeit vorhanden sind.

Gewiß aber wird der Kenner der Pflanzengeographie sagen, dieses zerrissene Areal der Art weist auf frühere geologische Bedingungen hin, wie sie heute nicht mehr vorliegen. Aber auch so bleibt das Vorkommen einer jedes Jahr einige Monate unter dem Wasserspiegel lebenden Steinbrechart dunkel und ungeklärt. Die eingehende morphologische Prüfung ergibt nun, daß bei der Bodenseepflanze doch ganz bestimmte konstante morphologische Unterschiede in den Wimpern und in der Zahl der Kalkgrübchen auf den Blättern vorhanden sind. Darum ist die Pflanze als Subspezies *amphibia Sündermann* der *Subspec. arctoalpina* BR.-BL. gegenübergestellt worden. Es zeigt jetzt die Analyse, daß auch die nordische, äußerlich so ungemein ähnliche Pflanze, von der Bodenseepflanze etwas abweicht, ihr aber anscheinend doch näher steht als die Alpenpflanze. Die Konstitutionen sind also verschieden, was freilich erst die sorgfältigste Prüfung ergibt, und sie sind kulturkonstant. Aus dem Urtypus der Glazialzeit[1] sind drei verschiedene, aber nahestehende Formen abzuleiten, die nordische Form, die alpine und die Bodenseeform. Letztere steht der nordischen Rasse anscheinend näher als der alpinen; die alpine und die nordische haben aber zusammen mehr gemeinschaftliche Merkmale.

Die genaue Erfassung der Konstitutionen, des endogen Verankerten, die Beachtung kleiner, aber konstanter, vererbbarer Unterschiede bringt die Lösung der merkwürdigen Verhältnisse und verschafft uns weite Einblicke in die Evolution und in das Werden der Welt.

[1] Aus der III., der Rißeiszeit ist die *Saxifraga* von Dresden und subfossil aus Danemark nachgewiesen, an welchen Orten sie heute fehlt. Leider ermöglicht die ungenügende Erhaltung der Pflanze einen feineren Vergleich mit den Arten der Jetztzeit fast nie.

Sollte nicht auch in der menschlichen Konstitution und in der menschlichen Konstitutionspathologie im Laufe der Jahrtausende die Entwicklung zu verschiedenen, naheverwandten Formen geführt haben, zu parallelen Formen mit geringen morphologischen Unterschieden, die aber vererbbar sind und damit die wesentliche Veränderung beweisen?

Sind nicht gerade die Naturwissenschaften berufen, in solchen Fragen der Genese und der Variabilität uns Erklärungen zu geben, die in solcher Beweiskraft sonst kaum zu erfassen sind? Gewiß ist das Studium der Vererbung, die Vererbungsforschung, das Nachforschen langer Stammbäume auf die Häufigkeit, auf Dominanz und Rezessivität von Merkmalen von hohem Interesse und es wird jederzeit in allen Ehren bleiben; aber wichtiger noch ist *Konstitutionslehre,* nicht bloß Vererbungsforschung, und interessanter noch erscheint es mir, sich eine Vorstellung machen zu können, wie überhaupt Variabilität und eine neue Art, wie eine neue Konstitution entsteht; ob wir uns Rechenschaft geben können über die *Ursachen der Veränderungen* im Lauf der Jahrtausende. Mit diesen Fragen betreten wir aber sofort allgemein naturwissenschaftlichen Boden, und es ist klar, daß derartige prinzipielle Fragen nur auf dem Boden der Gesamtnaturwissenschaften, und nicht auf dem kleinen, so schwierigen und kompliziert liegenden Felde der Medizin, einer Lösung näher gebracht werden können.

Die Konstitutionsforschung hat darin ihren besonderen Reiz, daß von ihr Ausblicke in die Zukunft des menschlichen Individuums gewonnen werden. Wir wollen mit dieser Forschung Anlagen entdecken für künftiges Kranksein oder künftiges Gesundbleiben, für besondere Widerstandskraft oder besondere Widerstandslosigkeit, für Erscheinungen, die sich unter Umständen erst in späteren Generationen, und in diesen vielleicht noch viel stärker dokumentieren. Der Blick der Konstitutionsforschung geht daher nicht wie die gewöhnliche ärztliche Untersuchung auf den augenblicklichen Zustand, sondern auf die Zukunft und oft auf eine sehr weite Zukunft.

Der Konstitutions- und Dispositionsbegriff im Laufe der Jahrhunderte[1].

Die Medizin der alten Völker war mit den Vorstellungen verbunden, daß Krankheit und abnorme Konstitution, auch Mißbildungen, eine Strafe der Götter und Dämonen darstelle. Es war der ungeheure Fortschritt der griechischen Medizin, mit diesen Vorstellungen gebrochen zu haben. Die griechischen Ärzte haben zuerst versucht, in den Krankheiten naturwissenschaftliche Probleme zu sehen, und das war vor allem der Fall in der Zeit des Hippokrates von Kos (geb. etwa 450 v. Chr.)

[1] Senn: Die Entwicklung der biologischen Forschungsmethode in der Antike usw. Aarau: Sauerländer 1933.

und seines wohl eben so bedeutenden Zeitgenossen EURYPHON von Knidos. Es bestanden aber zu jener Zeit naturwissenschaftliche Kenntnisse fast nur in einigen physikalisch-chemischen Fragen, in der Kenntnis der Mischungen verschiedener Körper und verschiedener Metalle, wie sie vor allem den Lehren des EMPEDOKLES aus Agrigent, 483—424 v. Chr., entstammten. Dieser Mann, der für die Medizin der Griechen von größter Bedeutung gewesen ist, entwickelte ein theoretisches naturwissenschaftliches System, und er lehrte, daß die Mischung von 4 Elementen die Welt der Dinge beherrsche, nämlich Wasser, Feuer, Erde und Luft mit den vier Eigenschaften feucht, warm, trocken und kalt. Aus diesen minimalen physikalischen Kenntnissen wurden, wie immer, wenn man auf einem Gebiete fast nichts weiß, ungeheure Abstraktionen gezogen, und in ungeheurer Überspannung der Weg der Vergleiche beschritten in der Auswertung scheinbarer Erkenntnisse.

Unter dem Einfluß dieses Systems nahm HIPPOKRATES an, daß die Krankheiten aus der unrichtigen Mischung der vier Säfte Blut (entstanden im Herzen), Schleim (entstanden im Gehirn; ähnlich ja der Ausdruck „rhume de cerveau“ bei den Franzosen), schwarze Galle (aus der Leber), gelbe Galle (aus der Milz) entstanden seien. Auch EURYPHON vertritt analoge Auffassungen, nur setzte er neben bloß einer Art der Galle noch als vierten Saft die Wasseransammlung, den Hydrops.

Es mußte daher die griechische Medizin ganz selbstverständlich Konstitutionsmedizin sein, weil tiefere naturwissenschaftliche Kenntnisse überhaupt nicht existiert hatten, und HIPPOKRATES hat daher keine Krankheiten unterschieden, sondern nur krankhafte Reaktionen auf die Einflüsse der Außenwelt, und die Krankheitserscheinungen erschienen ihm nur als Äußerungen, die auf dem konstitutionellen Boden der verschiedenen Viersäftemischung entstehen mußten. Daher bestand auch die Behandlung des HIPPOKRATES in einer Allgemeinbehandlung, in einer Konstitutionstherapie, mit der er die Zusammensetzung der Säfte verändern wollte. Daher Aderlaß, Schweißtreiben, Purgieren usw.

Im Gegensatz zu HIPPOKRATES hat die knidische Schule sofort versucht, einzelne Krankheiten als solche zu erkennen und zu differenzieren. EURYPHON unterschied 7 Arten von Gallenleiden, 12 Arten von Blasenleiden, 4 Arten von Gelbsucht, 3 Arten von Phthisen und verfolgte also bereits die Unterscheidung von einzelnen Krankheiten.

Es kommt hier schon der Gegensatz zwischen den Ganzheitsbestrebungen mit der allgemeinen Therapie in der koischen Schule und der Differentialdiagnose und der speziellen Therapie in der knidischen Schule zum Ausdruck. Aber für die spezielle Diagnostik und gar für eine spezielle Therapie war die Zeit damals noch nicht gekommen, und es mußte daher besonders in therapeutischen Fragen auf Knidos eine gewisse Resignation und ein gewisser Nihilismus aufkommen, wie das auch in späteren Jahrhunderten immer dann eingetreten ist, wenn die Vielheit der Krankheiten und der Erscheinungen erkannt, aber die Mittel zur Behandlung für alle diese Vielheiten noch gar nicht vorhanden waren.

So hat denn auch HIPPOKRATES der knidischen Schule ihren therapeutischen Nihilismus vorgeworfen (ILBERG). Übrigens näherten sich später anscheinend die beiden Lehrrichtungen, und die Lehren der beiden Schulen wurden in den Bibliotheken des Altertums vermengt, so daß wir heute vielfach nicht wissen, was von Kos und was von Knidos in den sog. hippokratischen Schriften vorliegt. Es erscheint aber immerhin verwunderlich, wenn nicht doch gegenüber großen Seuchen die Auffassung sich durchgebrochen hätte, es liege eine ganz besondere, von außen herkommende Krankheit vor. Zum Teil dürfte das sicher der Fall gewesen sein, wie besonders bei der Pest des THUKYDIDES, und wenn wir in den hippokratischen Schriften eine so gute Schilderung des Habitus phthisicus finden, so zeigt das doch eine Gedankenrichtung, die mindestens in der Praxis auf spezielle Diagnostik der Lungenkrankheit hindrängt, wenn auch noch so sehr durch das Dogma und die Theorie eine solche Auffassung abgelehnt worden ist.

Ganz anders war die Krankheitsauffassung bei PLATO. Ihm erschien Krankheit als etwas autonomes, ähnlich einem Parasiten, der in den Menschen eingedrungen war und nun eine selbständige Existenz führte.

Die alte griechische Medizin unterschied ferner folgende Begriffe:

1. Disposition = Diathese, ein widernatürlicher Zustand, eine Veranlagung, eine Bereitschaft zu Krankheiten, aber selbst keine Krankheit.

2. Pathos = das krankhafte Geschehen, das den Krankheitsprozeß ins Auge faßt, und den Kampf zwischen der krankmachenden Ursache und dem befallenen Organismus entspricht.

3. Nosos = Krankheit im Gegensatz zu Gesundheit, daher: Nosologie = Lehre von den verschiedenen Krankheiten.

Wenn wir heute von Diathesen reden hören, z. B. exsudative, spasmophile, allergische, eosinophile, so wird die griechische Fassung des Begriffs nicht mehr vollständig gewahrt.

Die römische Medizin unter GALEN erfaßte (SIEGRIST) die Krankheiten im psychophysischen Sinne, wie vorher schon ARISTOTELES. Für diesen war der Melancholiker in seiner Konstitution schon durch die Geburt festgelegt. Melancholisch wurde derjenige, der im Zeichen des Saturn geboren war. So steht denn auch über dem Bilde des Melancholikers von DÜRER der Saturn.

Die Araber unterschieden ganz bewußt und offenbar unbeschwert von theoretischen Vorstellungen nach natürlichem Empfinden verschiedene Krankheiten und nicht bloß Konstitutionen. Als solche Krankheiten kannten sie sehr wohl Ruhr, Pest, Pocken und andere und wußten, daß diese Krankheiten ansteckend waren.

Mit PARACELSUS entstand eine ungeheure Opposition gegen die Übertreibung der alten Konstitutionsauffassung. Er wollte die Beobachtung als den Ausgangspunkt für die Auffassung einsetzen und die Dogmen zurückdrängen. Er hat das wundervolle Wort geprägt, „Deine Augen seien deine Wegweiser", und er suchte durch das Studium der Krankheitsäußerungen und der Reaktionen auf Medikamente zu einem tieferen Verständnis zu kommen.

Eine weitere Einschränkung übertriebener konstitutioneller Gedankengänge stellte dann das epochale Werk von MORGAGNI über den Sitz der Krankheiten dar; aber so fest waren noch für 2 Jahrhunderte die alten Begriffe, daß selbst nur ein Teil der Ärzte sich den MORGAGNIschen Ideen und nur bis zu einem gewissen Grade anschließen wollte.

THOMAS SEYDENHAM wird durch die spezifische Wirkung des Chinins zur Erkenntnis geführt, daß es spezifische Krankheitsgifte gibt, und er hat deswegen spezifische Krankheiten mit großer Schärfe zu unterscheiden gelehrt. Man kann diesen Autor aber nicht wohl als den englischen Hippokrates (KNUD FABER) bezeichnen, weil ja gerade HIPPOKRATES keine Krankheiten unterscheiden wollte, sondern nur Konstitutionen, die gemäß ihrer inneren Veranlagung verschieden auf äußere Einflüsse reagieren.

Als dann LINNÉ die Systematik und die Trennung der Arten in Botanik und Zoologie eingeführt hat, da kamen auch sofort medizinische Systeme der Krankheiten, und es unterschied der Franzose SAUVAGE nicht weniger als 2400 Krankheiten. Aber trotzdem behaupteten sich auch im Anfang des 19. Jahrhunderts konstitutionelle Vorstellungen in größtem Ausmaße. Wir mögen in dieser Hinsicht namentlich auch JOHANN LUCAS SCHÖNLEINS[1] gedenken, der zwar selbstverständlich entsprechend seiner Zeit auch große Systeme der Krankheiten nach Familien, Klassen, Genera und Arten aufgestellt hat, aber in seiner Therapie konstitutionellen Gesichtspunkten gefolgt ist. Auch er trieb Konstitutionstherapie, ganz analog der hippokratischen Schule, jedoch legte er mit der Zeit immer weniger Gewicht auf die Klassifikation und sein System, sondern immer mehr auf die Krankheitsbeobachtung, und so trieb er in Tat und Wahrheit durch die feine Beachtung aller Krankheitsreaktionen und der Einflüsse der Medikamente pathologische Physiologie und bahnte damit große Erkenntnisse an. Es bleibt aber doch verwunderlich, daß er trotz der Entdeckung der Pilznatur des Favus diese grundlegende Entdeckung keineswegs weiter ausgebaut hat.

Etwas später hat die alte Humoralpathologie und Krasenlehre noch in ROKITANSKI, namentlich in der ersten Auflage seines Lehrbuches, einen Verteidiger gefunden. Als aber RUDOLF VIRCHOW mit der Begründung der Zellularpathologie den entscheidenden Schritt zu neuen Auffassungen getan hat, da konnte sich auch ROKITANSKI den zwingenden Argumenten VIRCHOWS nicht länger verschließen, und er hat in der

[1] NAEGELI: Die medizinischen Auffassungen von JOHANN LUCAS SCHONLEIN vor 100 Jahren. Schweiz. med. Wschr. **1933**, 398.

zweiten Auflage seines Lehrbuches das Übermaß in der Krasenlehre vollkommen beiseite gelassen.

Nach der Zellularpathologie von VIRCHOW sind es dann ganz besonders die epochalen Ergebnisse der Bakteriologie gewesen, die zu einem fast vollständigen Zurücktreten der Vorstellungen über die Bedeutung der Konstitution geführt haben. So konnte selbst ein Forscher von der Genialität eines COHNHEIM noch 1880 den Satz niederlegen: „Alles kommt auf die Eigentümlichkeit des Schwindsuchtvirus und seine Wirkungen heraus. Tuberkulös wird jeder, in dessen Körper sich das Virus etabliert." Und in diesen Gedankengängen bewegte sich auch die ganze Darstellung der Tuberkulose durch CORNET in der NOTHNAGELschen Sammlung 1901, und ebenso hat MÖBIUS im Jahre 1900 noch geschrieben, daß das Auftreten der Tuberkulose neben den degenerativen Nervenkrankheiten der stärkste Anhaltspunkt für degenerative Veränderungen im menschlichen Organismus darstelle.

Solchen Auffassungen gegenüber, speziell in der Tuberkulosefrage, habe ich 1900[1] gezeigt, daß bei den systematischen Untersuchungen der Leichen auf tuberkulöse Veränderungen in 97% der Autopsien dieselben entdeckt werden konnten, während doch nur ungefähr ein Siebentel der gleichen Bevölkerung an Tuberkulose klinisch erkrankt und gestorben war. Nur wenige Autoren hatten bei dem ersten Siegeszug der Bakteriologie nicht sämtliche früheren Vorstellungen über den Haufen geworfen. Zu diesen hat aber ROBERT KOCH gehört. Er hat in der denkwürdigen Sitzung vom 24. März 1882, in der er den Erreger der Tuberkulose, seine Kulturen, die Spontantuberkulose und die Übertragung auf Tiere, die Färbung des Bazillus im Ausstrich und im Gewebe gezeigt hat, ausdrücklich bemerkt, daß bei dem Zustandekommen der Krankheit die Verhältnisse der erworbenen und vererbten Disposition eine bedeutende Rolle spielen, sei ihm unzweifelhaft.

Den Boden für eine neue kombinierte Auffassung in der Pathogenese haben folgende Momente in erster Linie vorbereitet:

1. Die *Lehre von der inneren Sekretion und den innersekretorischen Organen.* Diese Erkenntnisse haben gewisse konstitutionelle Typen auf die besondere Funktion innerer Drüsen zurückgeführt, auf besonderes Ansprechen gegen äußere Momente.

2. Das *Wiederaufleben der Vererbungsforschung,* besonders seit der Wiederentdeckung der MENDELschen Regeln 1900 durch DE VRIES.

3. Die *Umstellung des medizinischen Denkens aus dem sog. kausalen Denken in ein konditionales Denken*[2].

---

[1] NAEGELI: Über Häufigkeit, Lokalisation und Ausheilung der Tuberkulose. Virchows Arch. **160** (1900).

[2] Natürlich ist konditionales Denken jederzeit gepflegt worden, nur in verschiedenem Grade, und im Laufe der Zeit hat sich seine Bewertung geändert. Auch braucht es sich bei „kausalem" Denken nicht bloß um eine einzige Ursache zu handeln.

Von dem Momente an, in dem den äußeren Krankheitsfaktoren nicht mehr die absolute maßgebende Rolle zugeschrieben worden ist, sondern auch den Abwehr- und Reaktionserscheinungen des Körpers wieder größte Bedeutung beigelegt wurde, konnte jetzt die Konstitutionslehre wiederum Beachtung beanspruchen. Die beiden Vorstellungen standen sich jetzt nicht mehr gegensätzlich und feindselig gegenüber, sondern sie waren durchaus vereinbar und mußten beide in jedem Einzelfalle erörtert werden. Wir erlebten es daher, daß mit dem Beginn dieses Jahrhunderts frühere Diathesen wieder ihre Neubelebung erfahren haben, so 1906 die exsudative Diathese von CZERNY.

Im Jahre 1911 hat die Gesellschaft für Innere Medizin auf Anregung von HIS[1] hin versucht, die Diathesenlehre von neuem wieder einzubürgern und das Berechtigte der früheren Auffassungen zu retten. Im Gegensatz zu der deutschen Literatur hatte die englische und französische die Konstitutionsvorstellungen niemals völlig abgestreift, und namentlich der Begriff des *Arthritismus* hatte stets eine dominierende Stellung behalten. Es muß freilich gesagt werden, daß unter dieser Arthritismuslehre das unmöglichste zusammengemengt worden ist, so daß nach diesen Vorstellungen kaum ein Mensch oder gar eine Familie von dieser Anlage frei gewesen wäre. Es war ein vollkommen uferloser Begriff.

Bei den Erörterungen des Kongresses ist man vor allem auf Arthritismus, Gicht, Diabetes und Fettsucht eingetreten, und man hat damit gleich mit den schwierigsten und kompliziertesten Affektionen begonnen. Das Resultat konnte nicht befriedigen. Die Grundlage für prinzipielles Verstehen war noch nicht gelegt. Es ist klar, daß man zunächst mit viel einfacheren Verhältnissen ins Reine kommen mußte.

Ich will aus dem Referat von HIS an jenem Kongreß zeigen, welche Vorstellungen damals in der Konstitutionslehre geherrscht haben:

„Jedermann weiß, daß Gicht, Diabetes und Fettsucht in einem gegenseitigen Verwandtschaftsverhältnis stehen, das sich durch kombiniertes oder alternierendes Auftreten am selben Individuum oder in derselben Familie zu erkennen gibt. Erweitert wird der Verwandtschaftskreis durch Gruppen verschiedenster Organerkrankungen, die an sich keineswegs auf ihn beschränkt sind, aber in seinem Bereiche so auffallend häufig vorkommen, daß ein Zufall ausgeschlossen erscheint. Dazu gehört die Sklerose der Aorta, der Koronararterien und anderen Arterienbezirken, mit ihren Folgezuständen: die Schrumpfniere, Steinbildungen der Gallenblase und der Harnwege; verschiedene Dermatosen, wie Psoriasis, Ekzem, Lichen simplex, Akne und Furunkulosis, Prurigo und Urtikaria; ferner allerlei gastro-intestinale Störungen, endlich Neurosen,

[1] HIS: Geschichtliches und Diathesen in der inneren Medizin. Verh. dtsch. Kongr. inn. Med. **1911**, 15. Hier besonders eingehende historische Ausführungen, z. B. über die Auffassungen von WUNDERLICH, TEISSIER und BAZIN.

Migräne, Ischias, Depressionszustände und die mannigfachsten arthritisch-myalgischen, rheumatischen Erkrankungen.

Jene Trias von Erkrankungen hat das Gemeinsame, daß sie bisher nicht restlos auf Störung eines einzelnen Organs zurückgeführt werden konnte: man hat sie daher von jeher als gesonderte Gruppe von den Organkrankheiten abgetrennt und als Störung im Gesamthaushalt des Körpers, als Konstitutionskrankheit, aufgefaßt. Es hat nicht an Versuchen gefehlt, ihre Entstehung mit unzweckmäßiger Ernährung und Lebensweise, den Bedingungen unvollkommener Nahrungsverwertung zu erklären. So sehr aber die Luxuskonsumption in der Ätiologie dieser Krankheiten hervortritt, eine ausreichende Erklärung kann sie nicht geben. Nicht jeder erwirbt durch noch so gesteigerte Exzesse ein Recht auf eine jener Krankheiten: andererseits fallen sie oft genug mäßig, ja dürftig Lebende an, und mit größter Deutlichkeit weist das hereditär-familiäre Auftreten darauf hin, daß eine angeborene Anlage, eine Disposition, das Terrain bilden muß, auf dem jene Krankheitsgruppe allein aufsprießen und gedeihen kann. In Erscheinung tritt sie selten vor dem dritten oder vierten Lebensjahr; sie muß also eine Periode der Latenz durchmachen. Beachtet man jedoch die Vorgeschichte und Deszendenz der Disponierten, dann zeigt sich, daß die Latenz eine scheinbare ist. Schon im frühen Alter treten mancherlei Eigentümlichkeiten hervor. Eigentliche Degenerationszeichen fehlen; aber die Kinder sind abnorm fett oder abnorm mager; aufgeweckt, aber geistig übererregbar, leiden an Enuresis oder Pavor nocturnus, Kopfschmerz, Neuralgien oder Pseudoneuralgien, periodischem Erbrechen, regelmäßig wiederkehrenden Fieberanfällen; sie sind oft dyspeptisch, obstipiert, mit Hämorrhoiden behaftet; sie leiden an langwierigen Katarrhen, ihre Haut neigt zu mannigfachen Erkrankungen, Hyperidrosis, Ekzem, Pruritus, Pemphigus, Urtikaria, intermittierendem Ödem; der Urin ist auffallend hochgestellt, sedimentiert leicht; ausnahmsweise kommen auch schon Blasen- und Nierensteine vor. Im Pubertätsalter ändert sich das Bild; Chlorose und Anämie, Neuralgie und Migräne, Asthma bronchiale, Psoriasis und Ekzeme treten in den Vordergrund und halten an, bis in reiferen Jahren jene obengenannten Symptome der konstitutionellen Gruppen einzeln oder kombiniert einsetzen. Schon die Mannigfaltigkeit dieser Symptome, ihre von Fall zu Fall wechselnde Kombination zeigt, daß es sich nicht um eine bestimmte Krankheit, sondern eine Krankheitsanlage handelt, die im Laufe des Lebens funktionelle und materielle Störungen in den verschiedensten Organen und Gewebssystemen bald mehr vereinzelt, bald gehäuft hervorbringt, deren Zugehörigkeit im Einzelfalle diskutiert werden kann, deren öftere Beobachtung und Kombination aber erweist, daß sie einen Teil jener Minderwertigkeit bilden, die, individuell oder erblich determiniert, schon in der Keimanlage vorhanden ist, und ihren Träger das ganze Leben hindurch geleitet.

Dies ist der Begriff, den die Franzosen mit dem Namen arthritische Diathese oder Arthritismus, die Engländer oder Amerikaner als ‚gouty disposition‘ oder ‚lithaemie‘ bezeichnen, und den ich als Prototyp einer Diathese gewählt habe.“

Unsere Untersuchungen sind in der Folgezeit auf viel einfachere Einzelerscheinungen als Ausgangspunkt der Erörterungen zurückgegangen, z. B. Hammerzehe, Daumenvariabilität, Hämophilie, besondere Augenaffektionen, wie Megalokornea, Keratokonus, Stararten, konstitutionelle Mikrozytose der roten Blutzellen und anderes, dessen Vererbung über Generationen erwiesen ist, und wir dürfen hoffen, daß der jetzt gefundene sichere Grund uns erlaubt, allmählich auch die schwierigen Probleme anzugehen. Dabei wird es sich aber doch sehr empfehlen, streng analytisch trennend die Einzelfälle zunächst zu erörtern, und ganz besonders die Trias Gicht, Diabetes und Fettsucht als eine keineswegs naturwissenschaftlich begründete Einheit aufzufassen. Die neueren Forschungen sprechen jedenfalls in keiner Weise für die nahe Verwandtschaft dieser Erkrankungen. Interessant ist in diesen Problemen z. B. die Zurückführung der früheren Diathesen der Haut und vor allem des Ekzems auf eine Anaphylaxie der Haut als Organ und die Ablehnung der Beziehung zu Stoffwechselveränderungen durch Bloch[1]. Die Ergebnisse der Untersuchungen von Blut und Urin werden als unbeweisend bezeichnet. Allerdings hat die Aussprache viele Anhänger der alten Auffassung [2] ergeben.

In bezug auf Gicht sind die hervorragendsten Kenner der Krankheit, wie Friedrich Müller, von der früheren Laboratoriumsdiagnose aus Blut und Urin als unbeweisend gleichfalls abgekommen, und wenn eine primäre Partialschädigung der Niere für die Harnsäureretention als maßgebend und die konstitutionell bedingte Bindung der Harnsäure an Knorpel und Gelenke als entscheidender zweiter Faktor erklärt wird, so dürfte die innere Verwandtschaft zu Diabetes und Fettsucht höchst fraglich erscheinen.

Vor allem aber erscheint mir wichtig, daß die moderne Konstitutionslehre die engste Fühlung mit den Naturwissenschaften behält,

---

[1] Bloch: Verhandlungen der Gesellschaft f. Verd. u. Stoffwechselkrankheiten 1926, S. 72. Wien 1925.

[2] Recht gut stimmen hierzu die Ergebnisse der über 2000 Heufieberfälle sich erstreckenden Enquete Hanharts, die seither durch seine eingehenden Familienforschungen an Idiosynkrasiesippen bestatigt werden. Es zeigt sich, daß in den betreffenden Familien wohl eine sehr ausgesprochene Disposition zu *Ekzemen*, dagegen relativ viel seltener eine Belastung mit *Gicht*, *Diabetes* oder *Fettsucht* sich zu äußern pflegt. Hanhart nimmt aber trotzdem auf Grund seiner Erfahrung an, daß zwischen idiosynkrasischer Disposition und den genannten Stoffwechselkrankheiten eine positive, wenn auch nicht sehr bedeutende Korrelation besteht, jedoch nur zu den leichteren Formen, wie sie auf dem gemeinsamen Boden einer konstitutionellen Übererregbarkeit des vegetativen Nervensystems entstehen.

daß sie die Erfahrungen der reinen Naturwissenschaften ins Auge faßt und medizinische Parallelen zu finden sucht. Eine möglichst klare Vorstellung der Begriffe ist dabei das unumgänglich Notwendige, wenn nicht wieder alle Grenzen niedergerissen und das Dunkel der Unklarheit entstehen soll.

Wenn nun heute gegenüber dem imponierenden Fortschritt der Medizin das zersetzende Wort Krisis in der Medizin (die es nicht gibt, sondern ständige Weiterentwicklung) geprägt und wenn gar die alte empirische griechische Konstitutionstherapie gegenüber einer auf naturwissenschaftlicher Grundlage aufgebauten Therapie angepriesen wird, so mutet das ungefähr so an, als sollte die heutige Technik in ihrer imponierenden Größe wieder auf die Lehre des ARCHYMEDES, des alten Klassikers der Physik und Technik, zurückgeführt werden.

Begriffsbestimmungen.

Was uns bei Pflanzen, Tieren und Menschen entgegentritt, ist zunächst nur eine Erscheinungsform, ein *Phänotypus*. Das Wichtigste dabei ist die endogen vererbte *genotypische* Grundlage. Dazu aber kommen die Einwirkungen der Außenwelt, die wir heute naturwissenschaftlich als *Modifikationen* bezeichnen und die nicht vererbbar sind, aber natürlich auch sehr große Bedeutung erreichen können.

Die genotypische Grundlage kann uneinheitlich sein infolge von Bastardierung und in der Nachkommenschaft wieder aufsplittern, ausmendeln. Die vererbte Konstitution kann sehr wohl auch verborgene Eigenschaften besitzen, die zunächst jeder Analyse unzugänglich sind und erst in der Nachkommenschaft heraustreten als rezessive Anlagen, die erst bei der Bastardierung mit einem Partner hervortreten, der die gleiche rezessive Anlage latent besitzt.

Der genotypische Anteil des Phänotyps wird von manchen Autoren allein als *Konstitution* bezeichnet, so von TANDLER, der die exogenen Modifikationen, die dann erst zum Bild des Phänotyps führen, als *Kondition* benennt, eine zweifellos zweckmäßige Bezeichnung. Prinzipiell muß stets im Phänotypus die Ausscheidung des genotypischen, endogenen, vererbbaren vom konditionalen, exogenen, nicht vererbbaren erstrebt werden, so schwer das im Einzelfalle auch sein mag. Um richtige klare Vorstellungen zu erhalten, muß die Nomenklatur der Naturwissenschaften[1] und die Begriffsbildung der Naturwissenschaften gebraucht werden, sonst ist es gänzlich unmöglich, zur klaren Vorstellung zu kommen, und darum betrete ich jetzt in meiner Darstellung naturwissenschaftlichen Boden.

[1] JOHANNSEN: Elemente der exakten Erblichkeitslehre. 1927. 3. Aufl.

Die naturwissenschaftliche Auffassung[1] über Art und Variabilität und über Neuentstehung von Arten.

Was ist Art, was ist Variabilität, wie entsteht eine neue Art? Das sind große Probleme der Naturwissenschaften, die zu verschiedenen Zeiten völlig verschieden beantwortet werden.

Gegenüber der Schöpfungslehre, wie sie einst LINNÉ noch vertreten hatte, daß alle Arten auf einmal geschaffen worden seien und daß Neues nicht mehr entstände, hat vor allem die heute völlig anerkannte Evolutionslehre[2] unsere Auffassungen von Grund aus geändert. DARWIN suchte nun durch den Nachweis allmählicher, äußerst langsamer Entwicklungen die Neuschöpfung zu beweisen und durch die *Selektionslehre*, daß das Nützliche über das Unnütze und Unzweckmäßige und für das Fortkommen der Art Schädliche siege, die Entwicklungstendenz zu begründen.

In dieser Richtung, der Begründung der Evolutionslehre durch die Selektion, ist der einst allmächtige Darwinismus überwunden und sicherlich endgültig erledigt. Denn die Frage nützlich oder schädlich ist ein rein anthropozentrischer Gedanke und daher ein falscher Gedankenweg. In der überaus großen Mehrzahl der Erscheinungen ist es rein unmöglich zu sagen, ob irgend eine Farbe, eine Veränderung der Blütenform, der Samengestalt usw. nützlich oder schädlich sei. Die Variabilitäten sind ganz dominierend jenseits von nützlich oder schädlich und verhalten sich in dieser Beziehung indifferent. Die ganze Fragestellung war von Grund aus verkehrt. Am stärksten hat aber die Erkennung der Tatsache, daß keineswegs unmerklich und ganz allmählich gleitend neue Erscheinungen in der Natur auftreten, sondern daß alles plötzlich, unvermittelt und sprunghaft als Neues auftritt, die früheren darwinistischen Lehren zerstört. Es gibt kein einziges Beispiel aus den Naturwissenschaften, daß etwas Neues so überaus allmählich gleitend sich entwickle, sondern stets ist das Gegenteil als richtig erkannt worden. In reiner Linie ist die Art diskontinuierlich und nicht in erworbenen Eigenschaften dauernd

---

[1] Außer den Lehrbüchern siehe besonders CHODAT: La notion de l'espèce et les methodes de la botanique moderne. Bruxelles 1914.

[2] Siehe vor allem TSCHULOK: Deszendenzlehre. Jena: Fischer 1922. — SALLER: Konstitution und Rasse beim Menschen. Erg. Anat. 28 (1929). — RAUTMANN: Studien auf dem Gebiete der klinischen Variationsforschung. Z. Konstit.forsch. 13 (1927). — KRAUS u. BRUGSCH: Die Biologie der Person. Wien u. Berlin: Urban & Schwarzenberg. — BAUER, JULIUS: Konstitutionelle Disposition zu inneren Krankheiten. 3. Aufl. Berlin: Julius Springer 1924. — Vorlesungen über allgemeine Konstitutions- und Vererbungslehre. 2. Aufl. Julius Springer 1923. — SIEMENS: Einführung in die allgemeine und spezifische Vererbungspathologie des Menschen. Berlin: Julius Springer 1923. — BAUER, K. H.: Konstitutions- und Individualpathologie des Stützgewebes in KRAUS u. BRUGSCH, Bd. 3. 1924. — BORCHARDT, L.: Klinische Konstitutionslehre. 2. Aufl. Wien u. Berlin: Urban & Schwarzenberg 1930.

vererbbar im Gegensatz zu den früheren Auffassungen von LAMARCK und DARWIN. Eine Ausnahme macht nur die Mutation (s. später).

Als weiteres Moment ist entscheidend, daß die kleinen Variationen, von denen DARWIN ausgegangen war, oszillierende Modifikationen (s. später) *nicht erblicher* Natur gewesen waren, so daß diesen Veränderungen gar keine Dauer und keine Vererbung zukommt und deshalb auch kein Wert für die Evolution.

Was Variabilität ist, das werde ich gleich im folgenden darstellen, was aber Art und Unterart bedeutet, das kann ich nicht in Definitionen fassen, denn Grenzen bestehen zwar, aber wo sie gezogen werden, ist Sache menschlicher und daher außerordentlich schwankender Taxation und Klassifikation. Praktisch sind die Probleme oft ganz einfach, im Einzelfalle aber enorm schwierig.

a) Sammelart = vorgetäuschte Variabilität.

Bei der Prüfung auf Entstehung neuer Formen und Gestalten kommt an allererster Stelle die wissenschaftliche Frage, ob das Objekt, das wir studieren wollen, wirklich eine reine Art ist. Nehmen wir die LINNÉschen *Arten,* so zeigt sich bei einer sehr großen Zahl, daß sie *Sammelarten* sind, und aus einer Menge völlig erbkonstanter kleiner Arten und Formen bestehen, die zusammengefaßt worden sind von dem ordnenden Geist, der zunächst aus dem Chaos das am auffallendsten und sichersten Verschiedene trennen wollte, um überhaupt eine Übersicht zu gewinnen. Auf die Prüfung der Frage der Selbständigkeit und des Wertes der Abweichungen konnte zunächst nicht eingegangen werden. Diese Abweichungen sind auch LINNÉ und seinen Nachfolgern keineswegs entgangen, aber sie wurden in das Gebiet der Formen, Rassen, Varietäten hineingeschoben; denn es kostet jeder Einzelfall oft unsagbare Mühe und schwere wissenschaftliche Arbeit, um über den Wert oder Unwert gewisser Abweichungen ein Urteil zu gewinnen.

So ist schon früh unter den verschiedensten Gesichtspunkten manche LLNNÉsche Art aufgespalten worden. Die LINNÉsche *Primula veris* fand ihre Trennung in *Primula officinalis, elatior* und *vulgaris (acaulis),* und wir sind erstaunt, daß man alle diese so leicht unterscheidbaren Arten in eine Art zusammengefaßt hatte. Für LINNÉ hatte das Vorkommen fruchtbarer Bastarde zwischen den drei Arten nach dem Dogma jener Zeit das Argument gebildet, alles in eine Art zu vereinigen.

Bei den Veilchen hielten die deutschen Botaniker die weißblühende *Viola alba* BESSER lange Zeit nur für eine bloße Farbenspielart der *Viola odorata* ohne jeden systematischen Wert. Es kam das daher, daß die Pflanze in Deutschland ganz selten ist und nur auf der Linie Lörrach, Waldshut, Geilingen, Konstanz, Lindau das Gebiet knapp erreicht. Es wurde daher von deutschen Forschern lange Zeit die wirklich nur eine

Farbenspielart darstellende, weißblühende Form der *Viola odorata* für die echte *Viola alba* BESSER genommen. Sobald man aber die echte *Viola alba* in den Händen hatte, wurde erkannt, daß sie ganz andere Blätter, ganz andere Ausläufer, ganz andere Nebenblätter hat und sofort und leicht zu trennen war, ferner daß diese *Viola alba* BESSER ganz andere biologische Verhältnisse aufweist, ausgesucht feuchtigkeits- und wärmeliebend ist, geographisch ein ganz umschriebenes Gebiet aufweist und daher die Bewertung als Art in jeder Weise beanspruchen darf.

Die Trennung ist auch schwer geworden, weil unzählige Bastarde zwischen *Viola alba* und *odorata* vorhanden sind und gewöhnlich sofort beim Zusammentreffen der beiden Arten gefunden werden, ein neues Moment, das die von der Natur doch scharf gezogenen Grenzen wieder zu verwischen drohte.

Das Stiefmütterchen *(Viola tricolor)* ist von WITTROCK in drei konstante Typen, die alle in gleicher Weise fluktuieren, gespalten worden auf Grund sorgfältiger Kulturversuche. Entgegen aller Wahrscheinlichkeit blieb der gelbe Fleck bei allen äußeren Bedingungen völlig konstant.

Und wie mit den Primeln und Veilchen erging es nun mit ungezählten anderen Pflanzen. Die *Brombeere, Rubus fructicosus* LINNÉ, ist in Hunderte von selbständigen Arten, verbunden durch schwer zu erfassende Zwischenarten und Bastarde, gespalten worden.

An unseren Wegen blüht im Frühjahr das Hungerblümchen, die *Erophila (Draba) verna.* JORDAN hat sie in 200 kleine Arten von Erbkonstanz, bewiesen durch die Kultur, zerlegt. Und wenn man JORDAN seinerzeit den Pulverisator der Arten genannt hat, so hat seine Auffassung von der Konstanz und Wertigkeit seiner kleinen Arten doch recht behalten, freilich hat es sich hier und bei vielen anderen formenreichen Gattungen herausgestellt, daß die Konstanz auch mancher an sich nicht erbkonstanter Kombinationen durch ungeschlechtliche Vermehrung besonderer Art, Apogamie, erhalten bleibt.

Bei der Gattung *Alchimilla* (bekannt in den Alpen der Silbermantel, *Alchimilla alpina*) hat ROB. BUSER die systematische Trennung in unzählige Arten vorgenommen und die später gefundene Tatsache, daß *Alchimilla* sich nicht durch Samen, sondern ungeschlechtlich vermehrt, hat die Trennung als richtig und begründet und die Zusammenfassung als unrichtig erwiesen.

Es gibt also, wie an unzähligen Beispielen aus dem Tier- und Pflanzenreich bewiesen werden kann, außerordentlich viele kleine erbkonstante genotypisch bedingte Arten, die zunächst recht oft dem Beobachter nur als unbedeutend verschiedene Variabilitäten erscheinen und selbst wissenschaftlichen Forschern in zahllosen Fällen eine systematische Crux darstellen. *Das also, was uns sehr oft zunächst als bloße Variabilität erscheint, ist ein Gemenge und die scheinbare Art eine Sammelart. Variabilität ist nur vorgetäuscht* und existiert hier gar nicht.

Durch die Einflüsse der Außenwelt werden nun außerdem gewisse Züge dieser eben besprochenen kleinen Arten noch weiter verändert, wenn auch nur vorübergehend und nicht als vererbbare, und durch die Bastardierung wird, wie oben hervorgehoben worden ist, die Grenze noch sehr viel mehr und anscheinend ganz verwischt.

Es ist klar, daß wir wirkliche Variabilität nur an *reinen Linien* einer erbkonstanten Art prüfen und studieren können, also bei einem Genotypus, dessen Eltern gleiche Erbeigenschaften besitzen und sich zytologisch, in den Chromosomen, gleich verhalten, nicht bei einem Phänotypus, der zunächst gleich erscheint, genetisch und konstitutionell aber ungleich ist.

Die wissenschaftliche Forschung hat bei systematischem Studium all dieser Fragen auf immer kleinere und enger umschriebene Einheiten [1] zurückgreifen müssen.

Während man zunächst geglaubt hat, die reine Linie, die bei allen weiteren Kulturversuchen gleich gedeiht und gleich erscheint, sei die letzte erblich konstante Einheit, hat sich später gezeigt, daß auch das noch nicht der Fall ist, daß z. B. durch Bastardierung die reine Linie doch noch als unrein und als aus zwei erblich verschiedenen Arten zusammengesetzt sich erweist.

Man kam so auf die *isogene Einheit* oder den Biotypus (JOHANNSEN) die Summe der genotypisch gleichen Individuen und schließlich zu noch weiteren Spaltungen. Wir erkennen heute, wie schwer es ist, wirklich reines erbkonstantes Material als Ausgangspunkt der Untersuchungen in Händen zu haben, und wie außerordentlich verwickelter das Studium all dieser Fragen ist, als man es sich noch vor kurzem vorgestellt hatte, und wenn wir jetzt gar an die LINNÉsche Art *Homo sapiens* denken, der in jedem seiner Exemplare eine enorme Mischung darstellt, so werden wir verstehen, daß nur eine breite naturwissenschaftliche Basis und Erkenntnis gewisse Einblicke in menschliche Variabilität verschaffen kann; denn unbegreiflich und selbstverständlich völlig irrig war der Satz, den MARTIUS in seinem Werk über Konstitutionspathologie S. 136 geschrieben hat, der Mensch ist eine konstante Art und *artfest!* Das hatte auch HANSEMANN behauptet. Der Mensch kann aber als Bastard und Heterozygot, als Träger der allerverschiedensten Erbanlagen in unendlicher Mischung von vornherein gar nicht artfest sein.

Nach den hier vorgetragenen Gesichtspunkten ist es klar, daß auch die Spezies oder das Genus [2] *Homo sapiens* aus zahllosen erbkonstanten

[1] LEHMANN: Isogene Einheit. Biol. Zbl. **35** (1914).

[2] Seit vielen Dezennien bekämpfen sich die Ansichten, ob man beim Menschen Genera oder Arten (Spezies) unterscheiden soll. Die Natur schafft feste Grenzen in solchen Fragen; aber *wie* man die Unterschiede bewerten soll, das ist rein menschliches Werturteil und daher immer schwankend.

größeren und kleineren Arten bestehen wird, und daß von reiner Linie schon nach diesem Gesichtspunkt niemals *allgemein*, sondern nur in bezug auf Einzelmerkmale gesprochen werden kann.

Die Unterschiede zwischen der weißen, schwarzen, roten und gelben Rasse sind dabei so enorm, daß sicherlich schon LINNÉ, wenn es sich nicht gerade um den Menschen gehandelt hätte, mit einer artlichen Trennung keinen Augenblick gezögert hätte. Aber auch bei dem, was wir Rassen nennen, sind vielfach die Unterschiede noch so erheblich und so erbkonstant, daß sie in analogen Fällen in Botanik und Zoologie wiederum zu Trennung in Arten geführt hätten, wenn eben nicht „menschliche" Gedanken solche Unterscheidungen und Trennungen zurückgedrängt hätten.

Beispiele von *Sammelarten:*

Der frühere Begriff Typhus, der die Paratyphen A, B, C usw. in sich geschlossen hatte, zu dem SCHÖNLEIN trotz Kenntnis der miliaren Knötchen auch noch die Miliartuberkulose eingereiht hatte.

Der heutige Begriff Pneumokokkenpneumonie, bedingt durch erbkonstante Pneumokokkenarten, Typen I, II, III und X, letztere Gruppe selbst wieder in zahlreiche Unterarten gespalten. Diese Typen sind in ihren Eigenschaften, ihrer Gefährlichkeit für den Menschen, in der chemischen Zusammensetzung der Kapsel des Kokkus, in der Erzeugung spezifischer Immunkörper grundsätzlich zu trennen.

Die verschiedenen Arten der Ruhrerreger, Dysenteriebakterien, in großer Zahl.

Die Streptokokkenarten, heute in mehr als 100 Typen aufzuspalten.

Die Anämien, in zahllose, ganz verschiedene, genetisch, prognostisch und therapeutisch zu trennende Gruppen aufzulösen.

Die genetisch ganz verschiedenen und daher auch ganz ungleichwertigen Enzephalitiden (eigentliche Hirnentzündungen).

Die Gelenksentzündungen, Arthritiden, wie die Infektarthritis, der Rheumatismus verus (Polyarthritis rheumatica) und andere.

Der Kleinwuchs, Infantilismus.

Die Leukozyten, die man früher als eine Art aufgefaßt hat, von denen aber schon RINDFLEISCH gesagt hat, Leukozyt ist eine Art Omnibus, in dem alles mögliche mitfährt.

Weitere Sammelbegriffe sind z. B. Chorea, Myotonie, Myoklonie, Epilepsie, Neurose, Asthma, Angina, Pneumonie, Asthenie, Klumpfuß, Turmschädel, Splenomegalie, Purpura, hämorrhagische Diathese, Herpes usw.

Für den Arzt besteht häufig die wichtigste diagnostische Aufgabe gerade darin, daß er den Phänotyp und den Sammelbegriff auflösen muß, um über die Natur der Sache Klarheit zu bekommen.

b) Wirkliche Variabilität[1].

Wenn wir jetzt von der vorgetäuschten Variabilität absehen, so erlaubt uns die naturwissenschaftliche Forschung von folgenden großen Kategorien der Variabilität zu sprechen.

1. Modifikationen.

Modifikationen oder Paravariationen (SIEMENS), sind Veränderungen, die durch die Außenwelt geschaffen und reversibel sind, die bei der

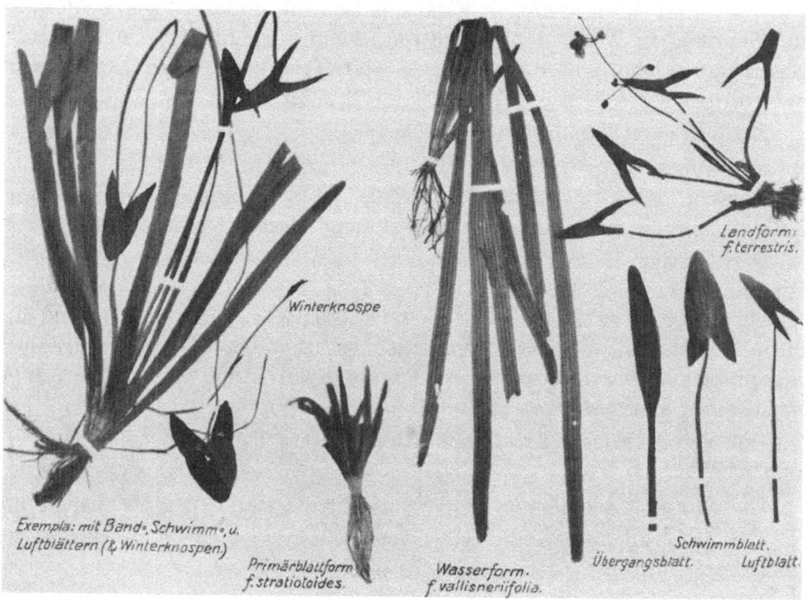

Abb. 4. *Sagittaria sagittifolia* (Pfeilkraut).

Prüfung in der Kultur keine erbliche Konstanz aufweisen und der Probe auf äußere Einflüsse nicht standhalten. Unter den Modifikationen unterscheidet man verschiedene Arten:

a) Die ökologische Modifikation. Hier sind in klarer wissenschaftlich erweisbarer Weise Einflüsse der Außenwelt Ursache der Veränderlichkeit. Das Pfeilkraut, *Sagittaria sagittifolia* L. erscheint je nach dem Wasserstand in äußerlich völlig verschiedener Weise. In stillem mäßig tiefen Wasser entwickelt es langgestielte glänzend breitovale Blätter. In seichtes Wasser oder auf den Strand gesetzt entstehen ganz andere, aus

[1] Die hier folgende Gliederung und von den Naturwissenschaften heute angewandte Einteilung ist zuerst von meinem Freunde, Prof. Dr. HANS R. SCHINZ in Zürich aufgestellt worden bei der Besprechung der LANGschen Arbeit: Über Vererbungsversuche. Verhandl. d. Dtsch. zool. Ges. 1909.

dem Wasser aufrecht hervorstehende, ausgesprochen pfeilspitzenartige Blätter. Im strömenden oder tieferen Wasser bilden sich Randblätter bis zu einer Länge von 1—2 m (*Modificatio*, nicht Varietät *vallisneriifolia*).

Daß hier keine Varietäten von selbständigem Wert, sondern nur Variabilitäten vorliegen, ist sofort klar; denn ein und dieselbe Pflanze

Abb. 5. *Potamogeton gramineus.*

kann im Laufe des gleichen Jahres (s. Abbildung) alle die verschiedenen Blätter, je nach den äußeren Bedingungen, bilden und bietet sie gelegentlich an derselben Pflanze.

Das vorliegende Beispiel zeigt, wie sich größte Formunterschiede rasch unter äußeren ökologischen Verhältnissen einstellen können.

Ich lasse hier ein anderes Beispiel einer Wasserpflanze folgen, dasjenige des *Potamogeton gramineus* L. Die einzelnen Standortsformen sind so verschieden, daß man ohne genaues Studium die extremen Glieder der Reihe kaum für gleiche Arten halten möchte, und in der Tat hat sogar die Synopsis von ASCHERSON und GRÄBNER einzelne Subspezies unterschieden, die sich aber absolut nicht halten lassen

Abb. 6. *Polygonum amphibium.*

und wie der Versuch und das Studium zeigten, reine Standorts*formen* darstellen.

Für den Nichtbotaniker erscheinen auch die Land- und Wasserformen des Knöterich (s. Abbildung), *Polygonum amphibium* L.[1] wie ganz verschiedene Arten. Das Blatt der Landform ist fast aufrecht am Stengel stehend, rauh, runzlig, ganz ohne Glanz, schmal-lanzett, das Blatt der Wasserform ist breitoval spiegelnd und glänzend, ganz ohne jede Rauhigkeit, glatt und auf dem Wasser an langen Stielen schwimmend.

Es ist mir gelungen, bei wechselnden Standortsverhältnissen an der gleichen Pflanze die verschiedenen Blattformen nachzuweisen. Die halb-

[1] Siehe auch DE VRIES 1906, S. 265 f. und LANG 1909.

verdorrten Schwimmblätter waren die unten am Stengel ausgebildeten, die Blätter der Landform die oben an der Pflanze entstandenen. Es könnten so die zeitlich verschiedenen Wasserstandsverhältnisse kleiner Seen aus der Ausbildung der Polygonumblätter erkannt werden.

Das Gebiet der ökologischen Variabilität ist enorm groß. Man denke nur an die verschiedene Gestalt der Pflanzen der Alpen und der Ebene, der dürren Sandgebiete und der feuchten Äcker und Wiesen; aber die Zurückführung auf rein ökologische Bedingungen bei den Abweichungen zwischen Alpenpflanzen und Pflanzen der Tiefebene ist gefährlich und unter dem Schein der ökologischen Variabilität verbergen sich manche absolut erbkonstante kleine Arten, so besonders bei der Gattung *Taraxacum* (Löwenzahn).

Jeder Fall will besonders studiert und geprüft sein. Der äußere Schein kann auch hier sich als trügerisch erweisen. Von GLÜCK[1] sind eine ganze Reihe von Modifikationen bei Wasserpflanzen experimentell erzeugt und zum Teil erst nachher in der Natur gefunden worden.

Es muß ferner berücksichtigt werden, daß der ökologische Faktor in erster Linie eine Stoffwechselveränderung hervorruft und erst diese die Formveränderung herbeiführt; daher entstehen gleiche Reaktionen auch auf ungleiche Faktoren der Außenwelt.

Ökologische Modifikationen sind natürlich in der Tierwelt sehr häufig, besonders unter ganz verschiedenen klimatischen Faktoren. Dagegen wird es unmöglich sein, das verschiedene Verhalten der Menschenrassen rein auf ökologische Verhältnisse zurückzuführen. Wenn bei ganz abnormer, besonders einseitiger Ernährung starke Abweichungen, vor allem bei Kindern, hervortreten, so sind hier die Verhältnisse nicht ohne weiteres vergleichbar; denn durch das Fehlen oder durch die ungenügende oder zu große Zufuhr gewisser Nährstoffe entstehen bald rein pathologische Verhältnisse.

Hierher gehört die Zunahme der roten Blutzellen im Hochgebirge, von der PAUL BERT 1902 noch in darwinistischer Einstellung geglaubt hatte, sie werde durch allmähliche Anpassung im Laufe von Generationen bei den Bewohnern der peruanischen Anden erworben.

b) Oszillierende Variabilität[2], *besser genotypische, der Art eigentümliche Variabilität* (NAEGELI). Es gibt Pflanzen, bei denen gewisse Eigenschaften in unregelmäßiger Weise variieren, ohne daß man den Grund dafür erkennen kann. Man hat längere Zeit geglaubt, daß aus solchen Oszillationen mit der Zeit durch Verschwinden der Zwischenglieder erblich fixierte Rassen entstehen und sich mit Variationsstatistik stark beschäftigt, in der Meinung, gleichsam die Entstehung neuer Rassen

[1] GLÜCK, H.: Biologische und morphologische Untersuchungen über Wasser- und Sumpfgewächse. 4 Bände. 1905—1924.

[2] Siehe DENNERT: Die intraindividuelle fluktuiernde Variabilität. Jena: Fischer 1926.

unter den Augen zu haben. Diese Bemühungen haben sich als fruchtlos herausgestellt, und die Studien der Variationsstatistik in dieser Richtung haben an Wert verloren und sind wohl fast ganz aufgegeben worden.

Auf der Lippe eines Knabenkrautes, *Orchis Morio* L. sieht man Flecken in verschiedener Zahl, 1—9. Die Zahl ist aber nicht erblich fixiert und darum spricht man von Oszillation. Auffällig ist immerhin, daß an einzelnen Orten, wie auf Mallorka, die Oszillation eingipflig ist, während in Mittel- und Südeuropa mehrgipflige Kurven vorkommen.

Eine *gewisse Variabilität ist an sich genotypisch veranlagt,* der Art als solcher eigen und daher gar nicht eine eigentliche Modifikation, sondern oszillierende Arteigenschaft, aber in der Erscheinung möglicherweise durch äußere Einflüsse mitbedingt und schwer zu analysieren, besonders bei unreinem Ausgangsmaterial. Wenn man die extremsten Abweichungen in vielen Generationen weiter kultiviert, so geben sie immer wieder die gleiche Breite der Variabilität in der Summe ihrer Nachkommenschaft und kein Erhaltenbleiben der extremen Glieder (Johannsen).

Die Labellzeichnung einer anderen Orchideenart, *Ophrys sphecodes (aranifera)* ist stark von Entwicklungsvorgängen bei der Bildung und Loslösung des Labells abhängig und daher erklärt sich hier die große Unregelmäßigkeit und Variabilität in der Zeichnung.

Die genotypische oszillierende Variabilität finden wir überaus häufig, z. B. in der Größe der Blutkörperchen, in der Artgröße der Menschenrassen, in der Wirbelzahl vieler Tiere usw. Sie entspricht dem Galton*schen Gesetz,* daß die Werte sich um einen Mittelwert ordnen und die graphische Kurve dem mathematischen Begriff der binomischen Formel $(a + b)^n$ gleichkommt. Dabei bleibt von größter Bedeutung die Tatsache, daß die Nachkommenschaft jedes Einzelgliedes immer wieder die gesamte genotypische Variabilität darbietet mit allen extremen genotypisch vorkommenden Varianten. Aus dieser Variabilität kann an sich keine neue Art und keine Evolution hervorgehen.

c) *Sprungweise auftretende Variabilität.* Die sprungweise auftretende Variabilität findet sich bei der Schnecke, deren Gehäuse sowohl rechts als auch links gewunden sein kann (Lang). Auch hier hängt die Windung von den Entwicklungsvorgängen offenkundig ab. Hierher zählt auch der *Situs viscerum inversus* und die Linkshändigkeit.

d) *Individuelle Variabilität.* Diese Form zeigt sich in den Leistenlinien der Fingerbeeren und ist wohl auch sonst häufig vertreten, aber sonst wenig studiert, da zuerst die Einflüsse der Außenwelt als unwirksam bewiesen werden müssen und diese Beweisführung ist vielfach schwierig. Individuelle Variabilität ist natürlich nur innerhalb des Rahmens der genotypischen Variabilität möglich.

e) *Pathologisch bedingte Variabilität.* Viele Phänotypen der Menschen sind durch frühere krankhafte Prozesse geschaffene Modifikationen, wobei ich von sofort durchsichtigen Veränderungen infolge von klar erkennbaren Krankheiten und äußeren Gewalteinwirkungen absehe. Der Kleinwuchs kann die verschiedensten Ursachen haben. Ein genetisch sehr klares Beispiel ist der lienale Kleinwuchs, bedingt durch Hypersplenie (abnorm starke Funktionstätigkeit der Milz). Diese Hypersplenie kann vielerlei Ursachen haben, z. B. eine Pfortaderthrombose oder Milzvenenthrombose in frühester Kindheit, entstanden nach eitriger Nabelentzündung bei Neugeborenen. Daneben gibt es renale, zerebrale, hypophysäre und andere Arten des Kleinwuchses, z. B. bei eisenfrei ernährten Ratten (M. B. SCHMIDT).

Der Kretinismus ist eine derartige pathologische Variabilität. 1790 hat JOHANN AMBROSIUS ACKERMANN, Professor der Anatomie in Mainz, noch die Meinung vertreten, die Kretinen seien eine besondere Menschen*abart*, entstanden durch die dumpfe Luft der tiefen Täler in den hohen Alpen, und vor nicht langer Zeit hat FINKBEINER die Auffassung vertreten, es handle sich um das Herausmendeln einer früheren, auf niedriger Stufe stehenden Menschenrasse. Derartige Auffassungen sind natürlich nicht haltbar. Beim Kretinismus liegen schwere pathologische Veränderungen, und zwar nicht nur der Schilddrüse, vor.

Hierher gehört ferner: Das große Gebiet der *Allergien*, die veränderte Krankheitserscheinung bei einer zweiten oder noch späteren Affektion oder Intoxikation, also die klinischen Krankheitsbilder vieler Hautkrankheiten, z. B. des Ekzems und der Urtikaria, des Ödems usw., dann die meisten Fälle von Asthma bronchiale.

Der verschiedene Verlauf der Tuberkulose in späteren Stadien gegenüber der Erstinfektion.

Der veränderte, im Beginn stürmische, dann aber rasch abfallende und milde Verlauf eines Typhusrezidivs.

Die Veränderung der Bakterien unter besonderen Kulturverhältnissen nach Beigabe besonderer chemischer Stoffe oder überhaupt schon in langer Anwesenheit mit ihren eigenen Stoffwechselprodukten (alte Kulturen), so der CALMETTEsche Tuberkelbazillus, BCG., der nach langer Einwirkung von Galle auf die Kulturen modifiziert worden ist.

Die Veränderungen der Körperzellen bei Krankheiten wie fettiger Einlagerung, früher fälschlich fettige Degeneration der Parenchymzellen genannt, die rückbildungsfähig ist.

Die Veränderungen der roten und weißen Blutkörperchen unter dem Einfluß pathologischer Prozesse, z. B. die Verklumpung der Kerne der Neutrophilen und die Vergröberung der Granulation bei Infektionen.

Durch Veränderungen innersekretorischer Organe, und zwar in anatomischer und funktioneller Hinsicht, entstehen ganz auffällige Modifikationen wie der schon zitierte Kleinwuchs, der Riesenwuchs, Fettsucht, Magersucht, grober oder feiner Knochenbau, Hautveränderungen verschiedenster Art, frühzeitige Gefäßverkalkung usw. Man begreift ohne weiteres, daß bei vererbbarer (mutativer) Veränderung in innersekretorischen Organen ähnliche Phänotypen nicht exogen, sondern jetzt endogen entstehen können.

So beruhen die Veränderungen im Federkleide bei Wellensittichen, die als ständige Mauser bezeichnet werden, auf genotypischer Änderung der Schilddrüse (STEINER, s. später). Die Chlorose, phänotypisch gleich einer gewöhnlichen Blutarmut, wird heute als vererbte innersekretorische Änderung gedeutet.

Die Osteogenesis imperfecta ist eine eigenartige vererbbare Knochenveränderung (Krankheit) bei Tieren und Menschen, bei der kein normaler Knochen gebildet wird. Das Bindegewebe ist hier nicht imstande, in richtiger Weise Knorpel und Knochenzellen auszubilden. Die Veränderung beruht entweder auf einer primären „Abnormität" des Bindegewebes, vielleicht aber auch auf einer sekundären „Anomalie", indem das Primäre des Prozesses in innersekretorischen Organen gelegen ist.

f) Durch den Lebenslauf bedingte Modifikationen (s. auch später S. 115 f.). Die Reaktionen des jugendlichen Alters sind gänzlich verschieden von denjenigen der späteren Lebensjahre.

Die besondere *Disposition der Jugend* für Anginen (auch für lymphatische Reaktionen?), für Scharlach, für Diphtherie, für Osteomyelitis, für Akne gehören hierher. Dabei kommt natürlich noch in Frage, daß durch längere allmähliche Berührung mit dem spezifischen Erreger in kleinen Mengen unmerklich eine Immunität erworben werden kann. Bei der Häufigkeit der Anginen im jugendlichen Alter kommt fraglos dem viel stärker entwickelten lymphatischen Rachenapparat eine große Rolle zu und noch entscheidender ist offenbar der Moment der beginnenden Rückbildung des lymphatischen Apparates.

Die Jugend ist ferner charakterisiert durch das häufige Vorkommen von starken Lymphozytosen als besonders energische Reaktion des lymphatischen Systems, und früher hielt man auch den *Status thymicolymphaticus* für eine konstitutionelle Änderung des jugendlichen Alters. Die Kriegserfahrungen haben aber gezeigt, daß dieser Status dem kräftigen und guternährten jugendlichen Organismus zukommt und daß er nicht eine seltene, als pathologisch gedeutete Varietät darstellt, sondern direkt dem normalen Typus entspricht.

Früher hielt man den Status thymico-lymphaticus für etwas schwer Pathologisches und PFAUNDLER hat ihn als die schwerste und deshalb oft tödliche Form der „exsudativen Diathese" bezeichnet.

Daß daneben phänotypisch anscheinend gleichartig aber auch ein pathologischer Status lymphaticus vorkommt, erscheint mir nach den Befunden bei der Bronzekrankheit (Morbus Addison) sicher.

Im Kindesalter ist die *lymphatische Leukämie* und das Lymphosarkom viel häufiger als später, und die myeloische Leukämie kommt vor 20 Jahren in chronischer Form fast gar nicht vor.

In der Jugend reagiert der Körper anders auf Entzündung und auf Blutentzug. Starke Leukozytose und enorme Reaktionen des erythropoetischen Systems schaffen ein eigenartiges, rein biologisches, später nie mehr vorkommendes Krankheitsbild, die *Anaemia pseudoleucaemica* oder pseudoperniciosa von JAKSCH. Wie ich immer betont habe, ist dies keine besondere Krankheit, sondern eine *biologische Variante*[1], keine eigene Krankheit, sondern eine veränderte Reaktion, entstanden auf dem Boden der verschiedensten Faktoren (Rachitis, Lues, Blutverluste usw.), bedingt durch die enorme Reaktionsfähigkeit des sehr jugendlichen Alters.

Modifikationen des Menschen mit dem Alter zeigen sich an Rückbildungsprozessen vieler Organe, so das Runzligwerden der Haut, die Bildung des Greisenbogens, Gerontoxon am Auge, die Veränderung der Gefäße, die Rückbildung in der Größe und Reaktionsfähigkeit der Milz schon vom 40. Lebensjahr an.

Dem entspricht dann auch die veränderte Reaktion der Organe im höheren Alter, so daß vor allem die Temperaturen selbst bei den schwersten tödlichen Typhuserkrankungen nur noch unwesentlich ansteigen und die Milz nicht anschwillt.

Es wird behauptet, daß die von europäischen Eltern in Amerika geborenen Kinder größer werden als in Europa (BOAS). Es ist klar, daß äußere Verhältnisse der Ernährung und noch sonst sehr vieles in der Umwelt Faktoren darstellen können, die für die Größe der Menschen von Einfluß sind. Bei den Züchtern sehen wir ja gerade durch äußere Faktoren bei Tier und Pflanze die Möglichkeit einer bedeutenden Entwicklung. Auch das Studium des Zurückbleibens im Wachstum während des Weltkrieges bei den deutschen Kindern hat manches nach dieser Richtung ergeben.

Es wird ferner gesagt, daß die in Amerika geborenen Kinder der Europäer auch in den Gesichtszügen sich ändern und einen besonderen amerikanischen Typ annehmen. Das wird darauf zurückgeführt, daß die amerikanische Gewohnheit, beim Sprechen den Mund wenig zu öffnen, in der Muskulatur des Gesichts und in sekundärer Folge davon in den Knochen des Gesichts Veränderungen entstehen läßt. Wir wissen, wie modulierbar die Knochen unter dem Einfluß des Muskelzuges sich gestalten.

Mitteilungen, daß auch die Schädelform der Eingewanderten in Nordamerika sich ändere (BOAS), erscheinen durchaus unwahrscheinlich.

g) Transgrediente Variabilität. Ganz verschiedene Arten können unter besonderen Bedingungen in gleicher Richtung variieren und sich im Phänotyp so ähnlich werden, daß die Unterscheidung sehr schwer hält. Eines der klarsten Beispiele dieser Art sind die beiden Arten der Brunnenkresse, *Roripa amphibia* und *Roripa silvestris*. Sie sind in Wuchsform, Blattbildung und Fruchtbildung außerordentlich verschieden. Wenn

[1] NAEGELI: Blutkrankheiten und Blutdiagnostik. 5. Aufl. Berlin: Julius Springer 1931.

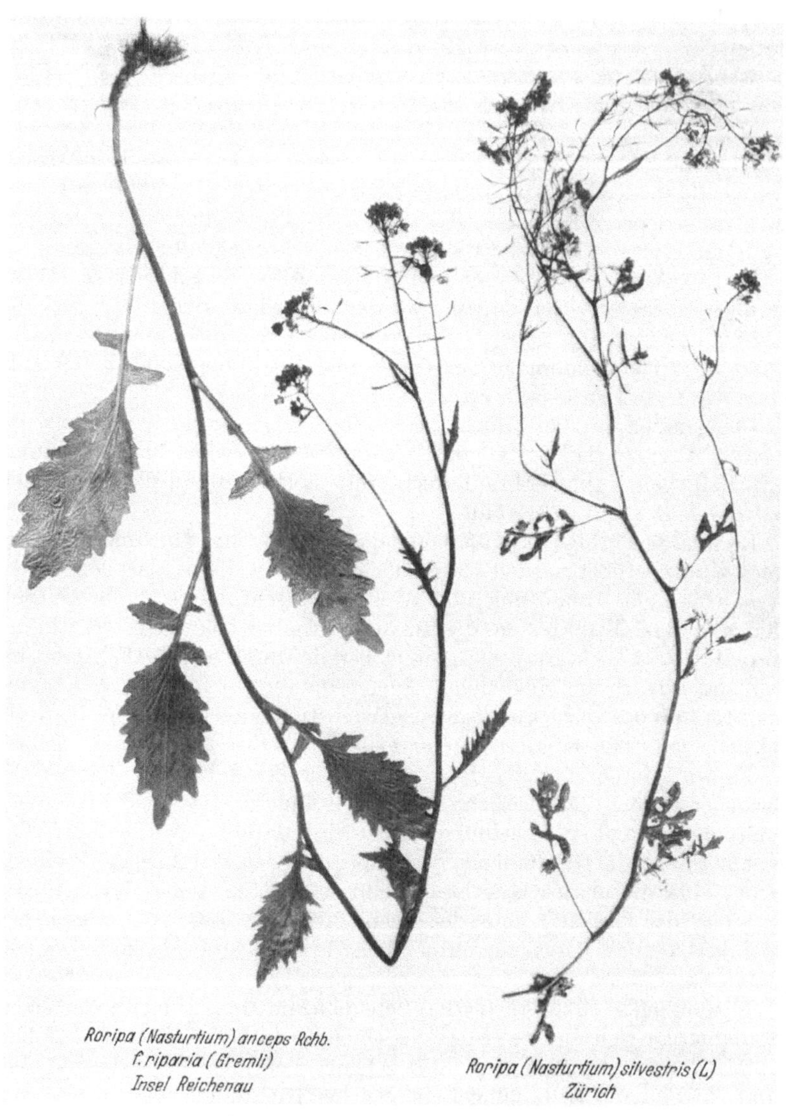

Abb. 7.

aber die Pflanzen am Seestrand auf mageren, trockenen Sandboden kommen, so hat man sie früher nicht unterscheiden können, so enorm verschieden und sofort erkennbar auch die Arten unter gewöhnlichen

Abb. 8. Transgrediente Variabilität zweier sehr verschiedener Arten.

Verhältnissen erschienen. Erst durch Kultur unter den verschiedensten ökologischen Bedingungen ist es gelungen, zwei sich außerordentlich gleichende Phänotypen zu trennen.

Ähnlich verhält es sich mit biologischen Reaktionen auf ganz verschiedene Krankheitsursachen, so daß die Differentialdiagnose des Arztes gerade darin besteht, ähnliche Phänotypen voneinander zu unterscheiden, wie Miliartuberkulose von Typhus, eine Trennung, die noch bei JOHANN LUCAS SCHÖNLEIN nie möglich gewesen ist, so daß dieser berühmte Kliniker die beiden Krankheiten für dasselbe angesehen hat, ferner die Trennung der ähnlichen Phänotypen Grippepneumonie und andere Pneumonie, die Unterscheidung des Scharlachs von anderen Hautausschlägen, die Zerlegung der Sammelbegriffe Infantilismus, Epilepsie, Myokardinsuffizienz, Blutfleckenkrankheiten usw.

Modifikationen entstehen zwar unter dem Einfluß äußerer Momente, aber selbstverständlich „*macht*" die Außenwelt nur Veränderungen, die nach der Konstitution der Art an sich möglich, also genotypisch überhaupt auslösbar und mithin im Grunde schon gegeben sind und auf einer endogenen Anlage nach vorgeschriebenem Wege entstehen. Ich möchte behaupten, daß mindestens für höhere Lebewesen durch Modifikation infolge äußerer Einflüsse nie genau die Phänotypen entstehen, die bei der Mutation zustande kommen, wenn auch der Phänotypus bei beiden Variationsarten sehr ähnlich ausfallen kann.

Bei niederen Lebewesen, wie bei Drosophila (TIMOFEEFF), beim Löwenmaul (BAUR) usw. sind experimentelle Modifikationen und Mutationen anscheinend isomorph und nicht unterscheidbar; aber längst ist erkannt, daß Isomorphie nicht identisch ist mit Isogenie. Über den Begriff Dauermodifikation (JOLLOS), besser Langdauermodifikation (NAEGELI) siehe später.

2. Die Mutation (DE VRIES) oder Idiovariation (SIEMENS).

„Natura non facit saltus", so hat COMENIUS, der Pädagoge aus der mährischen Brüdergemeinde, einst gesagt, und heute zeigen wir an Tausenden von Beispielen, daß die Natur Sprünge macht, und zwar oft sehr große, und viele hervorragende Forscher glauben, daß auf dem Wege der Mutation allein die Evolution zustande gekommen ist, weil alle anderen Arten der Variabilität, wie ich das noch zeigen werde, zu keinen bleibenden Veränderungen und daher auch zu keiner Evolution führen können.

Die Mutationslehre ist von HUGO DE VRIES[1] seit 1889 aufgestellt und begründet worden. Im Sinne dieses großen Biologen, der DARWIN

[1] DE VRIES: Mutationstheorie. 1901 u. 1903. — Arten und ihre Entstehung durch Mutation. Berlin 1906. — Science 1914, Nr. 1020. Revue générale des sciences 1914. — Van Amoebe tot Mensch. Utrecht 1918. — Über das Aufsuchen von Artanfängen. In Festschrift für SCHRÖTER 1926. — NAEGELI: Die DE VRIESsche Mutationstheorie in ihrer Anwendung auf die Medizin. Antrittsrede Zürich 1918. Z. angew. Anat. **6** (1920). — Kann die DE VRIESsche Mutationstheorie gewisse auffällige Erscheinungen auf dem Gebiete der medizinischen Erfahrungen erklären? Schweiz. med. Wschr. **1927**. — STOMPS: 25 Jahre Mutationstheorie. Jena: Fischer 1931. — STEINER: Was ist eine Mutation? Rev. suisse Zool. **40** (1933).

an Bedeutung weit übertrifft, ist Mutation ein plötzlicher kleinerer oder größerer Sprung in der Entstehung von etwas Neuem. Alle Zwischenglieder fehlen. Äußere Momente sind nicht (allein) maßgebend; offenkundig erfolgt die Veränderung von innen heraus, gemäß gewisser Entwicklungspotenzen; denn die Mutation ist z. B. bei Pflanzen ganz unabhängig von Ernährung, geologischer Unterlage, Klima und anderen Faktoren der Außenwelt. Zum Begriffe [1] der Mutation gehört aber als das Wesentlichste: sie ist dauernd vererbbar und Bastardierung muß ausgeschlossen sein oder ist in seltenen Fällen durch neue Genzusammensetzung Ursache der Mutation.

Ein gutes allgemein verständliches Beispiel stellt die Entstehung der *Blutbuche* dar [2]. Alle Blutbuchen der Schweiz und Süddeutschlands stammen von einer schon im Jahre 1190 historisch nachweisbaren spontan entstandenen Blutbuche im Stammberg bei Buch am Irchel im Kanton Zürich. Das Auffinden einer Buche mit rot gefärbten Blättern mußte unseren Vorfahren, die für die Erscheinungen der Natur noch ganz anders eingestellt waren als die in bezug auf Naturbeobachtung so sehr verarmten Kulturmenschen, den denkbar größten Eindruck erzeugen. Sofort schlossen sich Sagen an die Entstehung der Blutbuche an, und in diesen wurde selbstverständlich das Auftreten der Blutbuche durch die denkbar einfachsten exogenen Momente, Blut eines von seinen Brüdern getöteten Ritters, erklärt. Seit über 700 Jahren sind nun die Blutbuchen überall gepflanzt worden, und kein Faktor der Außenwelt ist imstande gewesen, sie zu verändern.

Man weiß ebenfalls aus historischen Überlieferungen, daß auch in Thüringen, Sondershausen, vor vielen Jahrhunderten eine Blutbuche entdeckt worden ist und daß von ihr die Blutbuchen Norddeutschlands abstammen. Auch ein dritter Entstehungsort in Südtirol ist erwiesen und es läßt sich dort die Familie ,,Rodtenpuecher" bei Bozen, deren im Jahre 1488 verliehenes Wappen das Blatt einer roten Buche zeigt, bis zu Anfang des 15. Jahrhunderts zurückverfolgen (ASCHERSOHN und GRÄBNER, Bd. 4, S. 438).

Die Tendenz der Blutbuchenbildung ist also nicht an einen Ort gebunden gewesen. So sind denn auch in letzter Zeit im Kanton Zürich an zwei weiteren Orten Blutbuchen entstanden. Das erhöht die Wahrscheinlichkeit, daß der innere Faktor einer in der Evolution gelegenen Entwicklung für die Entstehung verantwortlich gemacht werden muß.

HUGO DE VRIES leitete seine theoretischen Gedanken von den Erfahrungen bei einer Nachtlichtkerze, *Oenothera Lamarckiana*, ab und beobachtete in großen Kulturen Varianten, die sich als erbkonstant

[1] Der Begriff der Mutation hat im Laufe der Zeit gewisse Schwankungen durchgemacht, auf die ich hier nicht eingehe. Siehe LEHMANN 1916, S. 18.

[2] JÄGGI: Die Blutbuche zu Buch am Irchel. Neujahrsbl. Zürch. naturforsch. Gesellsch. 1894.

erwiesen haben. Viele Forscher, vor allem RENNER, wollen aber nicht zugeben, daß es sich immer bei diesen Beobachtungen um Mutation gehandelt habe, sondern daß die Aufspaltung einer kompliziert gebauten Hybride zu diesen neuen Formen geführt habe. Obwohl STOMPS die ursprünglichen DE VRIESschen Auffassungen sehr energisch weiter verteidigt und vieles als Mutation bewiesen hat, möchte ich doch bei der Opposition gegen die Verwertbarkeit dieser *Oenothera* für die Mutationslehre hier mich nicht weiter äußern, weil es genügend andere völlig unbestrittene Beobachtungen über Mutationen gibt.

Die Tatsache der Mutation ist altbekannt und jeder Gärtner weiß davon zu erzählen, ohne je etwas darüber gelesen zu haben. DARWIN nannte die Mutationen Sports, wie auch heute noch manche Gärtner. Er legte ihnen aber allmählich immer geringere Bedeutung bei.

Hier sind an allererster Stelle zu erwähnen die für die Biologie enorm wichtigen Studien der MORGAN-Schule an *Drosophila melanogaster*, die für die Mutationslehre heute das sichere Fundament darstellen. Die Taufliege zeigt auch in der freien Natur außerordentlich viele erbkonstante Variationen vollkommen im Sinne der DE VRIESschen Mutation und mit allen Kriterien für diese Auffassung, so ganz besonders erwiesen durch die zytologische Prüfung und durch die Bastardierungsversuche. Bereits sind über 500 Mutanten nachgewiesen, z. B. Veränderungen der Augenfarbe in den verschiedensten Ausprägungen, bandförmiges Auge, augenlose Mutanten, Flügelveränderungen aller Art, Flügeldefekte, Veränderungen der Färbung des Leibes usw.

Von der denkbar größten Bedeutung war es nun, als MULLER[1] von der MORGAN-Schule 1927 unter dem Einfluß der Röntgenbestrahlung die Menge der Mutanten ganz außerordentlich, auf das 150fache steigern konnte, und jetzt schien zunächst der Einfluß der Außenwelt für die Entstehung der Mutation erwiesen; allein es zeigte sich, daß keine anderen Mutanten experimentell erreicht werden konnten als diejenigen, die schon in der freien Natur vorkamen, und daß am häufigsten auf alle Reize (Röntgen, Radium, Wärme, Kälte, Gifte) die auch in der Natur häufigsten Mutanten erscheinen. Man mußte daher sagen, die Konstitution, die Veranlagung zur Mutation, ist alles und der Reiz ist nichts; denn nur die sprungbereite Mutation kommt heraus, und zwar jetzt unter äußeren Einflüssen sehr viel häufiger als sonst.

Sehr bald konnte auch gezeigt werden, daß nicht selten auch Rückmutationen zum Vorschein kamen, indem wieder der frühere Zustand unter dem sonst Mutationen auslösenden Reize erreicht worden ist. So beweist STEINER an den Wellensittichen, daß Rückmutation sehr häufig ist, sogar bei jedem Vogel an einzelnen Federn vorkommt, ferner sich schon im Ei halbseitig zeigt, wodurch dann halbseitig verschieden gefärbte Vögel entstehen.

[1] MULLER: Verh. 5. internat. Kongr. Vererbungsforsch. Berlin 1927.

Auch bei einer sehr nahestehenden anderen Art, der *Drosophila funebris*, konnte unter Hitzeeinfluß durch TIMOFEEFF-RESSOVSKI außerordentlich viel ähnliches erreicht werden, so Veränderung der Flügelstellung, Zwergwuchs, Verkrüppelung der Flügel, abnorme Färbung des Leibes, Änderung der Augenfarben, Veränderung der Wachstumsgeschwindigkeit, aber trotz vieler Parallelmutationen auch wieder andere Genvariationen.

Von sehr hohem Interesse sind ferner die Mutationen, die JOLLOS unter steigenden Hitzeeinflüssen wiederum bei *Drosophila* erreicht hat, und zwar nun „gerichtete" Mutationen, insofern, als die Augen unter diesen Hitzeeinflüssen ihre braunrote Farbe sukzessive in dunkel eosinfarben, gelbrot, weißrot und weiß verändert haben. Daraus zieht JOLLOS außerordentlich weitgehende Schlüsse für die Evolution, die in analoger Weise durch „gerichtete Evolutionen" entsprechend den Ergebnissen der Paläontologie vor sich gehe.

Von Bedeutung ist auch, daß in diesen Experimenten, phänotypisch nicht unterscheidbar, sowohl gewöhnliche Modifikationen, als Langdauermodifikationen, als auch Mutationen zum Vorschein kamen.

Ein überzeugendes und ganz besonders anschauliches Beispiel sind die in neuester Zeit bekannt gewordenen Mutationen der *Ophrys apifera* HUDS., mit denen ich mich seit 1910 unausgesetzt beschäftige [1]. DARWIN, der die ausschließliche Selbstbefruchtung dieser Pflanze festgestellt hatte, schreibt an einen Freund: wenn eines mich wünschen ließe, noch 1000 Jahre zu leben, so wäre es die Begierde, zu sehen, wie *Ophrys apifera* degeneriert.

Es ist ganz anders gekommen. Während man früher von Abarten der *O. apifera* fast nichts wußte, sind erst in den letzten 30 Jahren ganz außerordentliche Mengen der allerverschiedensten Abarten aus den verschiedensten Ländern bekannt gegeben worden. Man kommt zu der Überzeugung, daß fast plötzlich diese Pflanze in eine Evolutions- oder Mutationsperiode hineingekommen ist und eine Unmenge der prachtvollsten und seltsamsten Neuschöpfungen wie aus einem Feuertopf herauswirft, und DARWIN hätte nur 50 Jahre noch leben müssen, um diese fabelhafte Evolution zu sehen.

Die *Ophrys apifera* und *O. arachnites* waren seit längster Zeit wegen ihrer Schönheit gesuchte und oft schon in früher Zeit in Abbildungen dargestellte Orchideen. Wir besitzen in Zürich Abbildungen der *O. arachnites* von 1560.

Seit mehr als 100 Jahren, namentlich seit der Entdeckung der *O. Trollii* HEG. im Jahre 1815 (in 2 Exemplaren beim alten Schlosse in Wülflingen), sind in den botanischen Museen diese Pflanzen in zahlreichen kolorierten Abbildungen genau wiedergegeben. Die Aufmerksam-

[1] NAEGELI, O.: Über zürcherische Orchideen. Ber. schweiz. bot. Ges. **1912**, H. 21 und andere Publikationen.

keit auf diese beiden Arten und ihre Formen ist also seit mehr als 100 Jahren groß gewesen, und es war die Klage sehr verbreitet, diese schönen Orchideen unserer Waldwiesen gingen durch die Nachstellung des Menschen immer mehr zugrunde. Die Aufmerksamkeit war nicht nur im Zürcher Gebiet eine ganz speziell eingestellte, sie galt nicht minder für Genf, Basel und Freiburg im Breisgau.

Ich kann ferner den Nachweis führen, daß auch die Fundstellen, wo heute hunderte der Abarten beieinander stehen, noch Ende der siebziger und in den achtziger Jahren alljährlich von den speziell interessierten Botanikern Prof. Jäggi und Prof. Schröter abgesucht worden sind. Ich besitze die topographische Karte mit der eingezeichneten Linie der Jäggischen Exkursionen, und diese Linie geht durch die reichsten Fundstellen hindurch. Wir haben auch die Exkursionsnotizen, die *Ophrys sphecodes, arachnites, apifera* alljährlich als wiederaufgefunden erwähnen, und seit dem Jahre 1876, seit der Entdeckung eines Bastards der *O. sphecodes* mit *O. muscifera* an diesem Orte, war zweifellos die Stelle noch viel mehr beachtet und die Formengestaltung der schönen *O. apifera* noch mehr studiert. Trotzdem haben Jäggi, Schröter, Schinz und die vielen anderen hier nie etwas Besonderes entdeckt und auch die heißbegehrte *O. Trollii* blieb verschollen und wurde nur zu Irrtum von anderen Fundstellen der Schweiz angegeben. — Einzig die große Sammlung selbstgemalter Pflanzen des später in Frauenfeld

Abb. 9. *O. bicolor* Naeg. Mutation in Farbe und Form des Labells.

Abb. 10. *O. apifera* Huds. Normalform.

lebenden und mir wohl bekannt gewesenen Apothekers STEINER, der wiederum seine Augen ganz speziell auf die Ophrysarten geworfen und auch von Frauenfeld eine neue Abart der *O. sphecodes* angegeben hatte, enthält von der Gemeinde Dättlikon, dem wichtigsten Fundort der *O. apifera*-Mutationen, aus dem Jahre 1878 die Abbildung einer *O. apifera* mit zweifarbigem Labell, die genau dem entspricht, was ich 1912 dann als *O. bicolor* NAEG. beschrieben habe. Mündlich hat mir Dr. STEINER, so oft wir auch über *Ophrys* sprachen, nie etwas davon mitgeteilt. Er hielt die Pflanze offenbar nur für etwas Zufälliges und daher Bedeutungsloses. In größerer Zahl hat er sie wohl nicht gefunden. Heute aber finden sich in dem Tale der Eulach von Elgg bis Freienstein auf einer Länge von 20 km mehrere Tausende dieser *O. bicolor*-Mutation. Gelegentlich finden sie sich in Reinkultur. Es war nicht schwer, an einem Tage hunderte in kurzer Zeit zu sammeln.

Abb. 11. *O. apifera* HUDS. *subsp. Botteroni* (CHODAT) A. u. Gr. (erw.) *var. friburgensis* (FREYHOLD). NAEGELI. Mutation in der Farbe und im Auftreten von funf Blumenblättern.

Von besonderer Wichtigkeit erscheint mir ferner, daß diese *O. bicolor* jetzt bei sorgfältiger Prüfung nicht die allergeringste Variabilität[1] aufweist. Dies bezieht sich nicht allein auf die charakteristische Farbe, sondern es gilt ebenso sehr auch für die Form der Unterlippe und der Gestaltung der inneren Perigonblätter, die sonst bei der Gesamtart *O. apifera* sehr großen Schwankungen unterworfen sind. Durch die

[1] Das spricht fur die Entstehung aus einem einzigen Individuum. Ganz analog kann aber auch durch Bastardierung bei völliger Unfruchtbarkeit der Hybride und rein vegetativer Vermehrung absolute Isomorphie bei Tausenden von Exemplaren vorliegen. Ich habe das bei *Potamageton nitens* f. *rhenanus* BAUMANN, aus *gramineus* × *perfoliatus* gesehen. Die Form des Bodensees und Rheins ist stets völlig isomorph. Wahrscheinlich ist die Kreuzung nur einmal eingetreten. Die Bodenseeform ist isoliert. Im Norden kommen viele verschiedene Formen des *P. nitens* vor. Dort ist aber auch *gramineus* mit mehreren dem Bodensee fehlenden „Rassen“ vertreten und damit auch bei völlig sterilen Hybriden die Möglichkeit der Entstehung einer Reihe von Formen. Wahrscheinlich ist im Norden die Anwesenheit genotypisch verschiedener *gramineus*-Rassen Ursache der Vielgestaltigkeit des nordischen *P. nitens*-Bastards.

Abb. 12. *Ophrys apifera* HUDS. *subsp. Botteroni* (CHODAT) A. u. Gr. (erw.) *var. Naegeliana* THELLUNG. Mutationen mit fünf Blumenblättern, mit flachem Labell und anderer Labellzeichnung.

Beschränkung auf das Tal der Eulach hat die *O. bicolor* den Charakter eines Endemismus. Ein einziges Mal ist an einem Bahndamm bei Hinwil 1915, 25 km entfernt, ein Exemplar der Pflanze gefunden worden. Alle die gründlichen Prüfungen der reichen Ophrysflora von Genf, Freiburg im Breisgau, im Elsaß besonders um Rufach, die nun in den letzten zwei Dezennien eingesetzt haben, förderten keine *O. bicolor* zutage.

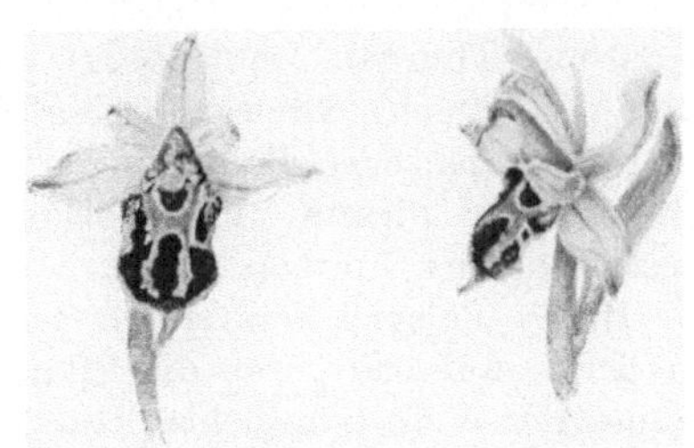

Abb. 13. Mutation: *Ophrys apifera* HUDS. *subspec. Botteroni var. Naegeliana* THELLUNG und *subvarietas Chodati* WILCZEK.

Die *Ophrys bicolor* ist aber nur eine der Mutanten unter vielen, die in letzter Zeit beschrieben worden sind. Ihre Stammart, die *O. apifera* mutiert heute in der denkbar stärksten Weise. Bei anderen Neuschöpfungen, *O. Botteroni* CHODAT, zuerst 1878 bei Biel gefunden, sind die inneren Perigonblätter blumenblattartig groß und breit und rosa gefärbt und die Lippe ist flach und nicht mehr gewölbt. Sie ist breit und ganz anders gefärbt. Und gerade in der Entwicklung der Lippen kommen nun die seltsamsten Gestaltungstendenzen zum Ausdruck. Die Fülle der Gestalten und der Neufärbungen ist derartig groß, daß ich von einer Namengebung zuerst abgesehen habe und nur einzelne Typen unterscheiden wollte und Zuwarten empfahl, bis die Produkte der Neuschöpfung genügend bekannt wären. Es hat dann Prof. THELLUNG die vorläufige systematische Zusammenfassung in drei Haupttypen zusammengestellt, jedoch nur, um dem vorläufigen Bedürfnis des Systematikers nach Ordnung und Klassifikation zu entsprechen.

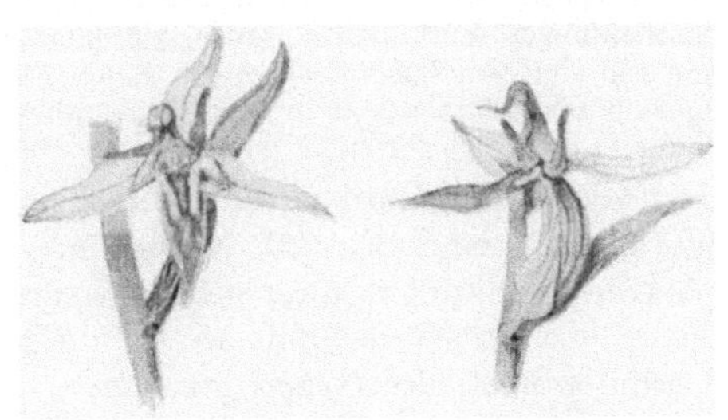

Abb. 14. Mutation: *Ophrys apifera* HUDS. *var. Trollii* (HEG.) REICHENBACH[1].

Ich habe bereits auch von der *O. Trollii* gesprochen. Auch von ihr habe ich nach fast hundert Jahren mehrere neue Stellen in den Kantonen Zürich und Thurgau gefunden. Aber auch das ist ein Endemismus.

Für die Mutationslehre ist jetzt von denkbar größter Bedeutung, daß diese Tausende von Neubildungen immerhin doch nur in einem

[1] Bezeichnend, wie der Mensch durch Theorien voreingenommen ist, und darauf seine Werturteile aufbaut, ist die Deutung dieser prachtvollen *Ophris Trollii* in einer neuesten botanischen Publikation als Mißbildung, nur weil diese „Varietät" selten und abwegig ist!

beschränkten Gebiet des Gesamtareales der Art vorkommen, namentlich längs des Jura, daher der Name *Subspec. jurana* RUPPRECHT, aber keineswegs nur auf Kalkboden. Und die Herde dieser Neuschöpfungen sind Riviera von Ospedaletti (1 Exemplar Prof. HUGUENIN), Umgebung von Genf (CHODAT), Biel, Aargau, Nord-Zürich (kein einziges abweichendes Exemplar unter Tausenden der *O. apifera* in den südlichen Teilen des Kantons), Thurgau (Immenberg), Schaffhausen, Schwäbische Alb (Oberndorf, Pfullingen), Breisgau, Elsaß. Die geologischen, klimatologischen und geographischen Bedingungen sind die denkbar verschiedensten und trotzdem in diesem umschriebenen Gebiet die denkbar größte Neugestaltung der Formen.

Dieses Beispiel der *Ophrys apifera*-Mutationen ist nun deshalb von großer Beweiskraft, weil die Pflanzen alle Selbstbefruchtung bieten, im Sinne der Vererbungslehre also Homozygoten sind. Damit erscheint der Einwand, es könnte sich um komplizierte Hybriden handeln, ausgeschlossen.

Es gibt zwar, aber sehr vereinzelt, Bastarde der *O. apifera* und *O. arachnites*. Der reife Pollen der *O. apifera* senkt sich an Fäden auf die Narbe herab und verklebt mit ihr bei der Selbstbefruchtung. Es ist also möglich, daß Insekten den Pollen, bevor er an dem Faden sich heruntersenkt und bevor er die Narbe erreicht hat, wegtragen und auf andere Individuen überbringen. Solche Bastarde, die ich sehr genau kenne, sind aber ganz andere Bildungen und bieten absolut intermediäre Erscheinungen und nichts Neues, sie kommen im Gesamtgebiet der *O. apifera* vor und sind seit langem bekannt. Beide Eltern *O. apifera* und *arachnites* haben keine blumenblattartigen inneren Perigonblätter, keine flachen Lippen usw. und es fehlen beiden zahlreiche wichtige Merkmale der Mutanten.

Endlich hat CHODAT den entscheidenden zytologischen Beweis geführt, daß keine Bastarde vorliegen.

Wenn ich kurz zusammenfasse, so spricht für die Mutationsauffassung dieser erst in letzter Zeit in so auffälliger Weise bekannt gegebenen Veränderungen der *Ophrys apifera:*

1. Die absolute Konstanz der Neuschöpfungen.
2. Der große Sprung der Abweichungen ohne alle Zwischenformen.
3. Das gleichzeitige Auftreten von über 100 Mutanten,
4. und zwar nur in gewissen Teilgebieten der Gesamtart.
5. Die lokale endemische Verbreitung mancher hoch charakteristischer Unterarten (*bicolor, Trollii,* nur in den Kantonen Zürich und Thurgau), hier dann aber zum Teil in größter Zahl *(bicolor)*.
6. Sodann die Selbstbefruchtung der *O. apifera* (Homozygot).
7. Das Ergebnis der zytologischen Prüfung, das Bastarde ausschließt.
8. Die völlige Verschiedenheit der Neuschöpfungen von den Bastarden.
9. Die peinliche Isomorphie z. B. der *O. bicolor* in allen Größen und Formverhältnissen.
10. Die völlig verschiedenen geologischen, klimatologischen und geographischen Bedingungen der Orte, in denen die Evolution auftritt.
11. Das Auftreten absolut neuer wichtiger Merkmale.

Eine eigenartige Rolle spielt in diesen Fragen die *Capsella Heegeri* SOLMS [1], ein Hirtentäschchen, das statt der herzförmigen Früchte Schötchen, wie eine Glühbirne, entwickelt. Zuerst 1897 in einem einzigen Exemplar auf dem Meßplatz zu Landau in der Pfalz gefunden und dort seit 1914 verschwunden, wird die Pflanze in botanischen Gärten kultiviert; sie erweist sich aber als nicht absolut konstant vererbbar, sondern spaltet in der Kultur 50% *Heegeri* und 50% *Bursa pastoris* ab und ging später ganz in *Capsella bursa pastoris* über, entweder durch Bastardierung oder Rückmutation, die wir an einzelnen Ästen und Blättern der Blutbuche und vielen anderen Pflanzen auch beobachten und unter experimentellen Verhältnissen gleichfalls oft sehen.

Seit 10 Jahren (vorher nur als Rarität) ist aus der chinesischen Südprovinz Yünnam eine eigenartige Primel in Kultur gekommen, *Primula malacoides,* die nun in den Zuchten von Dr. KOBEL, Wädenswil, und bei anderen Züchtern eine außerordentlich große Zahl von Mutationen aufgewiesen hat und zwar Farbmutationen: weiße, bläuliche, lachsfarbene, „treurosa", karminfarbene, dann andere Mutationen wie frühes Aufblühen (1926 entstanden), Verlust der Fähigkeit, Mehlstaub zu bilden, Umwandlung der gelappten Blätter in ungelappte, und noch eine ganze Anzahl weniger auffällige Genmutationen. Dazu kamen Genomutationen, Bildung von Gigasformen. Auch hier ist durch sorgfältigste Untersuchungen aller Art, namentlich auch durch zytologische Prüfungen und Bastardierungsversuche die Mutation in jeder Weise wissenschaftlich sichergestellt, und es ist von besonderem Interesse, daß sogar bei diesen Mutationen die Sektionengrenze überschritten worden ist, indem (freilich nach rein menschlichem Einteilungsprinzip) die Primeln mit ganzrandigen Blättern zu einem anderen Genus vereinigt werden.

In den letzten Jahrzehnten ist dann auch in der Zoologie unter unseren Augen ein prachtvolles Beispiel einer Mutationsperiode bei den Wellensittichen von STEINER [2] beobachtet worden. Diese Sittiche kamen ums Jahr 1840 aus Australien nach Europa, waren 1860 überall in Europa vorhanden. 1870 entstand in Holland die erste Mutante, ein albinoähnliches, aber noch mit etwas Gelb ausgestattetes Exemplar, das zugrunde ging. 1882 tauchte plötzlich in Uecel, Belgien, ein blauer Wellensittich auf, der des gelben Lipochroms der Färbung entbehrte. Auch dieses Tier ließ man eingehen. Aber 1910 entstand wiederum in der Kultur in Le Mans ein blauer Wellensittich, und weil dieser schöne Vogel nun sehr geschätzt und hochbezahlt worden ist, wurde er weiter gezüchtet, und von ihm stammen alle jetzt in der Kultur befindlichen blauen Exemplare ab. 1931 entstand wiederum die albinotische Mutation, in neuester Zeit dann eine olivefarbene. Schon in den 70er Jahren zeigten sich mutative Änderungen als sog. Gefiederkrankheit der Sittiche,

[1] HEEGI: Illustrierte Flora von Mitteleuropa, Bd. 4, 1, S. 265—266.

[2] STEINER: Vererbungsstudien am Wellensittich. Zürich: Orell-Füßli 1932.

schlechte Ausbildung der Flügel- und Schwanzfedern, so daß die Tiere als fortwährende Mauser bezeichnet wurden. In allerletzter Zeit sind auch grauflüglige Mutationen und gelbe, immer als besondere Veränderungen in der Pigmentregulation, entstanden. Die Domestikation wird als Ursache des bestimmtesten abgelehnt, weil nachher auch in der Natur und bei nahverwandten Arten die gleichen Mutanten gefunden worden sind. Nur die Blaumutation ist bisher in der Natur noch nirgends gefunden. Durch die sorgfältigen Beobachtungen und die eingehende Analyse in jeder Hinsicht, mit Stammbäumen, durch Bastardierungsversuche usw. hat STEINER das Problem dieser Mutationen außerordentlich sorgfältig klargelegt.

Abb. 15. *Digitalis Pelorie.*

Wie in so vielen Fragen der Wissenschaft hat auch in der Mutationstheorie manchmal eine unrichtige und trügerische Basis einen Forscher doch zu richtigen Vorstellungen geführt, so z. B. VIRCHOW bei seiner Aufstellung der Leukämielehre. Alle Argumente für die Aufstellung einer neuen Krankheit waren falsch. Die Forschung hatte noch nicht die richtigen Beweismittel zutage gefördert, wie wir sie heute so leicht seit dem Ausbau der morphologischen Hämatologie zur Verfügung haben. Die Vorstellung VIRCHOWs aber war richtig gewesen; die Intuition ist siegreich geblieben. Wahre Intuition aber ist Wissen, wenn auch Wissen, das nur auf breiter Basis der Erfahrung und Analyse möglich ist, bei dem die Beweisführung noch nicht völlig gelingt.

Für den ganz kritischen Forscher könnten theoretische Bedenken gegen die Artauffassung der Leukämie als selbständiger Krankheit auch heute noch bestehen [1]. Aber die praktische Erfahrung, namentlich die Prognose, die eben doch der Ausdruck wichtigster biologischer Vorgänge ist, zwingen zur artlichen Trennung.

Bekanntlich sind fast alle großen geistigen Entdeckungen zunächst nur unbewiesene Intuitionen gewesen.

Die Mutationslehre muß aber auch als Folge der Erkenntnis angenommen werden, daß die Spezies in reiner Linie keine eigentlich vererb-

[1] Siehe mein Lehrbuch, Blutkrankheiten und Blutdiagnostik, 5. Aufl. 1931.

bare Variation zeigt (JOHANNSEN). Die Spezies ist diskontinuierlich, sagt BATESON schon 1894, und die Selektion, das ist heute doch wohl jedem Naturforscher erwiesen, ein Additionsmoment, das nur ausmerzt, an sich aber niemals Neues schafft. So hat auch CHODAT den Satz niedergelegt: Die Selektion, bei DARWIN das wichtigste Moment für die Evolution, ist heute für die Evolution als machtlos anerkannt.

Die hier in den Tabellen wiedergegebenen Mutationen zeigen selbstverständlich die größten und daher allerauffälligsten Sprünge. Daß sie vielfach Pathologisches darstellen, kann in gar keiner Weise, wie das später entwickelt werden wird, gegen die Mutationslehre als solche verwertet werden.

Der von vielen Forschern geäußerte Gedanke, daß die Mutation mit relativ kleinen und darum viel schwerer erkennbaren Sprüngen in der Regel eingreift, ist einleuchtend. Wir stellen die großen und auffälligsten Sprünge (Mutationen) darum in den Vordergrund der Darstellung, weil sie uns die Beweise für die *prinzipielle Möglichkeit der Mutationen* herbeischaffen und das Grundsätzliche und Tatsächliche der Beobachtungen in helles Licht setzen.

Beispiele für Mutationen in der Botanik.

Ophrysmutanten (NAEGELI, S. 35 und Abb. 9—14).

Zahlreiche Mutationen, erst in der Kultur der letzten 10 Jahre entstanden, bei *Primula malacoides* (Dr. KOBEL, Wädenswil; noch nicht publiziert, S. 41).

Antirrhinum (Löwenmäulchen). Über 100 Mutanten (E. BAUR) experimentell auf Röntgen seit 1928, als Zwergpflanzen, Kümmerlinge, als schmalblättrige Pflanzen und als solche mit radiomorphen Blüten usw.

Datura (Stechapfel) über 12 Mutanten (BLACKERLEE), besonders Dornlosigkeit.

Pelorienbildung z. B. bei *Linaria vulgaris* — *Digitalis* (Abb. S. 15).

Apetaloide Blüten, absolut konstant, bei *Senecio Jacobaea,* bei BIDENS, bei *Matricaria* (nicht *M. suaveolens,* diese ist ein Genotypus).

Ausläuferlosigkeit bei Erdbeeren.

Farbenvarianten: *Solanum*-Früchte, grüne, rote, schwarze, unendlich häufig bei Pflanzen aller Art, z. B. *Berberis atropurpurea,* Versailles vor 100 Jahren. Gelber Seidelbast, weiße Ribes (DE VRIES: „vielleicht nur einmal entstanden“).

Hafermutationen (NILSSON-EHLE).

Bohnenmutationen reinen Linien (JOHANNSEN), z. B. die chlorine, den „langen“ Samentypen, 19 Generationen unverändert.

Blutbuche, Blutahorn, Blutkirsche, Bluthaselnuß.

Schlitzblättrigkeit: Buche, Erle, *Chelidonium laciniatum* seit 1590 konstant, im Garten des Apothekers SPRENGEL in Heidelberg aufgetreten.

Gefülltblütigkeit häufig bei vielen Pflanzen.
Kandelaber-Pyramidenwuchs bei *Populus italica* (Pappel) aus *P. nigra* und nur bei männlichen Pflanzen, bei vielen Koniferen[1], *Juniperus, Abies*, Zeder, *Cupressus* usw.
Blattänderungen bei *Scolopendrium* (SCHRÖTER).
Narcissus, schlitzblättrige Blumenblätter.
Ganzblättrigkeit bei der Erdbeere (bisher zweimal aufgetreten).
Torsionen bei Dipsaus, Taraxacum, sehen wie Mißbildungen aus!

Mutationen in der Zoologie[2].

Über 500 Mutanten bei *Drosophila melanogaster* (MORGAN), besonders auch mit Letalfaktoren, S. 34.
Zahlreiche Mutanten bei *Drosophila funebris* (TIMOFEEFF), S. 35.
Koloradokäfer viele Mutanten (TOWER).
Wellensittiche, Farbmutanten, Gefiederänderungen (STEINER), S. 34.
Farbmutanten beim Fuchs (Silberfuchs).
Farbmutanten bei Mäusen in freier Natur (LANG): weiße, schwarze, gelbe, graue, mit weißem Bauch, Zobelmäuse. (Sind Pigmentänderungen.)
Farbmutanten beim Birkenspinner (schwarze Mutation).
Farbmutanten beim Maulwurf, auch weiße und gelbe in der Natur.
Farbmutanten bei der Nonne, schwarze aus der Zucht weißer, verdrängt die anderen (GOLDSCHMIDT).
Rotsucht (Erythrismus) bei Karpfen, Plötzen, Hechten, Aalen, Fröschen.
Langhaarigkeit und Kurzhaarigkeit bei Katzen (experimentell geprüft, England).
Langhaarigkeit und Kurzhaarigkeit bei Schafen (Merinoschafe, seidenhaarige: STECHE). Hypertrichosen.
Kongenitale Epitheldefekte bei Kälbern (HADLEY), durch Infektion später stets tödlich.
Dunenlose Kücken (SEREBROVSKY).
Vererbbare Adipositas bei Mäusen (DANFORD).
Kaninchen „Syringomyelie“ (OSTERTAG).
Tanzmaus, kombinierte Mutation im Nervensystem und im inneren Ohr.
Schüttelmaus (SHAKER), ähnlich Chorea, rezessiv.
Kaninchen mit kurzem weißen Haar (Castor Rexrasse) seit 1919.
Kurzschwanzigkeit } Mäuse (LANG).
Stummel } Hund (nach HILLARD).
Schwanzlosigkeit, Katzen (experimentell geprüft: STECHE).
Nackthalsigkeit bei siebenbürg. Nackthalshühnern (PLATE).
Nackthunde (dominant). Nackthaarigkeit bei vielen Tieren (Letalfaktor).

---

[1] SCHRÖTER: Übersicht uber die Mutationen der Fichte. Ber. schweiz. bot. Ges. **42** (1933).

[2] STROHL: Mißbildungen im Tier- und Pflanzenreich. Jena: G. Fischer 1929.

Hornlosigkeit bei Schafen, Ziegen, Rindern (schon in Altägypten).
Albinismus bei sehr vielen Tieren, oft mit subletalen Faktoren und mit Augenmißbildungen und Taubheit.
Melanismus bei sehr vielen Tieren: leichter Industriemelanismus.
Dackelbeinigkeit auch bei Pferden und Schafen (Otterschafe).
Einhufigkeit bei Schweinen (KRONACHER).
Hydrophthalmus, Kaninchen (VOGT) famil. konstitutionell.
Letale Muskelkontraktur bei Schafen (ROBERTS).
Agenesie und Hypoplasie der Neuroepithelialschicht des Auges bei Mäusen (COHRS).
Federhauben auf dem Kopf bei Hühnern usw. (HESSE und DOFLEIN).
Kurzschnabligkeit bei Purzlertauben, können die Eischale nicht sprengen.
Schwarzschultrige Pfauen (HESSE und DOFLEIN: traten mehrfach auf).
Flosse auf dem Kopf bei einem Hai (KAMMERER).
Hyperdaktylie bei Tieren.
Zwei Euterviertel rechts und zwei Zitzen, links nur eine Zitze bei einer Kuhrasse rezessiv (HEIZER).
Hernie bei friesischem Vieh, 21 Tiere, alle auf gleichen Bullen zurückführbar (WARREN und ATKESON).
Schwanzknickungen bei Schafen (ADAMETZ), Mäuse (PLATE).
Vierhörnige Ziegen (KRONACHER).
Flügellosigkeit bei Fliegen, manchen Schmetterlingen, Käfern.
Osteoporosis (Dickköpfigkeit) bei Pferden (GONZALES).
Spaltfüße und Spalthände.
Schädeldefekt und Hirnhernie bei Schweinen (NORDBY).
Erblicher Defekt des Hypophysenvorderlappens und dadurch rezessiver Zwergwuchs bei der Maus (SMITH, *61*/161).

Mutationen beim Menschen.

Die Erkenntnis, daß auch beim Menschen Mutationen in großer Zahl vorkommen und damit der Mensch keine Ausnahme gegenüber den Erscheinungen in Zoologie und Botanik macht und die Auffassung, daß die menschlichen Erbkrankheiten alles Mutationen darstellen, ist in der Medizin sehr spät gekommen.

Mit meiner Beschreibung der *Ophrys*-Mutanten im Jahre 1912 habe ich die Bedeutung des DE VRIESschen Begriffes der Mutation[1] für den Menschen erkannt und seither unausgesetzt in Klinik und Vorlesung vertreten, so besonders in einem Vortrage in Tübingen im Januar 1915 und dann in meiner Antrittsrede in Zürich April 1918. Mit größter Energie habe ich auch seither namentlich durch die Herausgabe der ersten Auflage dieses Werkes und in vielen anderen Publikationen,

[1] NAEGELI, S. 35. — v. VERSCHUER: Allgemeine Erbpathologie des Menschen. Erg. Path. **24** (1932).

besonders auch in meinem Lehrbuch der Blutkrankheiten, die Mutationslehre in die Medizin einzuführen gesucht.

Das Wort Mutation ist freilich schon früher von zwei anderen Autoren für medizinische Fragen gebraucht worden in Kenntnis der DE VRIESschen Theorie. So von APERT[1]. Aber APERT hat den Begriff vollkommen mißverstanden. Er meint bei der Schilderung der kongenitalen Hüftgelenksluxation, es handle sich um eine langsame, progressive Variation, welche zu zunehmend größerem Winkel der Gelenksfläche am Hüftgelenk führe und beim bestimmten Grad dann plötzlich sekundär eine schwere Folge, die Luxation, nach sich ziehe. Diese Darstellung widerspricht völlig der DE VRIESschen Mutation. Auch später bei der Erörterung der Hämophilie wird mit keinem Worte erwähnt, daß dies geradezu ein klassisches Beispiel einer Mutation ist.

Ferner hat GILFORD[2] von Mutationen gesprochen, aber wiederum in ganz unklarer Weise. So mit dem Bemerken, daß die Mutationen oft vererbt seien, während er bei richtiger Erfassung des Begriffes hätte schreiben müssen, immer vererbt werden. Auch ist die Darstellung des Begriffes durchaus unrichtig, wenn er schreibt, kleine Abweichungen bezeichne man als Modifikationen, größere als Variationen, von denen es zwei Sorten gebe, die Fluktuation, exogen entstanden, und die Mutation, unbeeinflußt von der Umgebung. Für die Auffassung einer Erscheinung als Mutation ist es absolut belanglos, ob die Veränderung größer oder kleiner ist.

GILFORD nennt als Beispiel der Mutation ferner den Infantilismus, bei dem es sich um Modifikationen in naturwissenschaftlichem Sinne handelt, die häufig später sogar überwunden werden.

Ich muß daher des entschiedensten bestreiten, daß diese beiden Autoren die ersten gewesen wären, die für menschliche Abnormitäten und Krankheiten die Zugehörigkeit zu den DE VRIESschen Mutationen entdeckt hätten. Entdecken heißt erkennen, nicht bloß sehen und beschreiben. Darum gilt unbestritten LEEUWENHOEK in Delft 1673 als der Entdecker der roten Blutkörperchen und nicht MORGAGNI, obwohl dieser die Erythrozyten schon 5 Jahre früher im Blute gesehen, aber für Fetttröpfchen gehalten hatte.

Heute ist nun die Lehre von den Mutationen auch für die Medizin vollständig anerkannt; denn die DE VRIESschen Auffassungen stehen zu fest auf naturwissenschaftlichem Boden verankert. Ich muß daher nicht mehr wie in der ersten Auflage die Autoren erwähnen, die sich diesen Gedankengängen angeschlossen haben; denn es kann auch in der Medizin keinen Widerstand auf diesem Gebiete mehr geben. Man würde der Lächerlichkeit verfallen.

Mutationen sind Tatsachen und gehören zu dem gesicherten naturwissenschaftlichen Wissen. Man kann auch nicht mehr von der Mutations-

[1] APERT: Maladies familiales et maladies congénitales. 1907.
[2] GILFORD: Brit. med. J. **1913**, 1617; Lancet **1914**, 587.

theorie sprechen. Nur die Frage, wie diese Tatsachen entstehen und welches die tieferen Gründe der Entstehung sind, das ist nicht bekannt. Daß es aber nicht bekannt ist, das ist ohne weiteres verständlich, wenn wir die ganze Evolution in der Natur, wie ich das später zeigen werde, auf Mutationen zurückführen; denn daß wir heute im Gegensatz zu der Meinung früherer Dezennien die Evolutionen in der Natur noch nicht erklären können, muß zweifellos zugegeben werden.

Erst wenn wir die Entstehung der Mutation restlos verstünden, dann würde uns auch die Evolution in der Natur nicht nur als Tatsache, sondern auch als verständliche Tatsache erscheinen.

Immerhin kennen wir in sehr vielen Fällen der Naturwissenschaften bereits den Mechanismus der Mutationsentstehung, und zytologische Forschung hat in zahllosen Fällen mit jeder Sicherheit festgestellt, daß die Mutationen Gen- und Genom-Änderungen darstellen, und viele Mutanten sind auf ganz bestimmte Gene lokalisiert worden.

Auf vielen Gebieten der Naturwissenschaft kennen wir Tatsachen von größter Bedeutung, aber die Entstehung dieser Tatsachen ist umstritten oder unerkannt. Aristoteles führte zuerst die Erdbeben nicht mehr auf die Einwirkung von Göttern und Dämonen, sondern auf naturwissenschaftliche Vorgänge zurück. Welcher Art diese Vorgänge waren, das wurde erst später erkannt. Die Eiszeit ist eine Tatsache, aber die Gründe der Entstehung der Eiszeit sind heute völlig unbekannt und umstritten. Die Faltung der Alpen und die Entstehung der Seen erschien Heim nach seinen Erklärungen genetisch klargestellt; aber er hat heute selbst seine früheren Auffassungen zurückgezogen und die heutige Geologie sagt: Gebirge entstehen durch gebirgsbildende Faktoren, womit ohne weiteres zugegeben wird, daß über das Wesen der Sache noch keine Einsicht herrscht.

Die Gründe, warum viele Abnormitäten des Menschen und alle Erbkrankheiten, Heredopathien, Parallelerscheinungen der Natur zu botanischen und zoologischen Mutationen sind, kann man in folgender Weise zusammenfassen:

1. Es handelt sich um einen plötzlichen Sprung im Sinne von de Vries, nicht um allmähliche Änderung, und weil es sich beim Menschen um hochdifferenzierte Wesen handelt, so wird jede Veränderung in einem Gen oder einem Genom in der Regel schon ganz bedeutende Unterschiede gegenüber der Norm auslösen. Man denke an die konstitutionell anders gebauten roten Blutkörperchen bei der Kugelzellen-, Sichelzellen- und Ovalozytenanämie, an die vererbbaren Nervenkrankheiten, an die vererbbaren Knochenkrankheiten usw.

2. Die Vererbung aller dieser Prozesse ist erwiesen und häufig in gesicherten Ahnentafeln über Jahrhunderte, so die hängende Unterlippe der Habsburger seit 1410, von Cimburgis von Masubien, die atrophische Myotonie seit Jahrhunderten, die Hämophilie bei den Blutern von

Tenna, aus einer Ehe des Jahres 1669, und dabei erfolgt die Vererbung meist vollkommen gleichartig, jedoch mit Variationen in der Manifestationsäußerung, genau wie bei Tier und Pflanze.

Die Vererbung erfolgt bei diesen Zuständen und Krankheiten auch beim Menschen dominant oder rezessiv oder geschlechtsgebunden-rezessiv, so daß also auch hier gegenüber Zoologie und Botanik voller Parallelismus herrscht.

3. Bei Bastardierung der menschlichen Mutanten mit Normalen erfolgt die Aufspaltung in der Nachkommenschaft genau nach den MENDELschen Regeln wie in Zoologie und Botanik.

4. Die menschliche Mutation zeigt sich, analog derjenigen bei Tieren und Pflanzen, sehr häufig als geographisch lokalisiert und gelegentlich vorwiegend an bestimmte Rassen gebunden, s. Beispiele S. **109**, Sichelzellen der roten Blutkörperchen, Speicherungskrankheiten usw.

5. Eine äußere Ursache für das Auftreten dieser menschlichen Abnormitäten und der Erbkrankheiten kann in keinem Falle gefunden werden; aber gerade auf diesem Gebiete hat sich die Medizin früher und bis auf den heutigen Tag noch die tollsten Phantasien erlaubt.

6. Weil exogene Faktoren nie mit irgendwelcher Wahrscheinlichkeit als Ursache beschuldigt werden können, und weil sie nur auf konstitutionell vorbereitetem Boden einen Einfluß gewinnen können, so muß auch die menschliche Mutation aus inneren Gründen, genau wie bei Tier und Pflanze, entstehen.

7. Viele der menschlichen Mutanten sind für das Fortkommen und das Leben ungünstig, oder es kommen wie bei Tier und Pflanze Letalfaktoren vor (s. Hämophilie), genau wie das auch bei Tier und Pflanze der Fall ist. Deswegen die Sache mit dem Worte Degeneration oder Mißbildung erledigen zu wollen, ist oberflächlich.

Es ließen sich noch viele bis in die größten Einzelheiten gehenden Parallelen erwähnen; aber das hier gesagte Prinzipielle erscheint mir vollkommen ausreichend, um jeden Zweifel in diesen Fragen zu bannen.

Frühere Auslegungen der menschlichen Mutationen.

Die ältere Medizin machte sich wenig Gedanken über die Entstehung der Erbkrankheiten und vererbbaren Anomalien. Wenn Gedanken überhaupt geäußert worden sind, so waren diese derart naiv und meist ohne jede naturwissenschaftliche Basis, daß E. BAUR einst gesagt hat, es sei „geradezu beschämend“, wenn man das lese, was in den Lehrbüchern der Medizin über Erbkrankheiten geschrieben worden ist. Folgendes mögen etwa die Erklärungsversuche früherer Zeiten bis auf den heutigen Tag in der Medizin über menschliche Mutationen sein:

Man glaubte mit dem Wort *Mißbildung* das Gewissen beruhigt zu haben. Gewiß ist sehr vieles Mißbildung; aber damit ist doch nur nach einem rein äußerlichen und etwa noch nach einem praktischen Gesichtspunkte, niemals aber nach einem genetischen die Sache beschrieben. Gelegentlich ist auch versucht worden, durch pathologische Prozesse am Embryo die Mißbildung genetisch verständlich zu machen; es ist aber heute sicher, daß vieles zu Unrecht bei diesen Mißbildungen exogenen Faktoren zugeschrieben worden ist.

Andere Mutanten, wie z. B. die vererbbaren rezessiven Nervenkrankheiten, die sich erst nach vielen Jahren zeigen, wurden selbst von ganz bedeutenden Autoren als *Bildungsfehler* in der Anlage gedeutet; aber damit ist wiederum nur eine Verschleierung vorgenommen und kein wirkliches Verständnis gewonnen.

Einen Erklärungsversuch dagegen bedeutet der Ausdruck *Abiotrophien,* womit gesagt werden sollte, die Anlage wäre so ungünstig beschaffen, daß selbst die normalen Funktionen des Lebens zum Untergang gewisser Systeme, z. B. bei den hereditären Nervenkrankheiten, führten. Wir wissen aber, daß die Aufbrauchtheorie EDINGERs in diesen Fragen den Kern der Sache absolut nicht trifft und erkennen das z. B. daran, daß bei gewissen familiären Typen die Erbkrankheit immer und immer wieder in fast genau dem gleichen Lebenszeitpunkt in der Familie auftritt, so daß also der exogene Faktor, der an sich sehr wechselnd ist, keine Rolle spielen kann. Noch wichtiger aber ist, daß in gewissen Familien der Manifestationszeitpunkt immer früher eintritt, Anteposition, so daß jetzt eine exogene Erklärung ohne weiteres unwahrscheinlich erscheinen muß. Außerdem treten solche Isochronien bei Muskelatrophien völlig unabhängig von der Berufstätigkeit der Familienglieder ein.

In ausgesprochenstem Maße sind die meisten Zustände menschlicher Mutanten als Degenerationserscheinungen erklärt worden; aber der Begriff *Degeneration* ist außerordentlich unklar und willkürlich und bedeutet in dem vorliegenden Falle nichts weiteres als ungünstig und würde damit im Sinne der Naturwissenschaften einer Minusvariante entsprechen. Dies trifft aber nicht den Kern der Sache; denn wenn wir beispielsweise die 6-Fingrigkeit haben, so kann man doch nicht mehr von Minusvariante reden, und wenn wir in exquisiter Weise die Vererbung des Zeichentalentes, des Musiktalentes, des Mathematiktalentes (man denke an die Basler Familie BERNOULLI mit drei Mathematikern allerersten Ranges und außerdem zwei anderen von großer Bedeutung), so muß man ohne weiteres auch die Existenz der Plusvarianten zugeben, und auch diese zeigen ja alle charakteristischen Eigenschaften, wie sie dem Begriff der Mutation im Sinne von DE VRIES zukommen.

Ein weiterer Versuch, sich mit unbequemen Tatsachen abzufinden, stellt die Auslegung der menschlichen Mutation als *Anomalien* dar. Die Anwendung dieses Wortes hängt von der Fassung des Normbegriffes ab. Hätte die große Mehrzahl der Menschen 6 Finger, so wären die 5-Fingrigen die Anomalen, und ähnliche Beispiele ließen sich ja leicht geben, und ganz besonders schwierig wird die Sache, wenn man auf die klaren Unterschiede der verschiedenen Menschenrassen eingeht. Das Auftreten des Buschmannohres könnte man ja leicht als eine Anomalie bezeichnen, namentlich wenn man, wie zuerst bei den Rehobother Bastarden, das Buschmannohr weder bei den Europäern, noch bei den Hottentotten finden kann; aber die wissenschaftliche Analyse von Eugen Fischer hat eben ergeben, daß hier bei der Hybridisation die Hottentotten nicht rassenrein waren, sondern noch Buschmannblut in sich trugen, und damit ist nun die „Anomalie" wirklich geklärt und als etwas nach den Gesetzen der Vererbung in den Naturwissenschaften normal zu Erwartendes erwiesen.

Vor allem aber hat man die menschlichen Mutanten in das große Gebiet der Krankheiten hineingeschoben, und hier liegt nun wiederum eine Namengebung vor, die rein konventionell nach praktischem Gesichtspunkte aufgebaut ist, und bei der es scharfe Grenzen gegenüber Gesundheit überhaupt nicht gibt. Aber von gewöhnlichen Krankheiten hebt sich die Mutation durch wichtige Momente ab, vor allem durch die endogene Entstehung, so daß äußere Faktoren, genau wie bei den experimentellen Mutationen, bei der Drosophila, nur auslösend wirken können.

Außerdem trennt manchen dieser Zustände das Fehlen eines krankhaften Prozesses von eigentlichen Krankheiten, z. B. die Sache ist angeboren und ändert sich absolut nicht mehr, wie die vererbbare Gaumenspalte, die 6-Fingrigkeit, die Exostosenbildung, die Spalthand und manches andere, Oft ist auch zunächst die Mutation bedeutungslos und bekommt erst Bedeutung durch das Eingreifen exogener Momente. So sind fast alle Träger der oval gebauten menschlichen Blutkörperchen nie krank, und auch bei den Kugelzellen der roten Blutkörperchen ist Verschontbleiben von Folgen, wenn man Sippschaften studiert, keine Seltenheit; aber immerhin ist es hier nun sehr bekannt, daß Infektionen jeder Art, dann ungünstige äußere Umstände, auch psychische Faktoren, selbst Schwangerschaft, sofort zu Auflösung der weniger widerstandsfähigen roten Blutkörperchen führen und damit Blutarmut, Gelbsucht und Milzschwellung herbeiführen.

Von einem gewissen Gesichtspunkte aus kann man ja selbstverständlich manches von diesen menschlichen Mutationen als krankhaft bezeichnen: damit trifft man aber doch das innerste Wesen der Sache nicht, vor allem nicht das absolut ungewöhnliche dieser „Krankheiten" und „Zustände" in der Vererbung in die Nachkommenschaft über Jahrhunderte.

Man muß sich bei diesen Mutationen klar bewußt sein, daß hier von der Natur etwas ganz Besonderes geschaffen worden ist, das wir je nach dem Gesichtspunkt, von dem aus wir urteilen, verschieden bezeichnen können, das aber mit rein praktischen Überlegungen in seinem Wesen nicht gefaßt werden kann, sondern nur auf klarer, naturwissenschaftlicher Grundlage.

Beispiele für genotypisch bedingte Erscheinungen und Mutationen beim Menschen.

Äußere „Abnormitäten"[1].

Abnorme Haarfarben in Büscheln (Familie der Herzoge VON ROHAN), ebenso in 4 Generationen (HECHT) usw. = zirkumskripter Albinismus.

Vererbte Kopfglatze.

Präsenile Alopezie.

Ringelhaarbildung (mehrere Generationen).

Verwachsene Augenbrauen, nach der Zwillingsforschung dominant.

Konstitutionelle hereditäre weite Augendistanz (*65*/340).

Vererbbare abnorme Gestaltungen der Ohrmuscheln, familiär oft konstant (LEICHER).

Angewachsenes Ohrläppchen, rezessiv gegenüber freies Ohrläppchen (dominant).

Stark abstehende Ohren (RICHTER, 4 Generationen), auch sonst dominant.

Große Nase, 4 Generationen dominant (DENSON), wie die Nasenform überhaupt fast ausschließlich genotypisch bedingt ist.

Öffnung des Ductus parotideus (Stenonis) am Mundwinkel, 3 Generationen dominant (eigene Beobachtung).

Verdickte Oberlippe.

Hängende Unterlippe (bei den Habsburgern), dominant.

Familiäre Unterlippenfistel.

Lingua geographica (BAUR).

Lingua plicata.

Zahnvarianten, z. B. Tuberculum an den Zähnen, z. B. Tuberculum Carabelli (Höcker auf der Gaumenseite des ersten oberen Molarzahnes, besonders bei Europäern nicht selten), bei erbgleichen Zwillingen 99%, bei erbungleichen nur bei 47% bei beiden Paarlingen.

Trema (abnorme Distanz zwischen den Schneidezähnen (in Generationen nachgewiesen: LEICHER).

Gesundbleiben und Kariöswerden der Zähne in erster Linie familiärkonstitutionell bedingt (VOGT und STOPPANI).

Sommersprossen (Epheliden).

Abnorme Hautfärbungen.

Sogenannter Mongolenfleck = dunkler Säuglingsfleck, Sakralfleck.

Krallenmenschen.

Hypertrichosis, dominant und rezessiv.

Hypertrophische Hängebrust bei erbgleichen Zwillingen (BIRKENFELD).

Hyperthelie (überzählige Brustwarzen).

Gynäkomastie.

[1] Siehe vor allem E. FISCHER: Versuch einer Genanalyse beim Menschen, mit besonderer Berücksichtigung der anthropologischen Systemrassen. Z. Abstammgslehre **54**, 127 (1930).

Schweißfüße und Schweißhände.

Dreiphalangendaumen (auch bei Tieren).

Variationen der Wirbelsäule, Lumbalisation, Sakralisation, Reduktion der Rippen, der Wirbelsäule, Halsrippen, alles bedingt durch ein Allelenpaar, kranialer, dominanter und kaudal rezessiver Typ der Gestaltung (KÜHNE[1]).

Leistenhernien, oft progressiv, dominant.

DUPUYTRENsche Kontraktur.

Partieller Albinismus.

Anlage zu Zwillingsgeburten (vom Vater her) (GAUDENZ[2]), nach anderen von beiden Seiten her.

Wenn wir die Serie dieser Abnormitäten durchgehen, die ja alles in allem genommen, außerordentlich häufig sind, von einigen oben erwähnten Raritäten abgesehen, so müssen wir sagen, daß es nahezu ausnahmslos ganz isolierte Abweichungen von der Norm sind, bei denen man sich überhaupt nicht wundert, daß keine wirklich krankhaften Veränderungen, z. B. des Knochensystems, der Blutsysteme, des Nervensystems, der Sinnesorgane, der Haut dabei vorhanden sind. Selbstverständlich sind derartige Abnormitäten auch einmal innerhalb der später erörterten Systemkreise pathologischer Bildungen möglich, aber offenkundig nur nach den Regeln der Wahrscheinlichkeitsrechnung, und ich glaube nicht, daß für irgendeine der hier erwähnten Anomalien sonst in irgend überzeugender Weise die Kombination mit anderen Heredopathien als etwas mehr als dem Zufallszusammentreffen zugeschrieben werden kann.

Eine Ausnahme würde ich nur machen für den Albinismus, bei dem in der Tat auch andere Affektionen nicht selten gefunden werden und bei dem offenbar die Pigmentlosigkeit, bekanntlich in verschiedenen Graden ausgesprochen, mit anderen mutativen Veränderungen des menschlichen Organismus gekoppelt ist. Aber auch eine solche Koppelung ist nach unseren naturwissenschaftlichen Kenntnissen keineswegs etwas Seltenes oder etwas Besonderes. Besonders wird es für den Mediziner erst, wenn die zweite mutative Störung wichtige Organe in ungünstiger Weise beeinflußt.

Der partielle Albinismus, die Scheckungen mit ihrer dominanten Vererbung, erweisen sich für die Gesamtheit als völlig bedeutungslos. Dagegen liegt bei dem ausgedehnten und allgemeinen Albinismus bereits eine Mutation vor, die zweifellos nach rein praktischen Gesichtspunkten als eine krankhafte bezeichnet werden muß. Eine scharfe Grenze zwischen dem Gesunden und Kranken gibt es aber auch hier so wenig wie anderswo, und es ist gänzlich unmöglich, hier die pathologischen Mutanten als etwas Besonderes abzugrenzen.

[1] KÜHNE: Z. Morph. u. Anthrop. **30** (1932).

[2] GAUDENZ: Inaug.-Dissert. Zürich 1928.

Das gleiche gilt auch in bezug auf Mißbildungen. Auch hier ist die Grenze gegenüber dem Normalen nicht scharf zu ziehen, und schon ARISTOTELES hat gesagt, die Mißbildungen gehören nämlich zu den Erscheinungen, die wider die Natur sind, aber nicht wider alle Natur, sondern nur wider den gewöhnlichen Lauf der Dinge.

Sobald wir nun an das ausgesprochen Pathologische vieler Erscheinungen beim Menschen herantreten (wobei Krankheit eine rein praktische Begriffsfassung ist und an sich nichts über die Genese sagen will), so finden wir beim Menschen Tausende von genotypisch bedingten Abnormitäten oder Mutationen. Viele dieser Affektionen treten plötzlich und offenkundig immer wieder neu auf, sind recht häufig geographisch lokalisiert, vererben sich in Familien manchmal in absolut identischer Form (familiärer Typ s. S. 107) oder zeigen andererseits Manifestationsschwankungen. Diese letzteren beruhen zum Teil darauf, daß Umweltseinflüsse als Realisationsfaktoren eine große Rolle spielen und vielfach erst die Anlage erkennbar gestalten, zum anderen Teil sind die meisten dieser Erscheinungen durch das Zusammenwirken mehrerer oder vieler Gene bedingt, so daß Modifikationen der Äußerungen verständlich sind, wie wir das heute ja klar durch die botanische und zoologische Vererbungsforschung wissen.

Daß beim Menschen so viele Erbkrankheiten als pathologische Zustände oder Prozesse in Erscheinung treten, kann uns in keiner Weise mehr überraschen, sehen wir doch heute bei den experimentellen Drosophilamutationen, daß die überaus große Mehrzahl pathologischen, und zwar oft schwer pathologischen Charakter hat. Für den Arzt und Eugeniker ist die klare Auffassung dieser pathologischen Mutanten von der größten Bedeutung. Das seichte Gebiet des Status degenerativus und der allgemeinen Degeneration der Menschheit muß verlassen werden. Bedeutsam ist ferner die Frage, ob beim tatsächlichen Vorkommen dieser pathologischen Mutationen bei einem Menschen etwa auch in der Nachkommenschaft noch weitere und andere Heredopathien erwartet werden können.

SCHAFFER[1] hat die Theorie aufgestellt, die Heredopathien seien an bestimmte Keimblätter gebunden und zeigen Keimblattwahl und öfters auch Segmentwahl. Diese Theorie ist höchst anregend und interessant, und ich hoffe im folgenden zu zeigen, daß sie in weitem Umfange den tatsächlichen Verhältnissen entspricht. Es gibt aber Ausnahmen, die eventuell durch Doppelanlagen aus der Ahnenschaft oft durch Koppelung bei bestimmten Heredopathien erklärt werden könnten.

Wenn ich im folgenden größere Systeme von Krankheitsgruppen, ausgewählt besonders nach dem Prinzip der Keimblätter, auf patho-

[1] SCHAFFER: Über das morphologische Wesen und die Histopathologie der hereditärsystematischen Nervenkrankheiten. Berlin: Julius Springer 1928.

logische Mutanten und Heredopathien prüfe, so muß ich öfters auch die Manifestationsäußerungen berücksichtigen, ferner die Tatsache, daß uns manches phänotypisch gleich oder sehr ähnlich erscheint und doch, wie weitere Analysen ergeben, verschieden ist.

Gewisse Menschenrassen haben, wie das längst Allgemeingut des menschlichen Wissens ist, auch bestimmte Rassengene, nur ist es in vielen Fällen außerordentlich schwer, das genotypisch Bedingte und das peristatisch Erworbene auseinanderzuhalten, da auch durch die Einflüsse der Außenwelt mitunter außerordentlich ähnliche Phänotypen entstehen. Immerhin können wir heute durch die Vererbungsforschung, namentlich durch die Zwillingsforschung und durch das Studium der Vererbung bei Bastarden zu absolut sicheren Schlüssen kommen, was genotypisch bedingt ist.

So zeigen nach den Forschungen von Eugen Fischer und Sarasin die Buschmänner eine ganze Reihe streng nur dieser Rasse zugehörige genotypische Verhältnisse, die man ohne weiteres, ohne Kenntnis der allgemeinen Verbreitung bei den Buschmännern, sonst als Abnormitäten bezeichnen würde. Als solches, nur den Buschmännern eigenes Sondergut sind anzusehen: Erbfaktoren für bestimmte Gesichtsformen, Pygmäenwuchs, Fil-Fil-Haar.

Wenn daher sogar Anthropologen (Weidenreich[1]) behaupten wollen, es gebe keine Rassenmerkmale, und wenn sogar Philologen (Bovet) erklären, es gebe keine Rassen, sondern alles sei gemischt, so sind das klare Tendenzdarstellungen. Selbstverständlich sind an den meisten Orten heute die Rassen gemischt und können nur ganz spezielle Forschungen typische Rassenmerkmale klarlegen.

Früher hat eine kritiklose, phantastische, doktrinäre Lehre viele dieser genotypisch fixierten, oft als Rassenmerkmale auftretenden Abnormitäten (weil nicht dem Durchschnitt der Norm entsprechend) als Stigmata der Degeneration bezeichnet, und diese Lehre ist vor allem durch Julius Bauer und seine Schule zu einer unerhörten Auswertung und Bedeutung gesteigert worden. Ich habe diesen Auffassungen schon 1918[2] energisch widersprochen und darauf hingewiesen, daß es sich in den meisten Fällen um genotypisches Sondergut mit mutativer Entstehung handle. In der Medizin spuken aber die Degenerationszeichen immer noch, obwohl Eugen Fischer 1930 erklärt, daß angesichts der Ergebnisse der Vererbungsforschung, besonders auch der Zwillingsforschung, man heute auf das Problem der Degenerationszeichen, z. B. bei dem angewachsenen Ohrläppchen oder den zusammengewachsenen Augenbrauen, nicht mehr eingehen müsse. Gerade die letzte Erscheinung galt lange Zeit für „eines der schwersten Degenerationszeichen". Zwar hatte J. Bauer immer angegeben, das einzelne abnorme Zeichen bedeute an

[1] Weidenreich: Rasse und Körperbau. Berlin: Julius Springer 1927.
[2] Dtsch. med. Wschr. **1918**, Nr 8.

sich noch nichts, allein die Summe einer Reihe von einzelnen Zeichen beweise den Status degenerativus. Mir ist die Mathematik unverständlich, die eine Formel aufstellt: $0 + 0 + 0 + 0 \ldots 0 = \infty$.

Heute ist es zweifellos, daß diese ganze Lehre der Degenerationszeichen durch die Vererbungsforschung vollständig widerlegt worden ist.

Das Problem der Degeneration hat die Medizin und auch die schöne Literatur oft aufs höchste bewegt. Man braucht sich nur an das riesige Aufsehen zu erinnern, das durch das Buch von MÖBIUS (s. Tuberkulose) 1900 erweckt worden ist. Wie schwer sich der Mensch durch Voreingenommenheit, Phantasie, ungenügende Kritik und ungenügende Analyse in diesen Gebieten getäuscht hat, tritt heute klar hervor. Ich brauche nur daran zu erinnern, daß man früher die Polychromasie als methylenblaue Entartung bezeichnet hat, während diese Zellen, heute als Retikulozyten dargestellt und gezählt, für uns den wertvollsten Maßstab der Regeneration bei den Anämien darstellen.

Die Ovalozyten sind schon im Jahre 1850 von GOLTZ gesehen und als kameloide Degeneration bezeichnet worden, weil eine äußerliche Ähnlichkeit mit den ovalen Zellen des Kamelbluts besteht.

Je gründlicher die Kenntnisse eines Mannes der Wissenschaft ganz besonders auf einem gut übersehbaren Spezialgebiete sind, desto entschiedener lehnt er die Deutung dieser genotypisch bedingten Varianten und Mutanten als Degeneration ab, so ALBRECHT in der Otiatrie, SIEMENS in der Dermatologie, A. VOGT in der Ophthalmologie, und ich darf wohl in diesem Zusammenhang auf meine eigene, seit vielen Jahren grundsätzliche Auffassung bei den Blutkrankheiten hinweisen.

Übrigens sehen wir ja immer, daß trotz der angeblich enormen Bedeutung dieser Stigmata die praktische Medizin so gut wie völlig an allen diesen Dogmen vorbeigeht, weil längst ganz allgemein die Auffassung entstanden ist, es handle sich um eine Sache ohne wissenschaftlichen und ohne praktischen Wert.

Knochen-, Gelenks- und Muskelaffektionen[1].

1. Knochendefekte, Strahldefekte der Extremitäten im Gegensatz zu Queramputationen, z. B. Radius, Fibula-, Patella- usw. -defekte.
2. Angeborener Schulterhochstand.
3. Osteopoikilie (ALBERS-SCHÖNBERG, 1916), harmlos, Auftreten von compactaähnlichen Inseln in der Spongiosa.
4. Erbliche Schmelzunterentwicklung (PFLÜGER).

[1] ASCHNER, A. u. ENGELMANN: Konstitutionspathologie in der Orthopädie. Berlin: Julius Springer 1928. — CROUZON: Maladies famil. Paris: Masson & Co. 1929. — BAUER, K. H.: Konstitutionsforschung beim Menschen. Z. f. Zücht.-kunde 1926 I. Allgemeine Konstitutionslehre in Deutsche Chirurgie. Herausgeg. von KIRSCHNER und NORDMANN. — VALENTIN: Konstitution und Vererbung in der Orthopädie. Stuttgart: Ferdinand Enke 1932.

5. Muskeldefekte, z. B. Pectoralis — bei THOMSENscher Myotonie gelegentlich und dann in der Familie Alternieren zwischen Myotonie und Muskeldefekt.
6. Angeborener muskulärer Schiefhals.
7. Trichterbrust, dominant.
8. Spaltfuß und Spalthand, dominant.
9. Knickfuß, Hackenfuß, Hohlfuß, mit und ohne Hammerzehen.
10. Klumpfuß, Sammelbegriff, konstitutionell vererbbar, aber auch fetal exogen entstanden, Erbgang verschieden. Analog Klumphand und analoge Varus- und Valgusbildungen.
11. Syndaktylie, ein Typ mit besonderen Schädeldeformitäten.
12. Brachydaktylie, dominant, dabei die befallenen Geschwister stets kleiner.
13. Polydaktylie, dominant, oft mit Syndaktylie.
14. Arachnodaktylie.
15. Familiäre laterale Deviation der distalen kleinen Fingerglieder, Klinodaktylie.
16. Daumenabnormitäten (daher die Namen: Daimler, Dimmler usw.).
17. Kamptodaktylie (Versteifung im Kleinfinger), dominant, sehr häufig, gelegentlich mit absoluter Penetranz (alle 10 Geschwister).
18. Hammerzehen, dominant.
19. Rudimentäre Finger.
20. Konstitutionelle Verbildung der Hände und Füße in verschiedenen Typen (VALENTIN, ORELL).
21. Abnorme, vererbbare Schädelformen, schließlich in allen möglichen Abstufungen bis zu normalen familiären Schädeltypen.
22. Vererbbare Mißbildungen des Gesichts von bestimmtem, konstantem Typus.
23. Turmschädel (Sammelart), wohl meist sekundär entstanden, innersekretorisch bei konstitutioneller-hämolytischer Anämie, außerdem exogen und endogen, endogen in einer Familie 4 Generationen, kombiniert mit Syndaktylie und gekrümmten Fingern (SAETHRE) (s. besonders GÜNTHER[1]), wohl sehr ähnlich der
24. Akrozephalosyndaktylie von APERT.
25. Gewisse Skoliosen und statische Deformitäten als erbliche Affektion.
26. KLIPPEL-FEILsches Syndrom (Synostosis der Halswirbel).
27. Synostosis radioulnaris und andere Synostosen.
28. VOLKMANNsche Sprunggelenkmißbildungen.
29. Dysostosis craniofacialis (CROUZON).
30. Dysostosis cleidocranialis, verschiedene Typen, Typ KLAR, Typ HURTER mit psychischen Störungen, dabei auch an anderen Knochen und an den Zähnen vererbbare Anomalien.

---

[1] GÜNTHER: Erg. inn. Med. **40**.

31. Osteoarthropathie SCHINZ-FURTWAENGLER, rezessiv in verschiedenen Typen.
32. Kongenitale Hüftgelenkluxation, Erbgang verschieden und andere Luxationen: Lux. radii cong., Lux. patellae.
33. Konstitutionelle Exostosen, dominant.
34. Kartilaginöse Exostosen, dominant, gelegentlich halbseitig.
35. Erbliche Gelenks- und Nagelaffektionen (TURNER).

Auch für Rachitis und Arthritis deformans werden vielfach neben exogenen noch endogene vererbte Faktoren angenommen, desgleichen für PAGETsche Ostitis deformans, bei der öfters Heredität oder familiäres Vorkommen bewiesen ist, und bei der exogene Faktoren nicht durchsichtig vorliegen.

36. Konstitutionelle familiäre BECHTEREWsche Wirbelsäulenversteifung (mehrfach beschrieben).
37. a) PERTHESsche, SCHLATTERsche, KÖHLERsche Krankheit[1].
    b) Osteochondritis dissecans.
38. Dystrophia periostalis hyperplastica (DZIERZYNSKI).
39. Ostéoarthropathie hypertrophiante (P. MARIE).
40. Pléoostéose familiale (LÉRI), oft mit anderen Anomalien kombiniert.
41. Hereditäre symmetrische Ostitis (CAMURATI).

Systemaffektionen:

42. Osteogenesis imperfecta, dominant, öfters letale Faktoren, Osteopsathyrosis, wahrscheinlich nur Spätform der vorhergehenden Affektion.
43. Chondrodystrophie, auch bei vielen Tieren, mehrfach bei Zwillingen, gelegentlich halbseitig, öfters mit letalen Faktoren, oft mit Kleinwuchs (Hofzwerge).
44. Marmorknochen, rezessiv.
45. Enchondromatosis, dominant.

Bestimmte Arten von Zwergwuchs, ob hierher gehörig: „Hypophysärer" Zwergwuchs HANHART, polytop in Appenzell, Samnaun und Insel Veglia bei Fiume.

Bei diesen mesenchymalen Mutationen fällt auf:

1. Medulläre Prozesse kommen zweifellos vor; dann sind aber die Affektionen prinzipiell als solche des Zentralnervensystems aufzufassen. Sonst aber sind zerebrale Veränderungen nur ganz selten und fast nur bei gleichzeitigen Abnormitäten des Schädels vorhanden.
2. Veränderungen in den blutbildenden Organen sind so gut wie nicht bekannt.
3. Veränderungen von Herz- und Gefäßsystem fehlen völlig.
4. Leichte Grade der Manifestation sind wie bei allen Mutanten häufig, ganz besonders bei der Kamptodaktylie. In vielen Beziehungen sind

[1] Z. B. Acta orthop. scand. 4 (1933).

die leichten Formen schwer gegenüber gewöhnlicher Variabilität abzugrenzen (Schädelformen!).

5. Kombinierte Störungen im mesenchymalen Gebiet kommen vor, sind aber nicht übermäßig häufig, z. B. Syndaktylie + Schwimmhaut, Polydaktylie + Gaumenspalte, Luxatio coxae + Klumpfuß, Klumpfuß + Gaumenspalte, Klumpfuß + peripherische oder spinale Affektion des Nervensystems. In diesen Fällen ist aber der Klumpfuß medullär bedingt.
6. In den Familien sind die Prozentsätze des Vorkommens einer ausgesprochenen Mutation im Vergleich zu den Mutationen im Zentralnervensystem auffallend selten. Auch bei Heranziehung von geringeren Graden der Mutationen dürfte der Häufigkeitsunterschied immer noch außerordentlich groß sein.
7. Es ist auch daran zu denken, daß pathologisch wirkende Gene das Amnion betreffen und dadurch Besonderheiten zustande kommen, die man aber immer mehr von wirklichen Keimesanlagen unterscheiden lernt.
8. Manche familiäre konstitutionelle Affektionen kommen sich phänotypisch sehr nahe, sind aber doch über Generationen in der gleichen konstitutionellen Prägung vorhanden.

Blutanomalien und Blutkrankheiten

und konstitutionelle Affektionen der Gefäße und der Retikulumzellen[1].

1. Sichelzellengestalt der Erythrozyten und Sichelzellenanämie.
2. Ovalozytose der roten Blutzellen und Anämie, einst als kameloide Degeneration (GOLTZ) bewertet.
3. Konstitutionelle Kugelzellenanämie mit hämolytischen Prozessen, Milzvergrößerung und Ikterus.
4. Megalo-Elliptozytose der Erythrozyten bei perniziöser Anämie.
5. PELGERsche konstitutionelle Zweikernigkeit der Neutrophilen.
6. Konstitutionelle Übersegmentation der Neutrophilen bei perniziöser Anämie, mit konstant gleichmäßiger regelmäßiger Bildung der Segmente im Gegensatz zu der unregelmäßigen Übersegmentation bei Infektion und Intoxikation.
7. Thrombopathien, mehrere erbkonstante Arten, bei manchen besondere Typen der Blutplättchen, z. B. Thrombasthenie GLANZMANN, Typ von WILLEBRANDT-JÜRGENS (Aalandsinseln, Finnland, Leipzig) und weitere Typen NAEGELI.
8. Hämophilie.

[1] NAEGELI: Blutkrankheiten und Blutdiagnostik, 5. Aufl. Berlin: Julius Springer 1931. — EMILE-WEIL et POLLET: Le sol hématique. Sang **1927 I**. — ROLLESTON: The hereditary factor in some diseases of the haemopoietic system. Bull. Johns Hopkins Hosp. **43**, 61 (1928).

9. Perniziöse Anämie mit endogenen Faktoren, dazu noch exogen wirksame Momente, z. B. Bothriozephalus.
10. Perniziosaähnliche konstitutionelle familiäre Kinderanämie von FANCONI, mit Mikrozephalie, abnormer Pigmentierung und Testishypoplasie, bei allen Gliedern der Familie gleich, mit Penetranz.
11. Typ COOLEY, infantile, konstitutionelle vererbbare Anämie mit Megalosplenie (Italien, Dalmatien).
12. Konstitutionelle familiäre hypochrome Anämie.
13. Chlorose.
14. Konstitutionelle familiäre Polyzythämie.
15. Konstitutionelle familiäre infantile Polyzythämie (WIELAND), im badischen Wiesental.
16. Porphyrie als Konstitutionsanomalie im Hämoglobinstoffwechsel.
17. Konstitutionelle Teleangiektasien.
18. OSLERsche Krankheit.
19. Angiomatosen als oft systematisierte Affektion.
20. Retikulosen als GAUCHERsche Krankheit.
21. Retikulosen als NIEMANN-PICKsche Krankheit, oft mit TAY-SACHSscher Amaurose und Idiotie.
22. Familiäre konstitutionelle Hyperbilirubinämie, gelegentlich bei Gravidität oder bei den Menses auch klinisch manifest.

Noch wenig bewiesen:

Konstitutionelle familiäre Leukämie.
Konstitutionelle familiäre Eosinophilie.
Konstitutionelle familiäre JAKSCH-HAYEMsche Anämie (*71*/106).
Konstitutionelle autotoxische Methämoglobinämie.

Bei vielen Kinderanämien sind unbekannte konstitutionelle Faktoren wichtiger als exogene, aber noch nicht klar erfaßbar und beweisbar wie vor allem für den HERTERschen Infantilismus (Coeliakie) und die Ziegenmilchanämie.

Überblicken wir auch diese das Mesenchym betreffenden Mutationen, so können wir in durchaus analoger Weise wie S. 57 für das Knochensystem sagen, daß

1. Medulläre und zerebrale Zustände oder Prozesse nicht vorkommen, mit Ausnahme der Perniziosa, bei der aber die Histologie des Rückenmarkes etwas vollkommen anderes aufweist als das, was bei Heredopathien des zentralen Nervensystems gefunden wird. Natürlich können auch bei den Thrombopathien und bei allen schweren anämischen Zuständen durch Blutungen und deren Folgen im Nervensystem Veränderungen entstehen. Sie sind uns aber ohne weiteres verständlich und sie haben nicht konstitutionellen, sondern klinisch und histologisch exogenen Charakter.
2. Veränderungen von Herz- und Gefäßsystem kommen bei dieser Gruppe nur auf dem allgemeinen Boden der Anämie vor.

3. Konstitutionelle Affektionen im Gebiete der inneren Organe trifft man nicht. Es ist noch nie (so schreibt auch HURST) ein Fall von Perniziosa mit Ulcus ventriculi oder duodeni beschrieben worden. Die Ausnahme, Perniziosa 20 Jahre nach fast totaler Magenexstirpation wegen Ulkus, ist ganz anders zu deuten!
4. Konstitutionelle Veränderungen des Knochen-Gelenksystems dürften gleichfalls extrem selten sein und würden sicherlich, wenn vorhanden, als zufällige Kombinationen gedeutet werden können.
5. Konstitutionelle Hautaffektionen kommen bei der ganzen Gruppe nicht vor, außer etwa bei Perniziosa, wo die manchmal vorhandene abnorme Pigmentierung als Mitbeteiligung des Adrenalsystems gedeutet wird. Aber auch das ist eine relativ recht seltene Begleiterscheinung der Perniziosa.
6. Leichte Grade der Manifestation kommen vor, so besonders bei der Chlorose, bei den Retikulosen, bei den Angiomatosen, bei den Thrombopathien und mitunter für lange Jahre bei der Perniziosa.
7. Die Prozentzahlen des Vorkommens einer solchen Heredopathie in einer Familie sind naturgemäß bei der Hämophilie sehr groß. Sie sind auch bei den Kugelzellen-, Sichelzellen- und Ovalozytenzuständen bedeutend, desgleichen bei der Chlorose, den Thrombopathien, den Retikulosen, der OSLERschen Krankheit. Viel geringer sind sie bei der Perniziosa, bei der man nach dem heutigen Stande der Forschung 8% hereditäre Belastung annimmt. Wenn man bedenkt, daß bei den Schizophrenien dieser Belastungsprozent nicht über 4% angesetzt wird, so darf man nicht behaupten, dieser niedrige Prozentsatz von 8% für Perniziosa spreche gegen Heredopathie.

Heredopathien des Nervensystems.

1. Hereditärer Tremor.
2. Kaumuskelzittern, dominant bei über 100 Verwandten (FREY),
3. Hereditäre Migräne.
4. Familiäre periodische Extremitätenlähmung.
5. Familiäre rezidivierende Fazialislähmung (+ Arthritis + angioneurotisches Gesichtsödem + Lingua plicata [ROSENTHAL]).
6. Familiäre Trophoneurose der Extremitäten (WEITZ).
7. Vegetative Stigmatisation des viszeralen Nervensystems mit großen Manifestationsschwankungen.
8. Neurosen aller Art, sehr häufig auf konstitutioneller familiärer Grundlage.
9. Rentenneurosen (bis 74% familiäre Belastung mit psychischen und neurotischen Anomalien [WAGNER]).
10. Geisteskrankheiten, besonders Schizophrenie und manisch-depressives Irresein (familiär nach Schwere und Häufigkeit verschieden), so besonders WAGNER-JAUREGG.

11. Bestimmte familiär gehäufte Epilepsien, auch hier familiär in Schwere und Häufigkeit verschieden.
12. Konstitutioneller Schwachsinn.
13. Stottern, z. B. Stammbaum *65*/513.
14. Doppelseitige familiäre Athetose.
15. Familiäre Atrophia olivo-ponto-cerebellaris.
16. Familiäre subakute myoklonische Dystonie (DAWIDENKOW).
17. Spastische familiäre Pseudosklerose (JACOB).
18. Familiäre Narkolepsie *(64/557)*.
19. Myoklonusaffektionen (UNVERRICHT-LUNDBORG), mit Demenz, geographisch sehr lokalisiert und sehr verschiedene Erbtypen.
20. Familiäre Amaurose + Idiotie, oft mit Retikulosen und oft mit atypischen Fällen als infantile (TAY-SACHS) und als juvenile Form (SPIELMEYER-VOGT-STOCK).
21. Mongoloid (zweimal bei erbgleichen Zwillingen festgestellt).
22. Glioma retinae, aber nur sehr selten familiär, einmal in großer Häufigkeit in einer Familie.
23. FRIEDREICHsche Krankheit, rezessiv, sehr häufig atypische, milde familiäre Erkrankungen.
24. Zerebellare hereditäre Ataxie (PIERRE MARIE), dominant, in familiär differenten Typen (DAWIDENKOW).
25. Heredopathie von WERTHEMANN, Affektion der Stammganglien, des Kleinhirns, des Rückenmarks, der peripherischen Nerven und der Muskulatur.
26. HUNTINGTONsche Chorea mit Demenz (über Chorea siehe auch S. 117).
27. Dystrophia musculorum progressiva, in vielen abweichenden Formen, daneben auch + spinale Symptome + Idiotie usw.
28. Spinale progressive Muskelatrophie in verschiedenen Arten.
29. Neurale Muskelatrophie (CHARCOT-PIERRE MARIE), nach DAWIDENKOW 8 verschiedene familiäre Typen.
30. Familiär hypertrophische Neuritis (CROUZON), dominant, sehr verschiedene Typen.
31. THOMSENsche Krankheit, geographisch besonders Norddeutschland, familiär auch gutartiger Verlauf, z. B. STATTMÜLLER, 1923.
32. Atrophische Myotonie, geographisch besonders Süddeutschland und Schweiz, große Manifestationsschwankungen, oft milde Fälle, z. B. nur Katarakt, oft innersekretorische Affektion, Thyreoidea, Testis, oft psychische Störungen und Demenz.
33. Familiäre Paralysis agitans, relativ früh beginnend, oft mit anderen Heredopathien.
34. Pseudosklerose (WILSONsche Krankheit), mit sehr verschiedener Manifestationsäußerung, siehe LÜTHY.
35. Syringomyelie und Status dysraphicus, als leichte Formen (BREMER); familiär lumbosakrale Formen (WAGNER, 1932).

36. Pelizäus-Merzbachersche Krankheit (Nystagmus + Spasmen + geistige Störungen).
37. Familiäre spastische Spinalparalyse, oft abortive Formen, z. B. *58*/397; oft auch zerebrale Prozesse oder öfters auch andere medulläre Bahnen betroffen; wahrscheinlich (Curtius) auch als polyphäne Äußerung.
38. Mikrozephalie.
39. Lawrence-Biedl-Raabsche Zwischenhirnaffektion (Kombination von Retinitis pigmentosa + Fettleibigkeit + sexuelle Hypoplasie + Polydaktylie + Schwachsinn).
40. Amyotrophische Lateralsklerose; familiäre Formen haben längeren Verlauf.
41. Picksche Krankheit.
42. Recklinghausensche Krankheit, familiär schwere und familiär leichte Form, viele abortiv und sehr leicht.
43. Tuberöse Sklerose, familiäre hereditäre Formen, z. B. Koenen, *68*/542.
44. Encephalitis periaxillaris diffusa (Schilder).
45. Familiäre Heredopathie, symptomatologisch ähnlich multipler Sklerose, verschiedene Typen, Typ Pesker, Typ Cestan et Guillain.
46. Striäre familiäre Affektion in zahlreichen Typen.
47. Familiäre Ophthalmoplegien.

Wenn wir jetzt nach gleichen Gesichtspunkten die Heredopathien des Nervensystems auf die Kombination oder Koppelung mit anderen konstitutionellen Affektionen überblicken, so müssen wir hier selbstverständlich sagen, daß Kombinationen keineswegs selten sind. Es darf das aber nicht verwundern; denn bei der zentralen Stellung des Zentralnervensystems für das Ganzheitsproblem erscheint das als selbstverständlich, und so sehen wir denn:

1. Andere Affektionen des Nervensystems, ja sehr komplizierte Verhältnisse recht häufig. Man kann auch beobachten, daß familiär ganz besondere Typen in steter Folge wiederkehren und Kombinationen von verschiedenen Abweichungen im Zentralnervensystem darbieten.
2. Veränderungen konstitutioneller Art im Knochen- und Gelenkssystem können dagegen als selbständige, nicht sekundäre Erscheinungen keineswegs als häufig bezeichnet werden. Natürlich ändert sich z. B. der Fuß unter den ganz anderen Bedingungen bei der Friedreichschen Krankheit und anderen Affektionen, aber das sind eben sekundäre Erscheinungen, was ohne weiteres daraus hervorgeht, daß ein solcher Friedreichfuß sonst nirgends selbständig als Heredopathie vorkommt.

3. Veränderungen des Blutes und der Gefäße sind in der ganz dominierenden Mehrzahl dieser Heredopathien des Nervensystems völlig unbekannt. Nur wenn gleichzeitig entweder primär oder sekundär innersekretorisch tätige Organe befallen sind, wie vor allem bei der atrophischen Myotonie, dann kommt es zu schweren Anämien.
4. Gleichzeitige konstitutionelle Affektionen in inneren Organen dürften nach allem, was wir heute wissen, gleichfalls nur Zufallsbefunde sein. Von keiner Seite ist wohl je behauptet worden, daß bei diesen Affektionen konstitutionelle Mitralstenose oder Ulkus oder Abnormitäten innersekretorischer Organe häufiger waren als man sonst nach Wahrscheinlichkeit erwarten dürfte. Nur für einige ganz spezielle Affektionen kennen wir die engen Beziehungen zu den inkretorischen Systemen, ganz besonders bei der LAWRENCE-BIEDLschen Krankheit und der bereits erwähnten atrophischen Myotonie.
5. Gering ausgesprochene abortive Fälle, Formes frustes, sind überaus häufig, wurden bisher sehr übersehen, ganz besonders für Syringomyelie und Friedreich, sind aber auch für Recklinghausen und manche andere der erwähnten Heredopathien heute außerordentlich bekannt und wichtig geworden. Besonders wertvoll ist der Nachweis von minimen Veränderungen im Sinne von ephelidenartigen Hautprozessen bei den Konduktorinnen der RECKLINGHAUSENschen Krankheit, analog der Hämophilie und analog naturwissenschaftlichen Beispielen (s. über den Brennesselbastard S. 106).
6. Die Häufigkeitsprozentzahlen in einer befallenen Familie sind in der Regel recht hoch und werden bei systematischen Untersuchungen auf die schwach ausgesprochenen Formen heute immer höher gefunden.
7. Manche dieser Prozesse laufen schließlich, vor allem bei den psychischen Affektionen, vollkommen in den Bereich des normal Erscheinenden aus.

Heredopathien in der Augenheilkunde.

Retina:

Pigmentarmut der Netzhaut.

Makulalosigkeit und isolierter Bulbusalbinismus (geschlechtsgebunden-rezessiv).

Pigmentdegeneration der Retina (Retinitis pigmentosa).

Tapeto-retinale Heredopathie der Netzhaut (im Tessin z. B. geographisch beschränkt, KLEINGUTTI).

Präsenile und senile Makuladegeneration, oft familiär in identischer Form (A. VOGT [1]).

Angiomatosis retinae (HIPPEL-LINDAU),

Daltonismus.

[1] VOGT, A.: Lehrbuch und Atlas der Spaltlampenmikroskopie. 2. Aufl. 1931.

Totale Farbenblindheit.
Hemeralopie.

Optikus:
Hereditäre Optikusatrophie (LEBERsche Krankheit).

Linse:
Dutzende von Stararten, wie Schichtstar, Spießstar, Cataracta pulverulenta, vorderer Polstar, Koronarkatarakt, angeborener Kernstar, Cataracta senilis (Speichenstar, Kernstar), familiär oft auch in familiär identischer Form (A. VOGT[1]) des speziellen Erbstars.
Mikrophakie.
Sphärophakie.
Ektopie der Linse.
Hereditäre spontane Linsenluxation.

Iris:
Ectopia pupillae.
Iriskolobom.
Aniridie.
Mischfarben der Iris vererbbar, oft in familiären Typen vererbbar.
Konstitutionelle familiäre Anisokorie (CURTIUS und DECKER), in den Familien außerdem viele andere Heredopathien.
Flocculi iridis.

Hornhaut:
Mikrokornea, Makrokornea } mit ganz verschiedenen Erbgangtypen.
Astigmatismus.
Keratokonus.
„Degeneratio corneae" { knötchenförmige, gitterige, fleckige, } als familiär besondere Arten.
Arcus juvenilis.

Muskeln:
Strabismus concomitans.

Innervation:
Rezidiv. Okulomotoriuslähmung.
Familiäre Ophthalmoplegie nukleärer Genese.
Nystagmus, konstitutionell.

Refraktion:
Myopie (Häufung bei Intellektuellen).
Hyperopie (Häufung bei Schwachsinnigen).

Tränenapparat:
Hereditäre Dakryozystoblenorrhöe bei partieller Aplasie des Tränenkanals.

---

[1] VOGT, A.: Lehrbuch und Atlas der Spaltlampenmikroskopie. 2. Aufl. 1931.

Glaukom und Hydrophthalmus.

1. Diese Heredopathien sind relativ recht häufig mit Veränderungen des zentralen Nervensystems kombiniert, worüber wir uns aber in gar keiner Weise wundern, stellt doch das Auge in seiner Retina einen Teil des Gehirns dar. Wenn daher das ektodermale System im Zentralnervensystem befallen ist, so ist in Übereinstimmung mit den Auffassungen von SCHAFFER eine weitere Abnormität keineswegs auffällig, sondern muß fast als selbstverständlich erscheinen.
2. Dagegen sind nun Prozesse im mesenchymalen System durchaus selten, und zwar sowohl im Knochen- und Gelenksystem, abgesehen von dem Spezialfall der Heredopathie mit blauen Skleren, wie auch
3. Blut- und Gefäßveränderungen, außer bei atrophischer Myotonie, nicht bekannt sind.
4. Innersekretorische Mutationen sind wohl nirgends beschrieben, ebensowenig
5. besondere Hautaffektionen, mehr als nach dem Wahrscheinlichkeitsgrade zu erwarten steht.

Heredopathien des Gehörorgans[1], von Nase und Hals.

1. Fistula auris et auriculae cong., sogar Grad der Mißbildung familiär (SCHÜLLER[2]).
2. Genuines Cholesteatom (ALBRECHT).
3. Heredopathia acustica (acustico-retino-cerebro-spinalis [HAMMERSCHLAG]) und Taubstummheit; Akustikusaffektion, rezessiv gelegentlich verbunden mit Retinitis pigmentosa und Albinismus, Oligophrenie und spinalen Zeichen. Oft als sporadische Taubstummheit bezeichnet, kann aber in Dörfern mit Inzucht gehäuft auftreten (HANHART); dagegen ist die sog. endemische Taubstummheit in Kropfgebieten (auch hier fast immer sporadisch[2]) nicht vererbbar.
4. „Heredopathia cochleae" = konstitutionelle Innenohrschwerhörigkeit, Typen SCHEIBE und LANGE als die milderen Formen, Typ MONDINI (auch mit Sacculusaffektion) viel schwerer, nur $1^1/_2$ statt $2^1/_2$ Schneckenwindungen.
5. Progrediente familiäre Schwerhörigkeit, öfters mit Oligophrenie.
6. Otosklerose, dominant oder häufiger rezessiv:
    1. isoliert, oft mit gleichzeitiger Affektion des Akustikus,

[1] ALBRECHT: Über Konstitutionsprobleme in der Pathogenese der Hals-, Nasen- und Ohrenkrankheiten. Z. Hals- usw. Heilk. **29** (1931). — BAUER, J. u. STEIN: Konstitutionspathologie in der Ohrenheilkunde. Berlin: Julius Springer 1926. — LEICHER: Die Vererbung anatomischer Variationen der Nase, ihrer Nebenhöhlen und des Gehörganges. München: J. F. Bergmann 1928. — SIEMENS: Vererbungs- und Konstitutionspathologie des Ohres und der oberen Luftwege. Z. Hals- usw. Heilk. **29** (1931).

[2] SCHÜLLER: Münch. med. Wschr. **1929**, 160.

2. mit blauen Skleren und Knochenbrüchigkeit,
3. mit Knochenzysten, Lipodystrophie und psychischen Störungen.

7. Exostosen des äußeren Gehörganges, dominant, bei peruanischen Indianern bis 10—15% vorhanden.
8. Atrophische Rhinitis.
9. Familiäre Anosmie.
10. Angeborene Halsfistel.

Bei der japanischen Tanzmaus außer konstitutioneller Taubheit noch Retinitis pigmentosa, Nystagmus, Ataxie und zerebrale Störungen (HAMMERSCHLAG), alles Heredopathien des Zentralnervensystems.

Unter den Affektionen des Gehörorgans nimmt die Otosklerose eine besonders wichtige Stellung ein. Das ist aber doch nicht so eigenartig, wie man zuerst denken könnte, da kein anderer Ort außer der Labyrinthkapsel noch Reste fetalen Knorpels enthält, und daher ist ein isoliertes Befallensein auf die endochondrale Labyrinthkapsel nicht so überraschend. Zu notieren ist ferner, daß bei progressiver familiärer Schwerhörigkeit in einer Familie alle 7 Kinder befallen waren (Penetranz). Die Kombination mit Retinitis und mit Gehirnleiden ist gleichfalls nicht überraschend, da es sich um Befallensein von Gebilden der gleichen ektodermalen Gehirnteile handelt.

Bei der Heredopathia acustica in Lungern-Unterwalden konnte BIGLER nachweisen, daß alle Fälle auf ein 1648 kopuliertes Ehepaar zurückzuführen sind, daß ferner die Affektion in verschiedenem Grade ausgesprochen ist und auch bei „normalhörigen“ Kindern leichtere Formen bestehen.

Die Bedeutung der sog. degenerativen Stigmata und des Status degenerativus wird von den Otologen, ganz besonders von ALBRECHT, desgleichen von BIGLER „bei eingehender Untersuchung“ scharf abgelehnt. Wenn STEIN in seiner Monographie 1919 schreibt, es seien solche Erscheinungen und andere konstitutionelle Krankheiten bei den Ohraffektionen nicht selten, so kann man die erwähnten Beispiele in zwei Kategorien einteilen,

erstens in solche, bei denen der Ausdruck „nicht selten“ vollkommen unrichtig ist, nämlich für Chlorose, Gicht, Osteomalazie, hämorrhagische Diathesen (das sind alles seltene, zum Teil, wie Gicht, extrem seltene Affektionen),

zweitens in ganz banale, überaus häufige leichte Störungen ohne jede Bedeutung, wie Anomalien der Vasomotoren, Dermographie, Akrozyanose, Labilität der Herzaktion, Pulsus respiratione irregularis, auffällige Steigerung der Sehnenreflexe, Fehlen von Kornea- und Rachenreflexen, positive Pulsverlangsamung auf Bulbusdruck u. dgl., mit denen allen, sowohl einzeln wie in der Gesamtheit, rein nichts bewiesen ist. HAMMERSCHLAG wollte aus hereditärer Taubhaut, Otosklerose und progressiver labyrinthärer Akustikusaffektion eine einzige Krankheit machen, was zweifellos heute überholt ist. EDINGER sah in der Otosklerose eine Aufbrauchkrankheit, MARTIUS eine falsche Bildung, Auffassungen, die heute nicht mehr in Frage kommen. Es bleibt auffällig, daß auch heute noch die so exquisit vererbbare Otosklerose viel zu sehr auf den Einfluß exogener Momente zurückgeführt wird, während doch diese nur eine sekundäre Rolle bei vorhandener Anlage spielen können.

Heredopathien in der Dermatologie[1].

RECKLINGHAUSENsche Neurofibromatosis, große Manifestationsschwankungen, abortiv nur ephelidenartige Flecken bei Konduktorinnen.

Angiosen:

Erythema fugax, Affekterythem.

Cutis marmorata.

Akrozyanose.

Gewisse Teleangiektasien, besonders der Wangen, aber auch an anderen Orten und oft familiär an gleicher Stelle.

Varizen der Beine. Status varicosus (CURTIUS).

OSLERsche Krankheit.

Idiosynkrasien (Urtikaria), konstitutionelle Faktoren.

Naevus angiomatosus (HECHT).

QUINCKEsches Ödem.

MILROYsche Krankheit (Elephantiasis congenita).

Familiäre poikilodermieartige Hautaffektion (JESSNER).

Bullosen:

Epidermolysis bullosa in verschiedenen Arten.

Follikulosen und Idrosen:

Acne rosacea (noch nicht sicher).

Acne vulgaris, durch Zwillingsforschung, genotypische Komponente erwiesen.

Milien (Hornzysten).

Atherome (Epidermoide).

Hyperidrosis der Hände und Füße.

Pigmentosen:

Melanismus, erbliche Bedingtheit bei exogener Reaktion, besonders bei den Rehobother Bastarden erwiesen, dominant.

[1] Ich folge im wesentlichen den ausgezeichneten kritischen Ausführungen von SIEMENS: Die Vererbung in der Ätiologie der Hautkrankheiten. Handbuch der Haut- und Geschlechtskrankheiten, 3. Bd. 1929 und Arch. f. Dermat. **160** (1930). Die Erkennung und Sichtung vieler ungeklärter Heredopathien hat SIEMENS vor allem auch durch die Zwillingsforschung gefördert. Es zeigt sich, wenn ich hier auch nur die wichtigsten und gesichertsten Heredopathien wiedergebe, daß zweifellos durch weitere Forschungen noch manche Krankheit in erbbiologisch, genetisch und klinisch verschiedene erbkonstante Arten zerlegt werden muß, so daß wir wohl in Kürze vielen hunderten bewiesener Heredopathien der Haut gegenüberstehen.

Xanthosis.

Chloasma, gewisse Fälle.

Epheliden (geringgradige Korrelation mit heller Augenfarbe).

Epheliden an abnormen Stellen.

Albinismus, rezessiv, oft mit Nystagmus, Tremor und Amblyopie, Astigmatismus und Hyperopie oder Myopie.

Weiße Flecken (Scheckungen), dominant, z. B. weiße Haarbüschel.

Familiäre Chromatophorennävi (OSKAR NAEGELI).

Keratosen:

Ichthyosis vulgaris, dominant.

Ichthyosis congenita, zum Teil rezessiv, mehrere verschiedene Formen, und dann bei Geschwistern in gleicher Form konstant.

Keratosis palmaris et plantaris, dominant, in drei Typen, diffus, streifenförmig, mit subungualer Keratosis, jeder Untertyp wieder familiär. Der Typ transgrediens (Insel Meleda und sonst sehr selten) prinzipiell besondere Erbkrankheit.

Keratosis follicularis lichenoides (Lichen pilaris).

Keratosis follicularis spinulosa decalvans, stachelförmige Haarbalgverhornungen von Wimpern, Brauen und Kopfhaar, bei Männern mit Hornhauttrübungen und besonderem teleangiektatischem Chloasma, dominant, geschlechtsgebunden. Alle Töchter behafteter Männer sind befallen, alle Söhne frei. Bei Konduktorinnen abortiv. Eine Sippe mit Degeneratio corneae (5 Generationen).

Keratosis multiformis, verschieden lokalisiert, mit Nagelverdickung.

DARIERsche Krankheit (Dyskeratosis).

Acanthosis nigricans, zum Teil familiär mit endogenen Faktoren.

Porokeratosis Mibelli.

Atrophien und Dystrophien:

Xeroderma pigmentosum.

Hautatrophien in vielen verschiedenen Typen.

Familiäre Lipoidosis der Haut.

Krankheiten der Haare, Nägel, Schweiß- und Talgdrüsen, Zähne und Mundschleimhaut.

Rothaarigkeit, Bedeutung für Krankheiten „maßlos übertrieben“, nur Beziehungen zu Pigmentarmut und Epheliden (SIEMENS).

Persistenz des Lanugohaares.

Hyper- und Hypotrichosen, aber zum Teil noch nicht genügend bewiesen, außer der Korrelation zu Nageldystrophien fast zu keinen anderen Abnormitäten.

Anidrosis hypotrichotica, rezessiv, geschlechtsgebunden.

Zahnanomalien + Schweißdrüsenmangel + spärliches Haar, gelegentlich Deformitäten der Nägel und des äußeren Ohres, auch Geruchs-

und Intelligenzabnahme (*51*/342). Fehlen der Schweißdrüsen + Zahnanomalien + seltener auch noch Ozäna.

PRINGLEsche Krankheit (Adenomata sebacea), oft mit tuberöser Hirnsklerose oder mit Recklinghausen.

Alopecia praematura (Glatzenbildung).

Monilotrichosis (Aplasia pilorum).

Verschiedene Affektionen der Nägel.

Zahlreiche Anomalien der Zähne und der Zahnstellung (Trema: Lücke zwischen den mittleren Schneidezähnen, Diastema: Lücke zwischen Schneidezähnen und Eckzähnen).

Progenie (hängende Unterlippe).

Karies der Zähne (erblicher Faktor wahrscheinlich).

Lingua dissecata (Kerbzunge).

Herz- und Gefäßleiden [1].

Blutdruckkrankheit (WEITZ, OTFRIED MÜLLER und PARRISIUS).

Angiomatosen, z. B. Gehirn (LINDAUsche Krankheit), Retina, Haut, Leber usw.

Teleangiektasien familiärer Art.

Angeborene Herzfehler; Vererbung noch unklar, aber nicht so selten bei anderen konstitutionellen Krankheiten und Anomalien.

Situs viscerum inversus, rezessiv,

Anlage zu Mitralstenose (ohne Polyarthritis), 2—3mal häufiger beim weiblichen Geschlecht.

Es wird fast allgemein angegeben, daß der Pykniker mehr zu Blutdruckkrankheit und zu luischer Aortitis neige.

Das behauptete Stigma der Aorta angusta ist durch sorgfältige Prüfungen von L. KAUFMANN widerlegt.

Herzform und Herzgröße erweisen sich nach der Zwillingsforschung als stark konstitutionell veranlagt (v. VERSCHUER). Auch für die Ausbildung spezieller Kapillarschlingen werden genotypische Momente angesprochen.

Lungenaffektionen.

Asthma bronchiale, öfters in drei Generationen.

Konstitutionelle familiäre Bronchiektasien (KARTAGENER [2]).

Familiärer Spontanpneumothorax [3].

Magen-Darmaffektionen.

Ulkuskrankheit.

Vegetative Stigmatisation. Die erbbiologische klinische Forschung dürfte hier besondere familiäre Typen ergeben.

---

[1] Siehe auch Blut- und Gefäßkrankheiten, S. 58.

[2] KARTAGENER: Beitr. Klin. Tbk. **84** (1933).

[3] MÜLLER, P.: Klin. Wschr. **1934**, 137. — MORAWITZ: Münch. med. Wschr. **1933**, 1861.

Gegenüber der angeblich konstitutionellen Achylie erhebt KNUD FABER Wahrung, da sie doch vielfach exogen entstanden ist.

HURST unterscheidet hypersthenische Magenkonstitution (mit viel Salzsäurebildung und rascher Entleerung) gegenüber hypasthenischer Konstitution (mit wenig oder fehlender Salzsäure und langsamer Entleerung). Beide oft familiär vererbt [Arch. Verdgskrkh. 55 (1934)].

Konstitution in der Gynäkologie.

Siehe ENGELMANN und MAYER[1].

Konstitutionelle Affektionen in der Pädiatrie.

Exsudative Diathese[2].

Lymphatismus.

Konstitutionelle innersekretorische Affektionen.

Familiär-konstitutionelle Hypophysenaffektionen[3], auch bei Zwillingen (MAJERUS).

Familiäre endogene Lipodystrophien (*61*/86).

Familiäre Akromegalie, SMITH (*61*/161), s. beim Tier S. 45, ALLISON (*60*/773).

Familiärer Basedow.

Chlorose.

Atrophische Myotonie.

Konstitutionelle Urogenitalaffektionen.

Zystennieren, ausgesucht heredofamiliär (J. BAUER).

Hypospadie.

Epispadie.

SCHRAMMsche Spalte, oft mit Myelodysplasie oder Spina bifida.

Hypoplastische Zustände der Nieren und vielerlei Abnormitäten der Nieren, des Nierenbeckens, der Ureteren und der Urethra sind oft die Anlagen für das Haften von Infektionen.

Gelegentlich wird häufiges familiäres Erkranken an Nephritiden aus ganz unbedeutenden Infektionen beschrieben, z. B. nach Varizellen (OCHSENIUS, *58*/90) oder nach einfachen Katarrhen (*65*/370),

und es soll ausgesprochene Nephritikerfamilien geben (HURST, *47*/3).

‚Chemische Anomalien" und konstitutionelle Stoffwechselaffektionen.

Pentosurie.

Alkaptonurie.

---

[1] Handbuch der Gynäkologie von STÖCKEL, 1927. Bd. 3.

[2] Siehe PFAUNDLER: Handbuch der Kinderkrankheiten, 4. Aufl.

[3] MÜLLER, W.: Bruns' Beitr. **150**.

Zystinurie.
Gicht (s. S. 13f.), endogene und exogene Faktoren, gehört eigentlich nicht zu den „chemischen Anomalien“.
Diabetes mellitus.
Diabetes renalis (normoglykämischer Diabetes).
Xanthom, erbliche Stoffwechselaffektion (SIEMENS).
Hypercholesterinämie.
Familiäre Hämochromatosen.

Bei all diesen sog. chemischen Anomalien liegt das Mutative in der Entstehung einer besonderen Zellart, so daß sekundär die Zelle für gewisse Leistungen unfähig ist. Niemals wird, z. B. bei den Lipoideinlagerungen, die Kenntnis der chemischen Vorgänge uns, wie THANNHAUSER annimmt, die Ätiologie erklären, sondern nur den Chemismus und Mechanismus zeigen, nicht aber die Ursache. Diese ist Heredität, Mutation.

Das Mutationsproblem bei malignen Tumoren.

HANS R. SCHINZ hat zuerst die Tumorbildung als eine vegetative Knospenmutation angesprochen, in Analogie mit den Knospenmutationen in der Botanik, und nachher hat auch K. H. BAUER die gleiche Auffassung vertreten. Zunächst handelt es sich hier um einen Analogieschluß im Vergleich mit der sprunghaften, leicht kontrollierbaren Mutation an einzelnen Trieben von Pflanzen, bei denen nachher, weil diese Triebe Blüten und Früchte entwickeln, die Konstanz der Mutation und die Vererbung ohne weiteres bewiesen werden kann.

Wenn wir jetzt an die Momente herantreten, die für eine Eingliederung der malignen Tumoren zu den Mutationen sprechen, so sind es die folgenden Argumente:

1. Die plötzliche Änderung im Charakter der Zelle und das zweifellose Gebundensein dieser Veränderungen an die Zellkerne. Zwar ist diese Änderung weder morphologisch noch biologisch absolut einwandfrei gegenüber den Ursprungszellen zu beweisen, aber der Unterschied ist doch ein so kolossaler, daß im Laufe der Forschung in den letzten Jahren immer neue und gewichtigere Gründe für den ganz besonderen Charakter der Tumorzelle entdeckt worden sind. Es spricht ferner für diese Auffassung die Tatsache, daß offenbar die Tumorentstehung unizellulär vor sich geht, und wenn dieses Geschehen gelegentlich, wie das bekannt ist, an verschiedenen Orten vor sich geht, so gehen auch diese Bildungen wiederum aus einzelnen Zellen hervor, und es handelt sich dann um polytopes Entstehen, wie das ja für die Mutationen sehr wohl bekannt ist.
2. Bei der Entstehung von malignen Tumoren handelt es sich in der Gesamtheit um eine Menge verschiedener, aber in sich konstanter, prinzipiell unveränderlicher Neuschöpfungen, wie auch bei Mutationen — man denke an Drosophila — häufig gleichzeitig verschiedene konstante Bildungen entstehen.

3. Die Vererbung maligner Tumoren ist heute prinzipiell bewiesen an erbgleichen Zwillingen, bei denen sogar extrem seltene Tumorformen, wie primärer Leberkrebs, nachgewiesen worden ist.
4. Genau wie große quantitative Differenzen in dem Sprunge der Mutation, kleine oder größere, aber stets plötzliche Sprünge bei den Mutanten in Zoologie und Botanik bekannt sind, so sind auch die malignen Tumoren unter sich außerordentlich ungleich in bezug auf Malignität, Wachstum, Morphologie usw.
5. Durch die wohl sicher begründete Annahme, daß die Veränderung bei den malignen Tumoren in den Zellkernen gelegen ist und in den Genen, wird die Analogie zu der Genänderung bei den Mutationen in Zoologie und Botanik eine große.
6. Eine allgemeine Konstitutionsänderung endogener Art wie bei den Mutationen ist auch bei den malignen Tumoren Voraussetzung für das Entstehen. Zum Beispiel kennen wir Mäuse- und Rattenstämme, denen Mäuse- und Rattenkarzinome außerordentlich leicht überimpfbar sind und andere, wie zum Beispiel den Wistarstamm, bei denen die Überimpfung nicht geht.
7. Wie bei sprungbereiten Mutationen äußere Reize der verschiedensten Art auslösend wirken, so ist das in gleicher Weise auch für die malignen Tumoren eine absolut gesicherte Tatsache.

Die Kombination, Hybridisation (Mixovariation, SIEMENS).

Ich setze hier die Kenntnis der MENDELschen Spaltungsregeln voraus, und berühre im wesentlichen die weniger durchsichtigen Fälle.

Neue Formen und Erscheinungsgestalten werden vielfach durch Bastardierung erzeugt, und es hat im Gebiet der Zoologie und Botanik oft große Mühe gekostet, anscheinend selbständige Arten als Hybriden und oft als komplizierte Hybriden zu erkennen. Kein Zweifel auch, daß einzelne Glieder von Bastardschwärmen ganz eigentümliche Züge aufweisen und besondere Verhältnisse biologischer, morphologischer und pflanzengeographischer Art darbieten.

Rosa Jundzilli, eine hybridogene „Art“ von *R. gallica* und *R. canina* hat weite Verbreitung über das Areal der *R. gallica* hinaus gefunden und geht durch den ganzen Schweizer Jura und weit in die schweizerische Hochebene hinein, obwohl ihre eine Stammart, die *R. gallica* von Deutschland her die Rheinlinie Eglisau-Waldshut nicht überschreitet, so massenhaft sie auch sofort nördlich dieser Grenze gefunden wird.

Im *Rosa Jundzilli*-Areal habe ich außerhalb der obengenannten Grenzlinie immer das Herausmendeln der Stammart *R. gallica* zu entdecken gesucht. Vergeblich! Wenn nach dem Habitus einmal der Wunsch bereits als endlich erfüllt erschien und die Ähnlichkeit mit der *Gallica* überaus groß war, so hat doch die Analyse noch den Bastard bewiesen.

Das ist bei der Differenz der beiden Eltern und der Unterscheidung in vielleicht mehr als 20 Merkmalen nach der Kombinationslehre gar nicht erstaunlich. Diese lehrt uns, daß bei 10 verschiedenen Erbeinheiten über 1000, bei 20 verschiedenen Erbeinheiten über eine Million Kombinationen möglich sind. Ebensowenig verwundert uns die Tatsache, daß die einzelnen Exemplare sehr verschieden sind und daß durch häufige Rückkreuzung mit *R. canina* der *gallica*-Einschlag sich abschwächt und die Aussicht, durch Herausmendeln einmal wieder reine *R. gallica* zu erhalten, gemäß der Kombinationslehre, ganz unwahrscheinlich wird.

Daß schließlich der Bastard sich viel weiter ausgebreitet hat, ist ebensowenig sonderbar. Er ist an ganz andere Lebensbedingungen durch seine *R. canina*-Eigenschaften anpassungsfähig, während die reine *R. gallica* ein sehr trockenes, kontinentales Klima verlangt.

Nach den zytologischen Untersuchungen von Hurst liegt die Sache aber noch verwickelter, insofern als in *Rosa Jundzilli* noch weitere Gene vorhanden sind, die sowohl *canina* wie *gallica* fehlen. Es würde sich also um einen Trippelbastard handeln.

So verstehen wir heute seit der Bastardforschung in ihrer Erbschaftsfolge

1. die große Menge der Formen der Hybride *R. Jundzilli*-Abkömmlinge.

2. Das verschiedene Verhalten des Bastards in ökologischer und biologischer Beziehung.

3. Das ganz andere geographische Verbreitungsareal.

4. Das nicht Herausmendeln der *R. gallica* wegen der enormen Unwahrscheinlichkeit bei Hybriden, deren Eltern so viele verschiedene Eigenschaften aufweisen.

5. Dennoch Auftauchen von Formen, die der *R. gallica* zunächst äußerlich ähnlich sind.

Es ist klar, daß alle diese Momente im Gesamtgebiet der Botanik, Zoologie und auch bei den menschlichen Hybriden vorkommen.

Das Laichkraut, *Potamogeton decipiens (lucens × perfoliatus)* hat die Fähigkeit, in stark fließendem Wasser glänzend zu gedeihen. Es erfüllt den Rhein von Stein bis Eglisau in größten Herden, während die eine der Stammarten, *P. lucens,* fast nirgends und nur vorübergehend an ganz stillen Buchten getroffen wird, wo sie sich sicherlich nicht dauernd behaupten kann. Diese Stammart erträgt fließendes Wasser nicht.

Auch hier sehen wir also die ganz anderen Ökologismen, die Möglichkeit weiter Verbreitung, selbst bei Fehlen des einen Elters. Dazu tritt eine gewisse Polymorphie zwischen den einzelnen Kolonien hervor; denn beide Eltern kommen offenbar in verschiedenen erbkonstanten Rassen vor, und daher sind ohne weiteres verschiedene hybride Gestalten möglich. Diese bleiben nun aber konstant, denn die Unmöglichkeit, Früchte zu entwickeln, läßt die ganze Vermehrung vegetativ vor sich gehen, und das sichert nun das Erhaltenbleiben der differenzierten Formen. Es droht auch keine weitere Verwischung durch Kreuzung wegen der Sterilität.

So sehen wir hier wieder ganz neue konservierende Verhältnisse bei Hybriden. Wir erkennen also hier als neue Erscheinungen bei Bastarden neben den oben erwähnten Punkten 1—4

6. verschiedene Formen gehen beim obenstehenden Beispiel aus der Bastardierung verschiedener erbkonstanter naheverwandter Rassen oder Subspezies hervor.

7. Konstanz dieser verschiedenen hybridogenen Formen ohne Aufspaltung tritt ein wegen Sterilität und rein vegetativer Vermehrung.

Diese gleichen Momente nimmt A. Ernst[1] auch für die von ihm so genau studierte *Chara crinita* an.

Hieracium cryptadenum, im Zürcher Oberland sehr reichlich und sehr verbreitet, hat die eine Stammart *H. humile* nur in einer einzigen kleinen Kolonie und die zweite Stammart *H. villosum* überhaupt nicht auf Zürcher Boden. Es ist daher vom Monographen der schwierigsten Gattung *Hieracium* mir gegenüber die Meinung vertreten worden, die zürcherische Siedlung beruhe auf postglazialen, aber später verschwundenen Kolonien der Stammarten als Quellen der Bastardierung.

Diese Auffassung käme noch viel mehr in Frage für das im zürcherischen Oberland nur einmal (1900 Naegeli) und in einem einzigen Exemplar gefundenen *Hieracium dentatum (villosum × bifidum),* weil *bifidum* auf weite Entfernung fehlt.

Es muß daher gelegentlich mit der Tatsache des lokalen oder auch des vollständigen Aussterbens des einen der Eltern oder beider Eltern gerechnet werden, so daß uns die Erkennung einer sog. Art als Hybride schwer, ja unmöglich sein kann.

Daher wird hier ein Formenschwarm entstehen durch Rückkreuzungen mit dem erhaltenen Elter, der scheinbar alle Übergänge nur zu einer zweiten Art aufweist, Verhältnisse, die man früher nicht durchschaut hat. Das in diesem Beispiel Neue ist das folgende:

8. Die Bastardnatur ist bei Untersuchungen in einem kleinen Gebiet nicht erkennbar, weil der eine Elter oder beide Eltern ausgestorben sind.

9. Daher erfolgen in diesem Gebiet beim Erhaltenbleiben nur eines Elters Rückkreuzungen nur nach einer Richtung.

10. Es können aber bei gewissen Gattungen, so gerade bei *Hieracium* wieder konstante Hybriden auftreten, weil eine besondere ungeschlechtliche Befruchtung, Apogamie entsteht. (Apogamie ist nach Ernst eine Teilerscheinung der durch Artkreuzung bewirkten vielfachen Störungen in der sexuellen Sphäre von Bastarden.) **Häufig ist die Befruchtung**

[1] Ernst, A.: Bastardierung als Ursache der Apogamie im Pflanzenreich. Jena: Fischer 1918. — Winkler: Verbreitung und Ursache der Parthenogenesis. Jena: Fischer 1920 (gegen die ursächliche Bedeutung der Bastardierung für die Parthenogenesis).

ohne männliche Gameten: neuer Grund für Konstanz von Hybriden und für große morphologische Übereinstimmung der einzelnen Exemplare.

Ein anderes Laichkraut, *Potamogeton nitens f. rhenanus* E. BAUMANN[1], Hybride aus *perfoliatus* × *gramineus,* kommt in dieser Form nur im Bodensee und ganz besonders häufig im Rhein vor. Wiederum hat der Bastard eine ganz andere ökologische Anpassungsbreite und damit ein ganz anderes Verbreitungsareal. Wiederum vermehrt er sich nur vegetativ und bleibt konstant, da er völlig steril ist. Der Rhein hat nur diese einzige *P. nitens*-Form. Im Norden aber gibt es Dutzende von Formen, weil dort von *gramineus* viel mehr erbkonstante Unterarten vorhanden sind.

Während bei *Pot. decipiens* Bastarde intermediär und mehr *lucens* und mehr *perfoliatus* genähert vorkommen, gibt es im Bodensee und Rhein *Pot. nitens* nur in der *gramineus* genäherten Hybride, wohl aber bieten andere schweizerische Seen auch intermediäre Formen, die sich dann auch ökologisch-biologisch anders verhalten.

Früher hielt man fast alle Bastarde für intermediär. Das ist zweifellos irrig. Es kann aber bei Bastarden dem Aussehen nach eine Mittelstellung vorkommen. Dies ist natürlich dann der Fall, wenn wegen der so häufigen Sterilität der Hybriden jede Rückkreuzung und MENDELsche Spaltung unmöglich ist.

Wahrscheinlich gibt es aber keine wirklich intermediäre uniforme Hybriden. Die genaue Analyse, oder zuletzt die histologische Prüfung ergibt das Nichtverschmolzensein und das nicht wirklich Intermediäre. Das konnte sogar für die Mulatten bewiesen werden. Bei der Bastardspaltung kann man die später aufspaltenden Hybriden in der zweiten (Tochter-) Filialgeneration oft schon deutlich trennen.

Wegen der Selbständigkeit, in der die einzelnen Erbfaktoren sich kombinieren, entsteht ein Mosaik der verschiedensten Gene und dieses läßt nur scheinbar intermediäre Formen entstehen.

Ein weiteres berühmt gewordenes Beispiel von ganz besonderen Verhältnissen bei Bastarden bietet die von H. DE VRIES untersuchte *Oenothera Lamarckiana.* Von 1000 Samen waren 995 Individuen übereinstimmend, und nur fünf wichen ab. Diese letzteren boten eine Menge neuer Formen, jede wies etwas anderes auf (in Größe, Farbe, Behaarung usw.) und sie erwiesen sich in der Kultur als anscheinend konstant. Diese Versuche bildeten den Ausgangspunkt der Mutationslehre. Jedoch wurde später[2] die Meinung vertreten, daß diese *Oenothera* eine Hybride sei, weitgehend, aber nicht absolut konstant. Sie splittere aber Formen ab, die anscheinend konstant sind. Es handelt sich dann in diesem Falle gar nicht um eine Mutation. Es scheint aber heute (s. S. **33** f.), daß auch

[1] BAUMANN: Die Vegetation des Untersees (Bodensee), S. 330—349. **1911.**

[2] RENNER, O.: Befruchtung und Embryobildung bei *Oenothera Lamarckiana* und einigen verwandten Arten. Flora (Jena) **107**, 115—150 (1915).

echte Mutationen und Parallelmutationen bei anderen Oenotheraarten vorkommen.

Die Konstanz eines Teiles der Formen ist hier allerdings nur durch ganz abnorme Vorgänge bei der Chromosomenspaltung entstanden, wie zytologische Untersuchungen ergeben haben. So haben die als *Oenothera gigas* bezeichneten Formen doppelte Chromosomenzahl. Solche Erscheinungen darf man aber nicht als eigentliche Mutationen bezeichnen, weil sie Bastardspolyploidie[1] darstellen, hierher viele Kulturpflanzen, Obstbäume (Prunusarten), Getreiderassen.

Es ist also erwiesen:

11. Daß unter den ganz besonderen Verhältnissen bei Hybriden höchst eigentümliche Formen entstehen durch äußerst komplizierte Verhältnisse der Chromosomenkombinationen.

Ferner ist von verschiedenen Forschern bei ihren experimentellen Untersuchungen darauf hingewiesen worden, daß aus einem großen Formkreis der zweiten (dritten) Filialgeneration neue Kombinationen enststehen, die sogar über die scheinbaren morphologischen Grenzen der Art hinausgreifen. Das bekannteste Beispiel dieser Art ist die Kreuzung von *Antirrhinum molle* mit *Antirrhinum majus* (E. BAUR und bestätigt von LOTSY). Hier sind Formen entstanden, die mehr der Gattung *Rhinathus* nahe gekommen sind, so daß LOTSY von dem Auftreten einer neuen LINNÉschen Art, *Antirrhinum rhinanthoides,* gesprochen hat.

12. Es ist also möglich, daß *Polyhybriden* neue, bisher nicht bekannte Formen annehmen.

Man hat schon lange gewußt, daß Bastarde unter Umständen neue besondere Züge in ihrem Bilde zeigen, und vor allem ist das *Luxurieren* der Bastarde dem ersten Experimentator, KÖLREUTER, 1760 schon aufgefallen, und dies ist später vielfach bestätigt worden. In neuerer Zeit ist auch von LEHMANN bei *Veronica* und von BAUR und WICHLER bei *Dianthus* und von ROSEN bei *Erophila* ähnliches beschrieben worden. Aber die Konstanz dieser neuen Bastardformen ist bisher unbewiesen, und ihre Entstehung läßt sich unschwer darauf zurückführen, daß das Ausgangsmaterial kein reines ist, und Anlagen in sich birgt, die latent sind, und nun bei der Bastardierung und der neuen Mischung der Erbfaktoren zum Vorschein kommen müssen. Es ist dies zu vergleichen dem Auftreten des Buschmannohres bei den Hybriden zwischen Buren und Hottentotten (FISCHER), ein Beispiel, das wir später besprechen werden.

LOTSY hat bei der Mischung von *Triticum vulgare* (Weizen) mit *T. turgidum* Formen bekommen, die anscheinend alte Eigenschaften der Ahnenreihe wiederum zum Vorschein kommen lassen, die nun eine

[1] WETTSTEIN: Bastardspolyploidie als Artbildung bei Pflanzen. Naturwissensch. 1932, S. 981.

zerbrechliche Ährenspindel zeigten, wie sie bei den als Urtypen angesprochenen Wildformen des Weizens vorkommt.

Manches in diesen Fragen der Bastardsnova läßt sich aber auch so erklären, daß für eine Erscheinung, z. B. üppigen Wuchs, verschiedene Gene erst zusammen entscheidend sind. Wenn daher bei der Hybridisation und der folgenden Spaltung Kombinationen erfolgen, die für üppigen Wuchs viele Gene enthalten, so ist das Luxurieren erklärt und andere Kombinationen könnten sehr wohl nicht lebensfähig sein.

In bezug auf Bastardsnova bei Art-(nicht Rassen-)Kreuzungen liegt meines Erachtens kein ausreichendes Material zur Beurteilung dieser Frage vor und keine reine Linie als Ausgangspunkt. Es erscheint unwahrscheinlich, daß hier die MENDELschen Regeln nicht gelten sollten, wenn sie auch durch besondere Verhältnisse (Koppelungen usw.) viele scheinbare Ausnahmen erfahren mögen. Aber „Art" ist wie „Rasse" rein menschliche Abstraktion und niemals grundsätzlich verschieden.

13. Als Seltenheit treten bei Bastarden (Polyhybriden) Erscheinungen auf, die atavistischen Charakter haben und Grundeigenschaften der Familien zum Ausdruck bringen.

Die Multiformität der zweiten Filialgeneration ist heute dadurch erklärt, daß eben Arten, Rassen und kleine abweichende Formen sich nicht in ihrer Gesamtheit vererben, sondern daß eine Kombination aller einzelner selbständiger Anlagen (Erbfaktoren) rein nach dem Kombinationsgesetz zustande kommt. Es ist daher gar nicht sonderbar, daß allerlei Entwicklungspotenzen und auch früher vorhandene, verdeckte Eigenschaften erscheinen müssen. Das alles aber findet sich nur bei Polyhybriden, deren Eltern in vielen Erbfaktoren voneinander verschieden sind, nicht bei Monohybriden, und das kommt zum Ausdruck in dem LANGschen Satze: Varietätenbastarde mendeln, Artbastarde pendeln.

Je größer nun die Unterschiede in der inneren Konstitution und dem Chemismus der sich kreuzenden Arten sind, desto schwerer erfolgt im allgemeinen die Bastardierung. Ganz ähnlich wie Transplantationen nur in der allernächsten Blutsverwandtschaft angehen, und sonst absterben und wie Bluttransfusionen beim Menschen selbst bei Berücksichtigung der Blutgruppen keineswegs immer ohne Schädigung ertragen werden. So ist es auch bei den stärker verschiedenen Arten. Ihre Lebensprozesse sind schlecht aufeinander abgestimmt, und recht häufig entstehen jetzt Verkümmerungen der Blüten und der Geschlechtsorgane, Absterben der Fruchtanlagen, ja geradezu teratologische Bildungen und selbst Geschwülste, Tumoren. Man kann daher die Bastardierung kaum als einen biologisch besonders geeigneten Vorgang bezeichnen, und ganz besonders gilt das für das Tierreich, wo fast alle Artbastarde völlig unfruchtbar sind.

Den Züchtern ist längst bekannt, daß gewisse Zuchttiere (Pferdehengste, Eber) den MENDELschen Spaltungsregeln entgegen auf alle

Nachkommen ihre besonderen Eigenschaften vererben, und deswegen sind solche Zuchttiere enorm geschätzt. Beispiele schon bei DARWIN.

Es ist fraglos, daß ähnliche Beobachtungen auch beim Menschen vorliegen, z. B. alle Kinder bekommen die sehr ausgeprägte Gestalt und die größte körperliche und geistige Ähnlichkeit mit dem Vater. Solche Beobachtungen werden heute so gedeutet, daß durch *Häufung von dominanten Merkmalen*[1] besonderer Eigenschaften ein besonderes *Durchschlagen* (Penetranz) dieser Eigenart entsteht.

14. Es ist also durch Häufung von dominanten Merkmalen bei Hybriden ein Durchschlagen besonderer Eigenschaften auf alle Nachkommen möglich.

Es ist daher nicht gerade naheliegend, in der Bastardierung ein Evolutionsprinzip zu sehen, wenn man auch ohne weiteres, wie es die obigen Beispiele belegen, zugeben muß, daß man den riesigen Umfang der Formneuschöpfung durch Bastardierung bisher nicht genügend gewürdigt hatte. Darin liegt ein Verdienst von LOTSY.

Es ist nun vor allem LOTSY, der die Bastardierung als den einzig bewiesenen Evolutionsprozeß, der experimentell geprüft werden kann, hingestellt hat. Seine Ausführungen haben in allerletzter Zeit einen sehr starken Widerhall gefunden. In den Erörterungen, die im Schoße der Zürcherischen botanischen Gesellschaft 1924 und 1927 dem LOTSYschen Vortrage gefolgt sind, sind von mir und anderen folgende *Gründe gegen die Bedeutung der Bastardierung für die Evolution* vorgebracht worden:

1. Die Bastardierung führt zu neuen Erscheinungsformen lediglich nach dem Gesetze des mathematischen Zufalls, nach der Kombinationslehre. Sie bringt eine unendliche Polymorphie zustande. Sie führt zu einem Mosaik durch die enormen Kombinationen der Erbfaktoren. Sie führt zum Chaos. Irgendeine Richtungstendenz kommt dabei nicht zum Durchschlag. Das ist bei einer Zufallsschöpfung auch gar nicht denkbar. Die Paläontologie zeigt aber, daß Richtungen von epochalem Charakter der Evolutionsperioden vorhanden sind, so das massenhafte Auftreten der Ammoniten, der Riesensaurier, der Schachtelhalme im Tertiär. Und ähnlich ließe sich als Evolutionsperiode das Auftreten früher völlig unbekannter neuer Formen bei *Ophrys apifera* (S. 35f.) deuten.

In voller Konsequenz muß LOTSY daher behaupten, daß es keine Richtungstendenzen in der Evolution gebe, daß alle Arten immer schon dagewesen seien und sich nur ständig umgruppieren durch Bastardierung. Er schreibt sogar, es würde ihn absolut nicht wundernehmen, wenn wieder Formen auftauchten, die wir als Tertiärarten angesehen haben. Als einziges Beispiel dieser Art erwähnt er die Mischung von *Triticum vulgare* mit *turgidum*. Damit leugnet LOTSY die Deszendenzlehre, und er kehrt auf den LINNÉschen Standpunkt zurück, daß die Arten keine

[1] ERNST, A.: Faktorenkoppelung und Austausch. Vjschr. naturforsch. Ges. Zürich **70** (1925).

eigentliche Variabilität hätten und eine solche nur durch Bastardierung vorgetäuscht werde. Diese Auffassung, bis zu ihren Konsequenzen durchgeführt, zeigt die Unhaltbarkeit der LOTSYschen Lehre. Das Triticumbeispiel genügt dafür in keiner Weise. Es ist nicht erwiesen, daß der Weizen mit brüchiger Spindel auch nur im entferntesten auf die Tertiärzeit zurückginge, wohl aber ist durch die Paläontologie mit aller Sicherheit festgestellt, daß niemals mehr in einer späteren Erdperiode Formen auftreten, die früher erloschen waren. Es ist nicht einmal das Wiederauftreten von „abgeleiteten" Formen nachweisbar, wenn zum Beispiel bei den Equiden die Reduktion der Zehen auf eine Zehe durchgeführt worden ist. Nie tauchen in späteren Erdperioden wieder Equiden auf mit den früheren Urtypen in den Zehenanlagen, und diesem Beispiele ließen sich ungezählte weitere an die Seite stellen.

2. Der Beweis erbkonstanter Bastarde liegt bisher nicht vor. Der Bastard stellt immer ein Mosaik dar und nicht das Mosaik wird vererbt, sondern jeder Einzelfaktor getrennt oder gekoppelt. Ich habe die Angaben, die gemacht worden sind (BAUR, LOTSY, LEHMANN usw.) kritisch besprochen und verweise darauf. Auch ERNST erklärt mit aller Deutlichkeit, daß hier die Beweise noch nicht vorliegen und wegen der Unreinheit des Ausgangsmaterials ganz besonders schwer zu erbringen seien. Eine Ausnahme machen nur die Gigasbastarde als Bastardpolyploidie.

3. Die Bastardierung zwischen nicht nahe verwandten Arten und Rassen ist kein biologisch günstiger Vorgang. Die Grenzen der Art können im Tierreich wegen Sterilität *der Bastarde* überhaupt nicht überschritten werden, auch im Pflanzenreich sind die Grenzen vielfach eng gezogen. Gewisse Familien wie die Weidenröschen *(Epilobium)* und Sauerampfer *(Rumex)* mit sehr vielen Arten liefern nur sterile Bastarde. Hier kann also die Evolution nicht den Weg der Bastardierung eingeschlagen haben. Man kann daher die LOTSYsche Frage: Wer wird sagen können, wo die Möglichkeit der Kreuzung aufhört! sofort dahin beantworten: Bei der Sterilität! Und es nimmt sich der Satz: Das Einzige, was ich also zur Artbildung brauche, ist die Kreuzung, recht eigenartig aus.

4. Wir kennen bei manchen Familien Bastarde, wie zum Beispiel bei *Ophrys apifera,* aber sie unterscheiden sich außerordentlich stark von dem, was als Mutation bei der gleichen Pflanze geschildert worden ist. Dabei sind die Bastarde im Gesamtareal der Art beobachtet, was in gar keiner Weise von den Mutationen gilt.

5. Manche Arten stehen absolut isoliert da und sie zeigen Mutationen. Das gilt für Buche und für Schöllkraut *(Chelidonium).* Hier kann sich LOTSY nur damit helfen, daß er eine zweite Art als erloschen annimmt. Dann aber, wenn hier Bastardaufspaltungen vorliegen sollten, muß man sagen, daß hier erst auf Milliarden von Exemplaren eine Neuschöpfung eingetreten wäre, und in beiden Fällen ist die Konstanz der als Mutationen erklärten neuen Formen über Jahrhunderte nachgewiesen.

Die Annahme, daß die Blutbuche eine Hybride wäre, steht vollständig in der Luft und ist durch gar keine Untersuchungen irgendwie erwiesen. Sie muß als denkbar unwahrscheinlich zurückgewiesen werden.

6. Es gibt viele Parallelmutationen gerade entsprechend diesem Beispiele der Rotbuche und der Schlitzblättrigkeit. Diese Parallelmutationen zeigen aber offenkundig bestimmte Entwicklungsrichtungen an, wie wir das bei Bastardaufspaltung nicht finden.

7. Lotsy will den Artbegriff zum Fall gebracht haben, weil infolge der Bastardierung die Lebenseinheiten nicht konstant und unveränderlich seien. Der Begriff „Art" ist aber eine rein menschliche Abstraktion. Eine aus Zweckmäßigkeitsgründen nötige Definition muß sich eben neuen Kenntnissen anpassen..

Trotz der Gewißheit, daß der Begriff Art eine gewisse Willkürlichkeit notwendigerweise in sich trägt, ist die systematische Bewertung von Erscheinungen der Zoologie und Botanik, die Taxonomie (Tschulok) von größter Wichtigkeit. Auch wenn Irrwege und falsche Deutungen möglich, ja gewiß sind, so kann das ordnende Prinzip nicht aufgegeben werden. In der großen Mehrzahl der Fälle sind doch hochwichtige Unterschiede konstanter Arten in klarer Weise erfaßt und damit taxonomisch bewertet, und ohne große Kenntnisse in Systematik und Taxonomie kann eine wissenschaftliche Bearbeitung auch vieler biologischer Fragen gar nicht angegangen werden; aber gerne gebe ich zu, daß das Experiment von überragender Bedeutung ist, obwohl es uns nicht alles bieten kann.

Neukombinationen beim Menschen, Hybridisation.

Neukombinationen kommen selbstverständlich bei der Mischung der Gene bei der Polyhybride Homo sapiens ständig im größten Umfange vor. Theoretisch ist dabei gegeben, daß bei der Unmenge von differenten Merkmalen, die als selbständig spaltende Erbfaktoren nach der Kombinationslehre sich mischen, auch einmal anscheinend Neues und Besonderes entsteht. Man kann überhaupt ganz allgemein sagen, daß jeder Mensch etwas Neues darstellt und niemals mit vorausgehenden identisch ist. Weil nun aber aus den Hybriden (Heterozygoten) selbstverständlich auch Eigenschaften und Besonderheiten von Vorfahren herausmendeln können, von denen man gar nichts weiß, so ist die Beurteilung, ob wirklich etwas Neues entstanden ist, oder nur eine Eigenschaft eines Urahnen wieder auftaucht, eigentlich nie möglich. Das ist der Nachteil, wenn unreine Linien untersucht werden.

Durch diese Hybridisation und die ständige, dem Zufalle unterworfene Mischung wird aber ein außerordentlich fluktuierendes Bild entstehen. Es können sich auch im allgemeinen besondere Eigenschaften nicht dauernd behaupten, da sie durch den Schmelztiegel der Kreuzung immer wieder verwischt und abgeschwächt werden und dadurch auch eine Beurteilung sehr erschweren oder verunmöglichen. Ich habe etwas Ähnliches bei *Ophrys arachnites* beschrieben[1], bei der durch Hybridisation alle die vielen Varietäten zu keiner Ruhe kommen und daher keinen systematischen Wert beanspruchen können, da sie nur ein ständiges Kommen und Gehen darstellen. Hier besteht die Lotsysche Auffassung völlig zu Recht. *Die Art ändert, aber trotzdem nur innerhalb enger Grenzen.*

Wenn wir als gewiß annehmen, daß auch Mutationen zu dieser ungeheuren Serie von hybridogenen Phänotypen beim Menschen hinzukommen, so wird die Beurteilung des Wertes eines anscheinend neuauftretenden Zeichens noch mehr erschwert. Aber wie ich oben geschildert habe, beweist die Beobachtung der Stammbäume durch die Konstanz und durch die Mendelspaltung im speziellen das Vorliegen einer Mutation.

Das glänzendste Beispiel der Bastardierung und Kombination bei Menschen stellen die Untersuchungen Eugen Fischers über die *Rehobother Bastarde,* Mischlingen aus Buren und Hottentotten. Es entsteht keine Mischrasse, keine neue Rasse, sondern es spalten sich alle selbständigen Erbfaktoren jeder Rasse wieder auf und kombinieren sich wieder nach dem Gaussschen Zufallsgesetz. Die Ursache ist darin gelegen, daß eine erbkonstante *Genmischung nie* vorkommt. Es entsteht also ein ungeheuer variables körperliches und geistiges Mosaik, etwas, was nach der Kombinationslehre erwartet, ja berechnet werden kann.

Weil es sich in diesen Fällen um Polyhybride handelt, in denen jede Rasse eine große Anzahl selbständig spaltender Erbfaktoren besitzt, wird im allgemeinen eine ungefähre Durchschnittslage mit ungefähr gleich viel Erbanlagen jeder Rasse entstehen. Aber die Rückkreuzung verschiebt sofort diese Mittellage in klar zu berechnender Weise nach dem neu hinzugekommenen Blute hin und so sind intermediäre Hybriden nicht häufig.

Genau wie bei dem Beispiele der *Rosa Jundzilli* auf Seite 72 können auch einzelne Typen mit starker Neigung nach der einen Rasse herauskommen. Sie müssen aber nach der Kombinationslehre selten sein und sind es auch in der Tat.

Eigentliche Kreuzungsnova entstehen nicht. Fischer fand nur eine deutliche Größenzunahme in den Dimensionen des Körpers und des Gesichtes. Man könnte das dem Luxurieren der Pflanzenbastarde an die Seite stellen. Die Nachkommenschaft der Rehobother ist zwar hoch (über 7), aber niedriger als bei Hottentotten und Buren.

Auch in bezug auf einzelne selbständige Merkmale gibt es immer wieder Spaltung aus dem Mosaik, so ist die Lippe nie intermediär, sondern wulstig oder „normal“ wie beim Europäer.

Hochinteressant ist das deutliche *Herausmendeln des Buschmannohres,* das in den Erbmassen der Hottentotten aus früheren Mischungen mit

[1] Naegeli: Über zürcherische *Ophrys*-Arten. Ber. Schweiz. bot. Ges. **1912.**

Buschleuten latent vorhanden ist und nun durch die Bastardierung eine Demaskierung erfährt.

Wir finden in der Studie von FISCHER Berichte über zahlreiche andere Mischungen menschlicher Rassen. Stets trifft man die gleichen Verhältnisse, stets enorme Kombinationen der einzelnen selbständig mendelnden Erbfaktoren. Nie etwas wirklich Neues! Nie eine neue Rasse, nie eine besondere Evolutionstendenz!

Seither sind viele interessante weitere Forschungen über Bastardierung entfernt stehender Menschenrassen erschienen, und alle kommen zu gleichen Ergebnissen wie E. FISCHER.

Es leben auf der Erde über eineinhalb Milliarden Menschen, alle Bastarde, und schon früher sind ungezählte Milliarden auf der Erde gewesen. Wo aber ist das Neue zu sehen, das nach der LOTSYschen Bastardlehre entstehen sollte? Wo die Evolution, die wir für die Entstehung neuer Arten unbedingt voraussetzen müssen? Wenn wir hier die LOTSYsche Frage beantworten wollen, wo sind die Grenzen der Neuschöpfung durch Bastardierung abzusehen?, so lautet die Antwort: Wir erkennen sie in sehr klarer Weise, und sie liegen innerhalb der Grenzen der Art!

Theoretisch muß zugegeben werden, daß durch Mischung der Gene, Umgruppierungen, Koppelungen tatsächlich etwas Neues einmal entstehen, und durch neue Genkombination auch bleibend sein kann. Das wäre Mutation (in einem besonderen Sinne) aus Bastards-Polyploidie.

Bei der Erörterung über die Bedeutung der Rassenmischung muß klar auseinander gehalten werden die Mischung verwandter Rassen und diejenige weit auseinanderstehender, z. B. Weißer und Schwarzer. Im allgemeinen[1] ist die letztere Mischung stets als ungünstig beurteilt worden, wie das nach allgemein biologischen Erfahrungen in Botanik und Zoologie nahegelegt wird.

Die Psychiater SOMMER[2] und KRETSCHMER[3] betonen besonders die günstige Wirkung der Bastardierung nahe verwandter Rassen, so die Mischung des germanischen Schwertadels mit dem romanischen künstlerisch begabten Bürgertum im Quattrocento in Florenz und analoge Mischungen im alten Hellas und im mittleren und nördlichen Württemberg und das Auftreten von Genieperioden. Ohne derartige Mischung erfolge „Degeneration“ wie in Rom oder China. SOMMER zeigt auch das Erhaltenbleiben gewisser wertvoller geistiger Eigenschaften, die durch einen türkischen Offizier Soldan seit 1304 in württembergische Familien hineingekommen und später auf LUCAS CRANACH und GOETHE übergegangen seien (16 berühmte Soldannachkommen). Fast alle württembergischen Dichter

[1] LUNDBORG: Rassenmischung beim Menschen. Haag: Nijhoff 1931.

[2] SOMMER: Familienforschung und Vererbungslehre. Leipzig: Johann Ambrosius Barth 1922.

[3] KRETSCHMER: Geniale Menschen. Berlin: Julius Springer 1929.

und Philosophen kommen in ihren Ahnen zusammen. Bastardierung stark verschiedener Rassen trage den Charakter der Keimfeindschaft in sich, so die Psychiater HOFFMANN und KRETSCHMER, desgleichen LUNDBORG.

Keimesinduktion.

Als durch FISCHER und STANDFUSS eine Vererbung von exogen entstandenen Veränderungen an Schmetterlingen bekannt gegeben worden

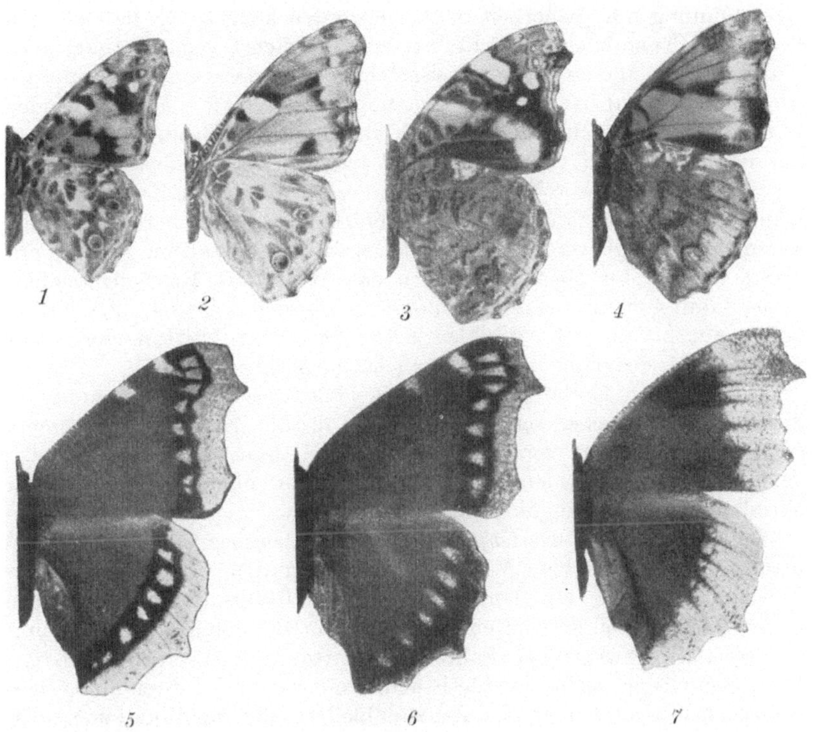

Abb. 16. Schmetterlinge unter Keimesinduktion. (Nach Dr. E. FISCHER: Zur Physiologie der Aberrationen und Varietäten-Bildung der Schmetterlinge. Arch. Rassenbiol. **1907**, H. 6.) *1 Pyramis cardui* L. Unterseite. *2 Pyramis cardui* Unterseite, Frostaberration. *3 Pyramis atalanta* L. Unterseite. *4 Pyramis atalanta* Unterseite, Frostaberration. *5 Vanessa antiope* L. Oberseite. *6 Vanessa antiope* Wärme-Varietät, bei beschleunigter Entwicklung entstanden. *7 Vanessa antiope* L. Hitzeform, bei verzögerter Entwicklung entstanden.

ist, da stand die Lehre von der Vererbung erworbener Eigenschaften scheinbar wieder auf festem Boden. Allein es zeigte sich sehr bald, daß die durch Kältebeeinflussung entstandenen nordischen Spielarten von Schmetterlingen schon in der 2. und 3. Generation immer atypischer werden und in weiteren Generationen das Neuerworbene wieder völlig abstreifen. Um eine dauernde Vererbung handelt es sich also nicht.

Diese Experimente an Schmetterlingen hatten zuerst nur ganz vereinzelt Aberrationen ergeben, so daß man ja zunächst ganz wohl an die experimentelle Erzeugung neuer erblicher Eigenschaften hätte glauben können, wie das auch von mancher Seite behauptet worden ist. Den unermüdlichen Forschungen von E. FISCHER[1] ist es aber gelungen, bei den Frost- und Hitzeversuchen bis zu 100% Aberrationen zu erhalten, so daß der Einfluß der Außenwelt klar hervortritt und es ja ganz merkwürdig wäre, wenn durch so banale Prozesse wie Wärme und Kälte eine Neuschöpfung mit Sicherheit erwartet werden könnte. Es handelt sich bei diesen Experimenten nicht, wie man zunächst geglaubt hat, etwa um Vergiftungen oder Stoffwechselstörungen, sondern um Entwicklungshemmungen. Dabei ergibt die genaue Prüfung, daß die entstehenden Aberranten eigentlich alle unter sich verschieden sind, auch keineswegs mit den nordischen oder südlichen Varietäten völlig übereinstimmen, sondern eigentlich neue Zeichnungen darstellen. Auch die Kältevarianten können unter Umständen durch ziemlich hohe Wärmegrade bei den Versuchen erzeugt werden, so daß der speziellen Gestaltung des Experiments nicht unter allen Umständen eine bestimmte Richtungstendenz in der künftigen Entwicklung zukommt. Übrigens ist auch diese Variabilität nur bei an sich variablen Arten erreichbar. Alte in der Natur starre Typen reagieren auch hier nicht im geringsten.

Die heutigen Erklärungen sind die jetzt allgemein angenommenen, daß bei den Versuchen schon die Anlagen für die spätere Nachkommenschaft getroffen und verändert worden sind, und daß es möglich ist, einen exogen erworbenen Einfluß auf einige wenige Generationen der Nachkommenschaft zu übertragen.

Im Gebiete der Bakterienforschung sind scheinbar ähnliche Verhältnisse in ungewöhnlichem Maße beobachtet worden. Die Mehrzahl der Forscher steht aber auf dem Standpunkt, daß Mutation bei Bakterien nicht experimentell geschaffen werden kann. Bei den Bakterien kommt als ganz schwerwiegender Faktor die Tatsache in Betracht, daß das Individuum sich nicht geschlechtlich, sondern durch Zweiteilung vermehrt. Dann muß aber das Erhaltenbleiben von Modifikationen über lange Zeit und über „Generationen" selbstverständlich erscheinen. Dasselbe gilt für Trypanosomen und verwandte Lebewesen.

Man hat deshalb in neuerer Zeit (LEHMANN, PRINGSHEIM, VAN LOGHEM) die Variabilität der Bakterien und der einzelligen Lebewesen ganz abgetrennt von den Variabilitäten, die bei Lebewesen mit geschlechtlicher Vermehrung auftreten, und man bezeichnet die Nachkommenschaft eines isolierten Bakteriums als *Klon*. Es geht nicht an, aus Beobachtungen unter so durchaus anderen Verhältnissen Rückschlüsse auf die anderen Lebewesen zu ziehen. Aus diesem Grunde lehnen die

[1] FISCHER, E.: Zur Physiologie der Aberrationen und Varietätenbildungen der Schmetterlinge. Arch. Rassenbiol. **1907** und mündliche Mitteilungen.

meisten Autoren heute die Anwendung des Begriffes Mutation für die Erscheinungen an den Bakterien grundsätzlich ab.

Bei Bakterien weiß man von Genen noch absolut nichts. Eine experimentelle Erforschung der Gene kann vielfach nur durch Hybridisation erfolgen und daher ist die Heranziehung der Bakterienveränderungen in diesen Fragen unmöglich. Gleichwohl muß man sich die *Entstehung* neuer Bakterienarten auf dem Wege der Mutation durch plötzlichen Sprung vorstellen, da wir eine andere Artentstehung nicht kennen. Unsere Annahme ist dann aber ein Analogieschluß.

Die ausgedehnten Forschungen von CALMETTE [1] haben erwiesen, daß nie ein Tuberkelbazillus wieder in den apathogenen saprophytischen Paratuberkulosebazillus verwandelt werden kann, und daß auch die Änderung vom Paratuberkulosebazillus in den Tuberkelbazillus nie experimentell gelingt, trotzdem solche Angaben öfters publiziert worden sind. Auch in der Natur gibt es keine Übergänge. Das was hier vor unendlichen Zeiten in einer Evolutionsperiode einmal eingetreten ist, kann offenbar heute, experimentell, so möchte ich mir die Sache vorstellen, nicht in die Wege geleitet werden, weil heute viele Arten auch unter allen Einflüssen der Außenwelt nicht in eine Mutationsperiode hineingebracht werden können.

Beim Menschen besitzen wir über *Keimesinduktion* in der medizinischen Literatur ganz klare Beispiele, und zwar besonders *bei Syphilis und Alkoholismus.* Es gab Zeiten, in denen die Blastophorielehre von FOREL die zweifellose Keimschädigung der Nachkommenschaft bei Trinkern so ausgewertet worden ist, daß sie als dauernde Schädigung späterer Nachkommen hingestellt wurde. Nach naturwissenschaftlichen Auffassungen ist diese Auswertung aber von vornherein unmöglich. Sie würde ja direkt nichts mehr und nichts weniger bedeuten, als daß Einflüsse der Außenwelt dauernd vererbbare Eigenschaften hinterlassen, was für keinen einzigen Fall gesichert oder auch nur wahrscheinlich gemacht ist.

Die Prüfung dieser Frage und das Studium der Sippschaftstafeln zeigt, daß der Alkohol nicht zum Untergang der Sippen führt, und wenn es gelegentlich doch den Anschein hat, es wäre dem so, so ist in solchen Sippen der Alkoholismus nur als Symptom einer viel schwereren Störung anzusehen. Das hat HANHART [2] in einer schönen Studie über den Untergang eines früher mächtigen Bauerngeschlechts gezeigt.

Desgleichen hat BOSS [3] in einer sehr sorgfältigen Studie nach Ausschluß aller Fälle, in denen wie so häufig eine geistige Störung die

---

[1] CALMETTE: Verh. internat. Tbk.kongr. Lausanne **1924**.

[2] HANHART, E.: Über den Niedergang eines 160köpfigen Bauerngeschlechts infolge Vererbung übereinstimmender Zeichen von Entartung. Verh. schweiz. naturforsch. Ges. **1924**.

[3] BOSS: Mschr. Psychiatr. **72** (1929).

Grundlage des Alkoholismus ist, bewiesen, daß bei 1246 Kindern von 572 erbgesunden alkoholischen Eltern keineswegs mehr körperlich oder geistig Minderwertige als dem Durchschnitt entsprechend auftreten und daß in 4 Stammbäumen mit Trinkern über eine Reihe von Generationen auch hier keine durch Alkohol bedingte Schädigung von Erbanlagen nachweisbar war (desgleichen POHLISCH).

Nach naturwissenschaftlicher Erfahrung muß man auch von den Menschen annehmen, daß spätestens nach drei, vier Generationen der Einfluß des Alkoholismus und der anderen Gifte wieder vollständig erloschen ist. In der Tat hat mich ein Zürcher Gelehrter darauf aufmerksam gemacht, ohne die naturwissenschaftliche Grundlage dieser Frage zu kennen, wie nach seiner genauen, im Drucke herausgegebenen Familiengeschichte seine Vorfahren starke Trinker gewesen seien, und als solche sehr heruntergekommen waren, wie aber die späteren Generationen doch wieder imstande waren, die alte Höhe des Stammes zu erreichen und wie sie Staatsmänner, Ärzte, Pfarrer und Gelehrte hervorgebracht haben.

In analoger Weise wie für den Alkoholismus wird auch eine Beeinflussung der Nachkommenschaft durch Blei- und Tabakintoxikationen angenommen. Das tatsächliche Beobachtungsmaterial in dieser Frage ist aber ganz dürftig und wegen der Komplexnatur der Einflüsse der Außenwelt nicht so leicht zu beweisen. So einläßlich ich mich selbst mit Bleivergiftungen beschäftigt habe, so konnte ich doch niemals Beobachtungen feststellen, die mit Berechtigung für die Keimschädigungslehre hätten herbeigezogen werden können.

Für Syphilis gibt es keine Beobachtung, die Keimesinduktion noch in der 3. Generation mit Sicherheit bewiese.

Der Einfluß anderer Gifte auf die Nachkommenschaft im Sinne einer Keimesinduktion erscheint durchaus wahrscheinlich. Es muß aber für die Beweisführung noch alles geschehen; denn gelegentliche Behauptungen in dieser Hinsicht entbehren jeder Beweiskraft.

Ein glänzendes Beispiel der Keimesinduktionen beim Menschen bietet aber die Erfahrung, daß in Kropfgegenden die Neugeborenen früher niemals normale Schilddrüsen zur Welt gebracht haben. Es wurde daher angenommen, daß die Thyreoidea der Neugeborenen überhaupt kein Kolloid enthält. Unter Jodsalztherapie sind nun in Bern (WEGELIN, DE QUERVAIN) Neugeborene mit Kolloid enthaltenden Schilddrüsen zur Welt gekommen. Der früher als normal angesehene Zustand war tatsächlich durch Keimesinduktion ein pathologischer gewesen.

Diese Auslegung, daß eine Thyreoidea eines Neugeborenen pathologisch sei, wenn sie kein Kolloid enthalte, ist aber wohl zu weitgehend. Man kann nicht glauben, daß die Kropfnoxe in Endemiegegenden alle Menschen befalle und krank mache [1].

---

[1] Siehe DIETERLE u. EUGSTER: Arch. f. Hyg. **111** (1933).

Die Röntgenbeeinflussung des Kindes im Mutterleibe, die zweifellos vorkommt, gehört ins Gebiet gewöhnlicher exogener Modifikationen.

Es kann die Frage aufgeworfen werden, ob nicht doch ursprünglich erworbene Zustände auch für die Nachkommenschaft von Bedeutung sind, und das ist für Lues, Tuberkulose, Pocken, Masern in der medizinischen Literatur schon vielfach erörtert worden. Dies ist geschehen unter dem Hinweis, daß eine Bevölkerung, die zum erstenmal oder nach langen Jahren erst wieder diesen Seuchen ausgesetzt ist, in ungewöhnlicher Schwere erkrankt. Bekannte Beispiele dieser Art sind die schweren Masernepidemien der Färöer-Inseln, in denen die Masern gewütet haben, nachdem die Krankheit während vieler Dezennien nicht mehr auf die Inseln eingeschleppt worden war. Das gleiche wird immer wieder berichtet, wenn im Innern Afrikas neue, bisher nicht verseuchte Negerstämme mit der Tuberkulose in Berührung kommen, oder in analoger Weise wird das schwere Auftreten der Syphilis zu Ende des 15. Jahrhunderts gedeutet.

In dieser Frage kommt der bewiesene Übergang von Antitoxinen von der Mutter auf das Kind in Betracht. Daß aber eine länger und viele Generationen dauernde Beeinflussung nicht vorliegt, und eine wirkliche Neuerwerbung oder eine Entstehung von resistenten oder empfindlichen Rassen dabei nicht in Frage kommt, ist ganz klar.

Unter gewissen Umständen wäre immer noch an eine bleibende Veränderung der Infektionskeime im Kampfe mit der Menschheit zu denken, aber diese Möglichkeit ist vorläufig nicht zu beweisen.

Eines muß hier mit aller Schärfe hervorgehoben werden: *Diese Keimesinduktionen stellen exogene Krankheiten dar.*

Die Vererbung erworbener Eigenschaften.

Die meisten Forscher auf dem Gebiete der Naturwissenschaften lehnen einen gelungenen Nachweis einer dauernden Vererbung erworbener Eigenschaften entschieden ab und halten die vorgebrachten Beispiele nicht als überzeugend. Bereits früher habe ich von Täuschungen in diesen Problemen gesprochen, die heute als restlos geklärt gelten, früher aber als überzeugende Beispiele gegolten haben. Es dauert natürlich immer längere Zeit, bis eine Behauptung auf diesen Gebieten durch weitere Forschungen entscheidend beurteilt werden kann.

Auch die Auffassungen von Tower über exogen erzeugbare und dauernd vererbbare Veränderungen des Koloradokäfers werden heute abgelehnt und als Mutationen gedeutet. Tower[1] erreichte bei Beeinflussung der Keimesanlagen neue Formen, und zwar auf den Einfluß der verschiedensten Faktoren, aber Formen, die auch in der freien Natur vorkommen, daneben aber freilich auch solche, die bisher nicht bekannt

[1] Tower: Carnegie Institute Publications, Vol. 48. Washington 1906.

gewesen sind. Diese Neubildungen konnten sich aber in der Natur nicht halten, so daß sie, in freier Natur entstanden, eben zugrunde gegangen wären.

Das Ausgangsmaterial TOWERs ist nicht analysiert und unrein, daher das Ergebnis kritisch oder völlig analog den Experimenten bei Drosophila (GOLDSCHMIDT[1], JOHANNSEN, E. BAUR, LENZ).

LANG (1909) hielt diese einst berühmten TOWERschen Versuche für das einzig erwiesene Beispiel für die Vererbung erworbener Eigenschaften, und glaubte daher die Theorie für bewiesen. Es erscheint aber bedenklich, auf eine einzige Erfahrung hin Schlüsse von solcher Tragweite abzuleiten.

Heute aber schon nach wenigen Jahren erscheint uns bei einer in Mutation befindlichen Art die Auslösung sprungbereiter Mutationen, Keimesinduktionen und Modifikationen durch die Erfahrungen der MORGAN-Schule durchaus begreiflich.

Früher wurden auch die *nordischen Gerstenformen* als durch Vererbung erworbener Eigenschaften entstanden gedeutet. Die experimentellen Analysen in SWALÖF (besonders NIELSSEN-EHLE) widerlegten entscheidend diese Meinung. Es handelt sich um eine Reihe von Genotypen mit konstanten Eigenschaften und um Hybriden. Nichts ist als für Anpassung und Vererbung erworbener Eigenschaften beweisend gefunden worden.

Die Forstleute (CIESLAR, ENGLER-Zürich) vertreten gleichfalls für die Waldbäume die Vererbung der durch Anpassung an das Hochgebirge entstandenen besonderen Eigenschaften. Auch hier ist unreines Ausgangsmaterial im Spiel und eine F_2-Generation noch nicht geprüft und F_1 erst 18 Jahre kultiviert[2].

In den schönen Studien von WOLTERECK über die Erzeugung der Wärmeveränderungen bei nordischen Daphniden im Nemisee in Süditalien sind nach einiger Zeit alle Modifikationen wieder verschwunden.

EISENBERG (1914) hatte auch die Bakterien„mutationen" als sichere Beweise für die Vererbung erworbener Eigenschaften hingestellt, eine Auffassung, die heute restlos aufgegeben ist (S. 84).

Die oft zitierten Versuche von SEMON[3] (Erblichkeit erworbener Tagesperiodenschwankungen von Blattbewegungen) wurden von WEISMANN, PFEFFER und LANG in dieser Deutung bestritten.

Die Beobachtungen am Erdsalamander von KAMMERER[4] über die Umwandlung Lebendiggebärender in Eierleger haben gleichfalls bei PLATE, LANG u. a. keine Anerkennung gefunden. Hierzu äußert sich

[1] Siehe besonders die Kritik von GOLDSCHMIDT: Einführung in die Vererbungswissenschaft, 3. Aufl. Leipzig 1920.

[2] Siehe SCHRÖTER: Pflanzenleben der Alpen, 2. Aufl. Zürich 1926.

[3] SEMON: Das Problem der Vererbung „erworbener" Eigenschaften. Leipzig: Wilhelm Engelmann 1912.

[4] KAMMERER, P.: Allgemeine Biologie, 2. Aufl. Stuttgart 1920.

LANG dahin, daß in solchen Versuchen sonst verborgen bleibende Anlagen durch die äußeren Verhältnisse wieder aktiviert worden seien, und daß es sich nicht um direkte Anpassungen handle.

Es sind manche hierher gerechnete Beispiele wie der Verlust der Augen beim Grottenolm als *phylogenetische, abgeleitete Veränderungen* aufzufassen, die uns in dieser Betrachtungsweise verständlich sind (s. besonders TSCHULOK, GOLDSCHMIDT u. a.).

Das berühmte Beispiel der Fußschwielenbildung, die schon beim Embryo sich findet, kann in gleicher Weise erklärt werden, und mit Recht hebt hier LOTSY hervor, daß viele andere ähnliche Schwielen, die durch den Gebrauch entstehen, beim Embryo nie auftreten.

Die *Röntgenstrahlen* erzeugen in der ersten Nachkommenschaft der Menschen gelegentlich Mißbildungen. Bei bestrahlten Mäusen erzielten LITTLE und BAGG in F_2 und F_3 mehrfach Mißbildungen und in späteren Generationen angeblich bis 100% Mißbildungen. Nachprüfungen fielen nach MARTIUS [1] völlig negativ aus. Solche Mißbildungen gehören zweifellos zu den Modifikationen in der Form der Keimesinduktion.

Die Angaben von DÜRST über vererbbaren *Naphthalinstar* waren irrig. Geringe Spuren von Naphthalin schädigen die Linsen neugeborener Tiere. Werden diese Spuren ausgeschaltet, so tritt kein Star auf.

GUYER und SMITH [2] hatten bei Kaninchen Linsensubstanz intravenös injiziert und einige der Nachkommen bekamen Störungen an den Linsen. Die Nachprüfung durch HUXLEY und CARR-SAUNDERS [3] fielen negativ aus.

Die anscheinend beste Stütze für die Vererbung erworbener Eigenschaften boten die Versuche von KAMMERER bei Salamandern, aber es hat sich 1926 gezeigt, daß Falschungen von irgendeiner Seite vorgelegen hatten (s. 1. Aufl.).

Zur Zeit gibt es nur die große experimentelle Studie von AGNES BLUHM [4], die an 32 000 Albinomäusen in 8 Generationen unter Alkoholeinfluß nicht nur Mutationen erhalten hat, sondern auch anscheinend Schädigungen des Erbgutes. Die Sterblichkeit wurde größer, das Wachstum und die Fruchtbarkeit geringer. Abgesehen davon, daß Untersuchungen analoger Art beim Menschen den BLUHMschen Schlüssen widersprechen (S. 85) und auch die neueste Nachprüfung von DURHAM an Meerschweinchen die Angaben von A. BLUHM widerlegen, erscheint es ohne weiteres verständlich, daß unter ständig ungünstigen Bedingungen schließlich Nachkommen mit Schädigung allgemeiner Lebensfähigkeiten entstehen.

So ist es beispielsweise kein Wunder, wenn man von einer Pflanze (Rhinanthus, Klapperkopf) stets zur Fortpflanzung die letzten noch

[1] MARTIUS: Strahlenther. **24** (1926).

[2] GUYER and SMITH: J. of exper. Zool. **26** u. **31** (1918, 1920 u. spater).

[3] HUXLEY and CARR-SAUNDERS: Brit. J. exper. Biol. **1** (1924).

[4] BLUHM, AGNES: Zum Problem „Alkohol und Nachkommenschaft." München: J. F. Lehmann 1930.

reif gewordenen Samen im Herbst verwendet, daß schließlich die 4. Generation schwächlich ausfällt und eingeht. Es dürfte bei diesem Beispiel schließlich Samen verwendet sein, der nicht mehr völlig ausgereift war.

Es können bei solchen Untersuchungen unendlich viele Momente sich einschleichen, die kaum zu übersehen sind, so unrichtige Ernährung und Assimilation, Fehlen von Vitaminen oder anderen lebenswichtigen Stoffen bei den kranken Tieren. Ich denke hier an die eisenfrei ernährten Tiere von M. B. Schmidt, deren Nachkommen schwächlich und anämisch wurden und natürlich auch leicht zugrunde gingen.

In ähnlicher Weise verhält es sich mit Radieschensamen. Wenn diese auf gut gedüngtem Erdreich ausgesät werden, so gibt es Radieschen; wenn sie auf armem Boden gedeihen sollen, so schießen sie in die Höhe. Nimmt man aber verkümmerte Radieschensamen, so bringen sie auch auf dem besten Erdreich keine Radieschen hervor.

Übrigens kommt A. Bluhm schließlich bei den Alkoholmäusen zu dem Schluß, sie hätte zum erstenmal Mutationen beim Säugetier erzielt, also nicht Vererbung erworbener Eigenschaften. Prinzipiell wäre dies nicht auffällig, in Analogie zu vielen anderen früher erwähnten Versuchen, und auffällig erschiene es auch nicht, wenn ungünstige Mutanten erhalten werden. A. Bluhm hat später auch bei Ricinversuchen ähnliche Resultate und Schlüsse bekannt gegeben, die aber vielfach stark hypothetischen Charakter tragen.

Pawlow hatte angegeben, daß Mäuse, durch Klingelsignale auf ihr Essen vorbereitet, allmählich rascher das Signal verstehen. In progressivem Grade war das bei der zweiten und noch mehr bei der dritten Nachkommenschaft der Fall. Die eingehenden Nachprüfungen von amerikanischen Autoren haben die Unrichtigkeit dieser Versuche erwiesen.

In all diesen Problemen ist Täuschung durch ganz besondere unübersichtbare Faktoren außerordentlich leicht möglich, und es vergeht daher oft eine Reihe von Jahren, bis eine anscheinend gesicherte Tatsache durch sorgfältige Nachkontrolle als unrichtig erwiesen wird.

Die angeblich größere Empfindlichkeit gegen Ricin und Abrin bei der Nachkommenschaft von Mäusen, die gegen diese chemischen Stoffe immunisiert worden sind (Versuche von Otto), sind durch Hirszfeld (*41*/236) widerlegt. Es wird aber neuerdings die größere Empfindlichkeit der Nachkommen solcher Ricin- und Abrinmäuse angegeben (A. Bluhm).

Die Anaphylaxie ist nach Doerr nicht in weitere Nachkommenschaften übertragbar, dagegen sind Idiosynkrasien, bei denen auf konstitutionellem Boden anaphylaktische Reaktionen leicht durch Realisationsfaktoren entstehen, über Generationen nachweisbar als erbliche Mutationen, wie das in besonderen Studien Hanhart festgestellt hat.

Manche Autoren, z. B. Weidenreich, halten die exogenen Faktoren der Domestikation als die Ursache der Vererbung erworbener Eigenschaften, während dies von Genetikern des entschiedensten bestritten wird. Die Domestikation führt zur Erhaltung von Mutanten, die in freier Natur sich nicht lange halten können. Sie „macht“ aber diese Mutationen nicht, sondern die Domestikation erzielt eine andere Population und arbeitet mit Material, das anders beschaffen ist als jenes, das in freier Natur durch die Selektion und Ausmerzung des minderwertigen dezimiert ist. So bleiben Mutanten erhalten, die in der freien Natur extrem selten oder überhaupt nicht getroffen werden. Es ist also ein Irrtum, die Domestikation an sich in diesen Fällen für die Vererbung erworbener Eigenschaften und gar für die Genese von Mutationen anzusprechen, weil alle diese Mutanten nur durch Realisationsfaktoren, genau wie bei dem MULLERschen Drosophila-Röntgenexperiment, auf dem Boden endogener Vererbung entstehen.

Der bedeutende Botaniker GOEBEL hat unmittelbar nach dem Bekanntwerden dieser MULLERschen Röntgenauslösungen der Mutationen eine Schrift mit dem Titel Lamarckismus Redivivus herausgegeben. Wir wissen heute, daß die kritische Auffassung in diesen Fragen völlig den Lamarckismus ablehnt. Die Anlage ist alles, der Reiz nur Realisationsfaktor (s. S. 34). Dieses Beispiel ist sehr lehrreich und mahnt uns zu einer vorsichtigen Deutung auffälliger Ergebnisse, weil oft nicht von vornherein sichere Auslegungen gewisser Versuche möglich sind. Erst mit der Feststellung, daß der Röntgenreiz durch zahlreiche andere Reize ersetzt werden kann, und erst mit der Erkenntnis, daß bei allen diesen Reizen nur die auch in der Natur vorhandenen Mutanten erscheinen, und auch jetzt am häufigsten das in der Natur häufigste, und am seltensten das in der Natur seltenste, ist eine richtige Deutung dieser Experimente möglich gewesen.

Manche Autoren schrieben auch der Inzucht mutationsauslösende Faktoren zu. Prinzipiell ist das natürlich nicht unmöglich, daß auch unter diesen besonderen Verhältnissen Idiovarianten auftauchen, nur ist die Rolle der Inzucht dabei noch kaum feststellbar.

Daß in einzelnen Fällen allerstrengster Inzucht die Nachkommenschaft gegenüber Krankheiten stärker anfällig ist und auch geringe Nachkommenschaft hat, darf heute als sicher gelten und ist für strengste Inzucht bei der Mehlmotte in 16 Generationen durch STROHL bewiesen. Es ist denkbar, daß ähnlich wie bei Bastardierungen bei so strenger Inzucht Genänderungen auftreten und damit neue Mutanten (Rassen) entstehen, aber ich glaube, daß dieses Problem noch längst nicht spruchreif erklärt werden kann.

Im übrigen kennen wir die Inzucht als Moment, das ganz selbstverständlich rezessive Anlagen in viel größerer Häufigkeit heraustreten läßt, aber auch hier ist die Inzucht im eigentlichen Sinne nicht eine Ursache, sondern sie schafft die mathematische größere Wahrscheinlichkeit im Auftreten rezessiver Heredoaffektionen.

In seiner Studie nimmt BLEULER[1] an, daß alle Zellen des Organismus Engramme erhalten und davon gewiß auch die Keimzellen nicht ausgeschlossen seien, und damit erscheine eine Vererbung erworbener Eigenschaften und eine Umbildung der Arten verständlich. Auch SAHLI[2] nahm Vererbung erworbener Eigenschaften nach seiner Theorie an, daß alle Organe Produkte an das Blut abgeben und so humorale Beeinflussung auch der Keimdrüsen erfolge und damit Vererbung, aber die Schlüsse von BLEULER und SAHLI sind nicht naturwissenschaftliche, sodaß ich ihnen nicht zustimmen kann.

Ich betone ausdrücklich, daß eine Vererbung erworbener Eigenschaften bisher vielen bedeutenden Forschern nicht erwiesen erscheint, und daß das bisher vorliegende Beobachtungsmaterial für einen Schluß von so fundamentaler Wichtigkeit nicht genügt, daß aber trotzdem aus rein negativen Gründen die Vererbung erworbener Eigenschaften auch nicht für alle Zeiten widerlegt ist. Wir werden durch die bisherigen Täuschungen und Irrungen in diesem Gebiete nur zu der allergrößten Vorsicht und Kritik gezwungen; aber manches hat sich im Laufe der Zeit in unseren naturwissenschaftlichen Auffassungen geändert, und auch diese Erfahrung muß dem Naturforscher zu denken geben, und ihm gleichfalls große Vorsicht in der Äußerung apodiktischer Urteile auferlegen.

Analyse der Variabilitäten.

Die Enträtselung des Phänotypus ist die Aufgabe der Systematik in Botanik und Zoologie, ferner in der Anthropologie, endlich in der Differentialdiagnose in der Medizin. Mitunter ist die Aufgabe leicht und die Deutung der Variabilität schon nach ihrer ungewöhnlichen Erscheinungsform klar. Zu dem wichtigsten und entscheidensten in der Analyse zählt jetzt

a) die Prüfung der Vererbung.

Die Modifikation wird in der folgenden Generation abgeworfen. Die Bastardierung (Kombination) spaltet auf oder pendelt zwischen den beiden Ursprungsarten hin und her. Nur selten entstehen bei kompliziert gebauten Hybriden Schwierigkeiten durch Faktorenkoppelung, die Keimesinduktion verliert sich in der 2. und 3. Generation und ist gewöhnlich in der 1. schon abgeschwächt, aber die Mutation bleibt erhalten, entweder als dominante Erscheinung oder als rezessive. In letzterem Falle freilich kann für lange Zeiten die Tatsache der Vererbung unsichtbar sein.

---

[1] BLEULER: Mechanismus, Vitalismus, Mnemismus. Berlin: Julius Springer 1931.

[2] SAHLI: Schweiz. med. Wschr. **1931**.

Es ist aber doch wahrscheinlich, daß auch die rezessiv Belasteten mit der Zeit durch feine analytische Untersuchung von den nicht rezessiv Belasteten unterschieden werden können.

Hierher gehört die Prüfung der Konduktorinnen bei der Hämophilie. Wie wir heute durch SCHLÖSSMANN und FONIO wissen, und wie ich bestätigen kann, zeigen die Frauen, die die Bluterkrankheit übertragen, doch kleine Anomalien, wie etwas verzögerte Gerinnung gegenüber der Norm und schlechte, wenig elastische Thrombusbildung.

Es entstehen also auch für die Mutanten bei rezessiver Vererbung große Schwierigkeiten in der Erkennung, und leicht ist die Sache fast immer nur bei dominantem Erbgang. Hier aber belegt die Tatsache der Vererbung über Generationen mit größter Klarheit das Genotypische eines Merkmals, daher die enorme Wichtigkeit der Ahnentafeln.

Sonst aber ist der Nachweis der dauernden Vererbung das Kriterium von überragendem Werte. Daher wissen wir z. B. bei dem Auftreten der hängenden Lippe der Habsburger, die auf Cimburgis von Masubien zurückgeführt wird und die jetzt ein halbes Jahrtausend in der Nachkommenschaft immer und immer wieder auftaucht, daß hier ein konstitutionell fest verankertes Merkmal vorliegt.

Etwas Ähnliches ist das weiße Haarbüschel in der Familie der Herzoge VON ROHAN, das immer an gleicher Stelle aufgetreten ist. Völlig analog sind die namentlich in schwäbischen Landen häufigen Veränderungen des Daumens und der großen Zehe (Hammerzehe), die sich in den Familien nachweisbar über Jahrhunderte vererbten und die zu den Namen der Däumler, Deimler, Dimmler usw. Veranlassung gaben.

So erkennt denn auch der Arzt, wenn er zum erstenmal einen Patienten mit FRIEDREICHscher Krankheit sieht, aus dem Zittern, das auch beim Bruder im gleichen Alter aufgetreten sei, die hereditäre Ataxie.

b) Prüfung durch Hybridisation.

Durch Bastardierung mit einer anderen Art oder Rasse gelingt es in kritischen Fällen, eine Demaskierung einer nicht reinen Linie durchzuführen. Bekannt ist jenes Beispiel einer weißblühenden *Linaria marrocana,* die für eine reine Linie gehalten, auf die Hybridisation mit einer zweiten weißblühenden Linariaart violettblühende Hybriden ergeben hat, wobei die Unreinheit des Ausgangsmaterials bewiesen ist. Analoge Beispiele gibt es viele, so die Entstehung von Hühnern mit farbigem Federkleid bei Mischung von 2 weißen Hühnern oder *Lathyrus odoratus* blaupurpurfarben aus 2 weißblühenden Formen. Oder das Herausmendeln eines gewöhnlichen Fuchses bei der Nachkommenschaft von Silberfüchsen, so daß der Züchter plötzlich gewahr wird, daß seine Zucht immer noch nicht rein ist. Auch bei menschlichen Rassenmischungen kommt oft nach mehreren Generationen wieder eine Eigenschaft eines Ahnen zum Vorschein, z. B. Nagelbettfärbung des Negers, Nase des Juden, oder erst nach Generationen nach dem Zusammentreffen zweier rezessiver Gene die latente Anlage. Die Hybridisation zeigt aber auch meistens wie eine Vererbung vor sich geht, dominant, rezessiv, geschlechtsgebunden usw.

c) Geographische Gründe.

Bestimmte konstitutionelle Typen haben ihr eigenes Areal und sind in einem anderen häufig durch eine Parallelart vertreten, wie ursprünglich bei den Menschenrassen. Es sind daher geographische Gründe in der Abgrenzung von Konstitutionen gewichtige Argumente. In der Nordschweiz ist *Ophrys sphecodes* im Jura in einer besonderen konstitutionellen Form (*V. pseudospeculum* REICHENBACH) vorhanden. Daneben existiert in der Ostschweiz eine mehr osteuropäische Rasse (*V. fucifera* REICHENBACH) und die Trennung nach pflanzengeographischem Areal zeigt, daß keine engere Verwandtschaft besteht, und daß die Gesamtart *Ophrys sphecodes* sofort gespalten werden muß, wenn klare verständliche Ableitungen für die Einwanderung dieser Art in die Schweiz vorgenommen werden sollen.

Eine seltene Ehrenpreisart der Nordostschweiz (*Veronica austriaca*) schien dem Botaniker früher kaum als etwas Besonderes und als zu schwer von ähnlichen Formen anderer Arten abzutrennen [1]. Durch den Nachweis des absolut geschlossenen Areals und des Eindringens der Pflanze auf dem Donauwege: Ulm, Sigmaringen, Tuttlingen wurden die Gründe für die berechtigte Trennung außerordentlich vermehrt und jetzt auch die morphologische Differenzierung gefunden.

So hat z. B. der hervorragende Wiener Botaniker v. WETTSTEIN pflanzengeographische Momente in der Abgrenzung kritischer Augentrostarten (*Euphrasia*) in ungewöhnlich hohem Grade bewertet.

In der Anthropologie dient gleichfalls das geographische Moment der Verbreitung gewisser Körperformen zum Erfassen der Rassen.

d) Eingehende morphologische Analyse.

Im allgemeinen gehen aber die bisher genannten Wege, eine Variabilität zu enträtseln, zu lange, und der Forscher sucht daher durch genaue morphologische Analyse und durch den Nachweis einer morphologischen Konstanz eine Konstitution als eine genotypische zu beweisen. Dabei sind besonders überzeugend die Beispiele, die wir für sog. kleine Arten erwähnen können.

Die Pflanzen der Schwäbischen Alb galten lange Zeit als Alpenpflanzen, und sie wurden von den gegenüberliegenden Kalkalpen der Nordostschweiz abgeleitet. Die genaue Unterscheidung der einzelnen Formen aber ergab mir [2] das eigentümliche Resultat, daß diese Alb-

[1] THELLUNG: In Exkursionsflora der Schweiz von SCHINZ und KELLER.

[2] NAEGELI: Die pflanzengeographischen Beziehungen der süddeutschen Flora, besonders ihrer Alpenpflanzen zur Schweiz. 14. Ber. Zürch. bot. Ges. **1920**, 19—59.

pflanzen sämtlich in den jurassischen erbkonstanten Varietäten auftreten. Damit war die Theorie, es seien die Pflanzen der Schwäbischen Alb eigentliche Alpenpflanzen und es sei ihre Siedelung in der Alb in Verbindung mit der Gletscherzeit zu setzen, widerlegt.

Der Steinbrech der Schwäbischen Alb *(Saxifraga Aizoon)* ist nur in der jurassischen Form vorhanden, die den Alpen fehlt, die *Draba aizoides* desgleichen. Die Habichtskräuter *(Hieracium humile* und *bupleuroides)* finden sich nur in den im Basler und Solothurner Jura vorkommenden Varietäten. Die angeblich stolzeste Alpenpflanze der Schwäbischen Alb, das Läusekraut *(Pedicularis foliosa)*, ist nur im südlichen Jura, in den Vogesen und in den Südalpen, nicht aber in St. Gallen und Appenzell zu finden.

Das Federgras des Beuroner Donautales *(Stipa pennata)* wurde in der Pflanzengeographie lange Zeit als ein klarer Beweis eines Überbleibsels der Steppenzeit aufgefaßt und seine Einwanderung als eine pannonisch-pontische (sarmatische) gedeutet, aus den Steppen Ungarns und Südrußlands abgeleitet. Die eingehende Analyse dieser Albpflanze führte zu dem überraschenden Ergebnis, daß es sich nicht um eine östliche, sondern um eine westliche Einwanderung handelt, wie schon die Namen *Subspezies mediterannea varietas gallica* heute ohne weiteres belegen. Die Beziehung des Vorkommens der Pflanzen auf die Steppenzeit ist damit erledigt.

Die beiden hier vorgebrachten Beispiele zeigen, welch ungeheuere Bedeutung der Feststellung der sog. kleinen, aber erbkonstanten Varietäten innewohnt, wie durch die sorgfältigste Erfassung der Konstitutionen die scheinbar bestbegründeten lange vertretenen und interessanten Theorien zusammenbrechen.

Der Nachweis der Kugelerythrozyten trennt sofort die konstitutionell-hämolytische Anämie von der symptomatisch erworbenen. Die Erkennung des Schichtstars stellt mit Sicherheit eine Muskelatrophie zu der konstitutionellen atrophischen Myotonie.

So kann eine ganz besondere morphologische Eigenart sofort den Gedanken erwecken, diese Variation ist mutativ entstanden und andere Möglichkeiten liegen mindestens nur in weiter Ferne.

Früher hat F. W. Beneke[1] auf Grund genauer Messungen und Wagungen die Konstitution erfassen wollen; aber dieser Weg ist nicht gangbar. Man kann mit Größe und Gewicht die Funktion und das Konstitutionelle nicht erfassen.

e) Biologisch-funktionelle Prüfung.

Vielfach kann erst unter dem Einfluß äußerer Verhältnisse festgestellt werden, wie groß die Variabilität ist und welcher Genotypus vorliegt.

Die Abgrenzung des Formenkreises, ja selbst die Unterscheidung der beiden Froschlöffelarten *(Alisma Plantago aquatica* und *Alisma graminifolium)* konnte nur durch die Kulturverhältnisse unter den verschiedensten

[1] Beneke, F. W.: Größe und Gewicht als Maß der Konstitution. Marburg 1881.

äußeren Bedingungen von GLÜCK durchgeführt werden. Vorher war es nicht einmal möglich gewesen zwei grundverschiedene Arten stets in allen ihren Formen zu unterscheiden. Ähnliche Beispiele gibt es viele (s. auch RORIPA, S. 30f.).

In der menschlichen Pathologie ist es recht oft eine Infektion oder eine Intoxikation oder überhaupt eine Krankheit, die die konstitutionellen Verschiedenheiten aufdeckt. So erweist eine bei leichter Infektion unerwartet aufgetretene Myokardschädigung, daß von einem früheren Gelenkrheumatismus her der Herzmuskel bisher nicht erkannt geschädigt oder durch frühzeitige Gefäßerkrankung beeinträchtigt ist.

Ich habe gezeigt [1], in wie verschiedener Weise bei den Bleivergifteten die Symptome in ihrer Häufigkeit auftreten. Einzelne Krankheitszeichen wie Verstopfung betreffen fast alle Menschen in gleicher Weise, andere schwere Erscheinungen wie Radialislähmung kommen offenbar, gleiche Bleidosen zunächst vorausgesetzt, nur bei Disponierten vor. Wohl bekannt sind jene Beobachtungen, in denen trotz schwerster Gefährdung mit hohen Bleidosen in Akkumulatorenfabriken schwere Bleivergiftungserscheinungen erst nach vielen Jahren auftreten. Diese Fabriken haben es daher durchgesetzt, daß alle jene Arbeiter, die rasch, wenn auch in unbedeutender Weise, erkranken, definitiv entlassen und nie wieder eingestellt werden, weil ihre Konstitution dem Bleigifte gegenüber zu wenig Widerstand biete. Was als soziale Grausamkeit erscheinen könnte, ist hier ärztlich durchaus richtig und begründet.

Bekannt ist an den Kurorten der salinischen Wässer (Tarasp, Karlsbad), daß zwar die meisten Patienten beim Genuß der Quelle Durchfälle bekommen, daß aber andere mit Verstopfung reagieren.

Die konstitutionelle, aber hier konditionale Veränderung zeigt sich auch besonders deutlich beim Haften der Viridansinfektion auf dem Boden der alten, durch Polyarthritis entstandenen Herzklappenentzündung.

Der KOCHsche Grundversuch der Tuberkulose, daß ein bereits vorher mit Tuberkelbazillen infiziertes Tier auf die Superinfektion mit einem Geschwür, aber mit rascher Reinigung und Ausheilung des Ulkus reagiert, ist ein klares Beispiel. Es gehören daher in dieses Gebiet alle Zustände der Anaphylaxie.

Sehr interessant war der Versuch von FR. KRAUS, durch die Ermüdung als Maß der Konstitution [2] einen Einblick in die konstitutionellen Verhältnisse zu gewinnen. Leider kann dabei exogenes, konditionales kaum je ausgeschieden werden. Es dienen aber alle Funktionsproben für Niere, Magen, Herz usw. im Grunde dazu, die endogene oder exogene Bedingtheit einer Variabilität und deren Grad und Charakter aufzudecken.

---

[1] NAEGELI: Über den Wert der Symptome bei der Bleivergiftung. Festschrift für SAHLI 1913. Korresp.bl. Schweiz. Ärzte **1913**.

[2] KRAUS, FR.: Bibliotheca medica, 1897, Bd. I.

f) Prüfung durch Variationsstatistik.

In einem besonders schönen Beispiele hat HEINEKE an über 100 000 Messungen die Variationsbreite der Merkmale des Herings gezeigt, daß alle Rassen lokal konstant sind, daß jede Rasse sich durch die Summe der Merkmale charakterisiert, daß die Systematik bei der Lösung der Fragen auf diesem Gebiete nicht mehr ausreicht, daß aber die Erfassung der Variationsbreiten von 60 Merkmalen (Wirbelzahl, Kielschuppenzahl, relative Schädelbreite usw.) gelingt und jetzt die verschiedenen Rassen abgegrenzt werden können. Jede Rasse ist durch die sämtlichen Mittelwerte der Merkmale charakterisiert, und die Unterschiede sind um so größer, je weiter die Rassen geographisch entfernt sind. Jeder einzelne Hering gehört der Rasse an, die die große Mehrzahl der gefundenen Werte der Einzelmerkmale aufweist. Ich verweise auf die Arbeit von HEINEKE und auf S. 31 in dem Lehrbuch von GOLDSCHMIDT.

Die Variationsstatistik ergibt oft zwei- oder mehrgipflige Kurven. Dabei können äußere Faktoren mitspielen, z. B. Vorkommen von zwei im Lebensalter verschiedenen Generationen, Befallensein durch Krankheiten und Parasiten, verschiedene Ernährungsverhältnisse, geschlechtlicher Dimorphismus usw. Die Variabilitätsstatistik kann daher auch sehr auf Abwege führen und sie steht bei vielen Erblichkeitsforschern als nicht biologische Methode außer Kurs. Oft beruhen aber zweigipfilige Kurven auf zwei Arten, die sich transgredient überschneiden (s. S. 30f.).

g) Prüfung auf biologische Arten.

Bei niederen Lebewesen versagt vielfach die deskriptive Morphologie und erlaubt eine Trennung in Arten nicht mehr. Dies ist der Fall bei den Trichophytien und den 15 Arten von Brandpilzen. Es zeigt sich aber, daß die Arten durch die Kultur und durch das Biologische sehr wohl auseinander gehalten werden können. Viele Brandpilze gedeihen nur auf einer Nährpflanze und kommen auf verwandten Arten schon gar nicht mehr vor.

Dies ist auch bei den Knöllchenbakterien der Leguminosen der Fall. Sie bewohnen nur spezifische Arten und können nicht auf andere übergehen. Man hat daher gesagt, daß solche niedere Organismen den vom Menschen künstlich geschaffenen Artbegriff respektieren.

h) Prüfung auf nicht faßbare, nur aus biologischen Erscheinungen erkennbare Arten.

Nicht selten ist die *Spezies* als solche *gar nicht faßbar,* wir kennen sie nicht. Aber genau wie die Rostpilze verraten sie ihre spezifische Verschiedenheit durch eine spezifische Krankheitsäußerung. Hierher zählen die Erreger der akuten Exantheme. Wir kennen sie nicht, und doch haben wir im Laufe der Zeit durch die sorgfältige klinische Analyse ihre Ausdrucksformen, den Scharlach, die Masern, die Röteln, zu unterscheiden gelernt. Ich werde das gleiche für die *Variola vera* und *Variola nova* auseinandersetzen. Selbstverständlich gibt es unter gewissen äußeren Bedingungen immer noch einzelne Fälle, die zu Täuschungen Veranlassung geben können. Aber je ausgedehnter unser diagnostisches Rüstzeug geworden ist, desto sicherer können auch hier die zweifelhaften Fälle noch abgegrenzt werden. Ich erinnere hier an den Fortschritt, den die morphologische Hämatologie bei diesen Krankheiten gebracht hat: Scharlach: — Leukozytose und Eosinophilie, Masern: — Leukopenie und Verschwinden der Eosinophilen auf der Höhe des Leidens, Röteln = Plasmazellenvermehrung. Alles das sind charakteristische Zeichen der Einwirkung der spezifischen Noxe.

Die Unterscheidung *verschiedener Polyarthritiden* bereitet uns auch heute klinisch erhebliche Schwierigkeiten. Aber die Entdeckung der ASCHOFFschen Knötchen im Herzmuskel scheint uns mit Sicherheit die *Polyarthritis rheumatica* zu verbürgen. Man wird daher verstehen, welchen ungeheueren Wert der Kliniker auf das Auffinden spezifischer oder annähernd spezifischer Befunde legt.

i) Zwillingsforschung.

Eineiige Zwillinge [1] werden in der neueren Literatur sehr oft geprüft, um ein Urteil darüber zu erhalten, was endogene Veranlagung ist. Es ist überraschend zu sehen, daß in der menschlichen Pathologie offenkundig viel mehr von konstitutionellen Momenten abhängig ist, als man bisher geglaubt hatte. Ich selbst habe es erlebt, daß zwei Brüder (eineiige Zwillinge) die kruppöse Pneumonie in vollständig analoger Weise durchgemacht haben. Beide waren im rechten Unterlappen befallen, beide bekamen große pleuritische Exsudate, die bei beiden vereiterten, beide standen in größter Lebensgefahr und beide genasen. In den zeitlichen Verhältnissen bestanden die auffälligsten Übereinstimmungen, ebenso in der Puls- und Temperaturkurve. Die Literatur enthält sehr viel Wertvolles in dieser Beziehung und ich verweise besonders auf die Erörterung der Tuberkulose.

In kulturell hohem Milieu, das zu stärkerer psychischer Differenzierung Anlaß gibt, kann man nach den Forschungen von HANHART (mündliche Mitteilung) aber selbst bei eineiigen Zwillingen [2] erhebliche psychische Unterschiede feststellen.

---

[1] v. VERSCHUER: Die vererbungsbiologische Zwillingsforschung. Erg. inn. Med. **31** (1927) und Grundlegende Fragen der vererbungsbiologischen Zwillingsforschung. Münch. med. Wschr. **1925**, Nr 38, 1562.

[2] SIEMENS, H. H.: Zwillingspathologie. Berlin 1921. — WEITZ, W.: Studien an eineiigen Zwillingen. Z. klin. Med. **101**, H. 1/2 (1924). — v. VERSCHUER: Die Wirkung der Umwelt auf die anthropologischen Merkmale nach Untersuchungen an eineiigen Zwillingen. Arch. Rassenbiol. **17**, 149 (1925).

Kritiklose und falsche Bewertung der Variabilitäten.

Ohne jede naturwissenschaftliche Grundlage und ohne jede Berücksichtigung der naturwissenschaftlichen Erfahrungen über Variabilitäten ist man früher in der Medizin an das Konstitutionsproblem herangetreten[1]. Der Gedanke, es könnte sich um Mutation handeln oder um eine Sammelspezies, ist fast niemals aufgetaucht, und auch die Kombination durch Hybridisation wurde vielfach nicht berücksichtigt. Man urteilte rein gefühlsmäßig und wagte sich sofort an die allerschwierigsten Probleme, z. B. an die Frage, ob Gicht und Atherosklerose mit der exsudativen Diathese der Jugend in Beziehung ständen (s. S. 13).

Rein gefühlsmäßig hat man gewisse Beobachtungen als *wichtig*, andere als *unwichtig* bezeichnet, oder als *wesentlich* und *unwesentlich* voneinander getrennt. Die Frage: *nützlich* oder *schädlich (degenerativ)* spielte eine überragende Rolle, während doch gerade dieses letztere Problem — nützlich, schädlich — eine rein anthropozentrische Betrachtung darstellt, die heute von den Naturwissenschaften als Fragestellung überhaupt abgelehnt wird; denn die Natur steht jenseits von gut und böse. Auch das Vorkommen — *häufig* oder *selten* — hat eine überragende Rolle gespielt, und behält diese Rolle in den Darstellungen mancher Pathologen auch noch heute. So ist von JULIUS BAUER[2] das Seltene als das Abwegige, Abnorme und damit als das Degenerative bezeichnet worden. Wohin würde es führen, wenn der Zoologe oder der Botaniker die seltenen Varietäten einer Tier- oder Pflanzenart als die abnormen, als die degenerierten bezeichnen wollte? Für Häufigkeit oder Seltenheit kommen eine Unmenge von Faktoren in Betracht, die ganz außerhalb der Probleme der Konstitutionspathologie liegen.

Wir kennen eine Menge von endemischen Pflanzen und Tieren, die lediglich wegen Abgeschlossenheit des Areales anscheinend keine weitere Verbreitung gefunden haben, die aber an Ort und Stelle, wie das bei Endemismen geradezu die Regel darstellt, recht häufig vorkommen. So kommt *Linaria Capraia* auf der Insel Elba und der nahegelegenen Caprera recht reichlich vor, sonst aber nirgends in der Welt. In ganz gleicher Weise verhalten sich viele endemische Pflanzen von Sardinien und Korsika. Inseln enthalten oft sehr hohe Prozentsätze endemischer Arten. Kanaren 50%; St. Helena 61%; Neu-Seeland 71%; Sandwichinseln 74%; Westaustralien 80%.

Bei neuentstandenen Pflanzen erscheint es uns selbstverständlich, daß sie eine weite Verbreitung gar nicht haben können. So erstaunt es uns nicht, daß die erst seit wenigen Dezennien (s. S. 36) entdeckte *Ophrys bicolor* das Tal Elgg-Winterthur-Freienstein im Kanton Zürich noch nicht überschritten hat.

Auch die Fragestellung normal oder abnorm (pathologisch) ist an sich zunächst nicht eine biologische. JOHANNSEN erklärt, dieses Wort

[1] Der Vorwurf, den uns ERWIN BAUR macht, daß die Darstellungen über hereditäre Krankheiten in den Lehrbüchern der Medizin geradezu kläglich seien, ist leider nur zu berechtigt.

[2] Die konstitutionelle Disposition zu inneren Krankheiten. 3. Aufl. 1924.

normal gehöre kaum in ein biologisches Denken. Zu sehr knüpfen sich sofort teleologische Gesichtspunkte an. Sie waren einst in der Blütenbiologie enorm im Vordergrund und sind heute völlig als Irrwege erkannt.

Die Probleme: wichtig — unwichtig, wesentlich — unwesentlich bedeuten zunächst nichts anderes als rein menschliche Abschätzungsweisen ohne jeden wissenschaftlichen Hintergrund. So hat man früher bei den Fingerkräutern *(Potentilla)* die Behaarung als etwas Unwesentliches und Unwichtiges angesehen, bis die Kulturen (*Potentillarium* von Siegfried in Winterthur) gezeigt haben, daß sich in der Kultur die Größenverhältnisse, die Blütenfarbe, die Form und Gestalt der Blätter und vieles andere in unerwarteter Weise ändert, daß aber gerade die Behaarung als das Konstanteste und daher als das Wichtigste angesehen werden muß. Nie hat eine Pflanze die Art der Behaarung geändert, nie sind an Stelle der Sternhaare gewöhnliche Haare getreten. Während aber bei bestimmten Arten in den Kulturversuchen die Art der Behaarung eines der wesentlichsten, der charakteristischsten Merkmale darstellt, ist es in anderen Familien, z. B. bei den Hornkräutern *(Cerastium)* durchaus nicht so. Hier ist das Vorkommen von Drüsenhaaren oder gewöhnlichen Haaren etwas Veränderliches, nichts genotypisches, von keinem systematischen Wert, z. B. bei *Cerastium brachypetalum*.

Am meisten mache ich Front gegen die durchaus unwissenschaftliche Beurteilung von Abweichungen nach dem Gesichtspunkt: nützlich, schädlich. Ob in einer Familie gewisse Exostosen sich vererben oder nicht, ist in der aufgeworfenen Fragestellung vollkommen irrelevant. Ob Kamptodaktylie (angeborene Versteifung im ersten proximalen Fingergelenk des Kleinfingers) herrscht, spielt gewiß bei der Spezies Homo sapiens absolut keine Rolle. Ob das Ohr eine Darwinspitze besitzt, ob das Ohrläppchen angewachsen ist, hat weder Selektionswert, noch berührt es die Frage nützlich oder schädlich.

Wenn man die Chlorose als eine schädliche Störung und daher als eine Degeneration bezeichnen will, so kann man ja zunächst zugeben, daß das Vorkommen einer erheblichen Blutarmut selbstverständlich für das Individuum ungünstig ist. Wenn wir jetzt aber auf Grund sorgfältiger Studien den Nachweis erbringen können, daß die Chlorotischen einen kräftigeren Knochenbau, eine breitere und tiefere Brust und einen stärkeren Fettansatz besitzen, so verstehen wir, daß sie der Tuberkulose widerstandsfähiger gegenübertreten, und daß die Tuberkulose bei ihnen einen günstigen Verlauf nimmt.

Es geht also die Beurteilung lediglich auf Grund *einer* Einzelerscheinung nicht an. Wir werden den Europäer im Vergleich zum Neger nicht deswegen als degeneriert erklären wollen, weil der Kulturmensch schwere Karies der Zähne hat und der Neger nicht.

Wie soll man nun nach der aufgeworfenen Fragestellung: nützlich — schädlich urteilen? Es ist doch offenkundig, daß hier meist ein unwichtiges Nebengeleise betreten worden ist, das von der Erfassung der wichtigen Probleme nur ablenkt. Kinder unterscheiden in der Tier- und Pflanzenwelt nach den Begriffen: nützlich — schädlich und glauben die Tiere leicht in nützliche und schädliche einteilen zu können, von denen die letzteren sofort ausgerottet werden sollen. Die Wissenschaft hat schon manchmal in der Frage, ob dieses oder jenes Tier dem Menschen nützlich oder schädlich sei, ein ganz verschiedenes Urteil gefällt, und eine restlose Lösung des Problems wird es nicht geben.

In der menschlichen Pathologie hat man bis zum Weltkrieg das median gestellte Herz *(Tropfenherz)* als ein ganz besonders sicheres Zeichen einer schlechten, degenerativen Konstitution bezeichnet. Die Erfahrung, daß eine Menge Träger dieser Konstitution den allergrößten Strapazen jahrelang gewachsen waren, und die nachher festgestellte Tatsache, daß auch viele sehr bewährte Sportsleute ein Tropfenherz besitzen, hat unsere frühere Auffassung als unrichtig widerlegt.

Man spricht in der Medizin oft vom Status thymicolymphaticus. Er galt lange Jahre als das Prototyp einer ungünstigen degenerativen Aberration, und man hat viele plötzliche Todesfälle lediglich auf die Existenz dieser ,,Anomalie" zurückführen wollen. Heute hat sich die wissenschaftliche Auffassung ins Gegenteil gekehrt. Nach den Erfahrungen des Weltkrieges stellt der Status thymicolymphaticus den Ausdruck einer jugendlichen kräftigen und guternährten Konstitution dar.

Wäre früher der jugendliche Status thymicolymphaticus als das häufigste Vorkommnis entdeckt worden, so hätte man zweifellos das Gegenteil, das Fehlen einer stärkeren lymphatischen Hyperplasie als das Abwegige und Degenerative bezeichnet. Weil aber vor dem Weltkrieg die Sektionen jugendlicher Personen, die keinerlei Krankheit durchgemacht hatten, selten waren, so ist man aus diesem rein äußerlichen Umstand heraus zu einer Auffassung gekommen, die wir jetzt als eine verkehrte betrachten müssen. Dabei ist immer noch möglich, daß einzelne Fälle des Status thymicolymphaticus doch pathologisch sind und wir deren Differenzierung erst noch lernen müssen (s. S. 28).

Wichtig und wesentlich ist uns heute nach naturwissenschaftlichen Gesichtspunkten das *Vererbbare,* das, was sich über Generationen konstant erhält und einer genotypischen Anlage entspricht. Auf dem Boden der heutigen Auffassungen stehend, wissen wir, daß bei der geschlechtlichen Neubildung die Modifikation, das Exogene, abgeworfen und nur das im Keimplasma angelegte übertragen wird.

Es ist daher psychischer Infantilismus, wenn dem Problem nützlich — schädlich, wesentlich — unwesentlich eine größere Bedeutung beigelegt wird. Das Schicksal des Darwinismus, der gerade in diesen Problemen als Fragestellung gescheitert ist, weil so außerordentlich vieles gar keinen Selektionswert besitzt, dürfte zur Vorsicht mahnen. Die Beweisführung der Deszendenzlehre durch die Selektion, die DARWIN durchaus in den Vordergrund gesetzt hatte, ist von TSCHULOK[1] als methodologischer Fehler charakterisiert worden, der dem Ausbau der Evolutionslehre zwar geschadet, der sie aber nicht erschüttert hat. Die Evolution besteht völlig zu Recht. Ihre Verbindung mit der Selektionslehre aber war ein Fehler. Unzweifelhaft ist das Problem nützlich : schädlich für die *Genese* der Neuschöpfungen und damit für das Wichtigste, die Evolution, völlig ohne Belang. Berechtigt ist die Fragestellung unter dem Gesichtspunkt der Erhaltung der Art, z. B. der Lebensfähigkeit oder beim Menschen selbstverständlich unter dem Gesichtspunkt der Medizin. Das ist aber eine ganz andere Betrachtungsweise.

Manche Autoren haben gelegentlich die Meinung ausgesprochen, daß die Variabilitäten, denen wir heute gegenüberstehen, vielleicht doch nicht dauernde wären, und daß nach tausend Jahren ohne erkennbaren Grund der frühere Typus wieder zum Vorschein komme. Es würde sich daher nur um *Fluktuationen* handeln. Gegen diese Argumentation spricht die Paläontologie. Sie lehrt uns, daß im Laufe der Äonen immer und immer wieder neue Typen auftreten, die im Sinne der Deszendenzlehre aus den alten abgeleitet werden können. Hier sehen wir namentlich auch, wie in gewissen Zeiten ganz bestimmte Familien in ungeheurer Variabilität auftreten und später diese Variations- und Schöpfungsfähigkeit wieder gänzlich einbüßen. Ich habe auf die Tertiärzeit und das Auftreten der vielen Saurier und auf die Masse der Equisetaceenarten (Schachtelhalmgewächse) hingewiesen.

Auf exogene Einflüsse bilden die Arten Modifikationen, aber keineswegs, entgegen LENZ, jederzeit auch Mutationen. Mindestens fehlt dafür zur Zeit der Beweis.

In ganz analoger Weise zeigt die Embryologie als abgekürzte Phylogenie, daß eine *bestimmte Richtung der Entwicklung* vorhanden ist, die wir freilich in keiner Weise *erklären* können. Wir stellen nur die Tatsachen fest. So sehen wir bei den Wirbeltieren die ausgesprochene Tendenz zur Reduktion der Wirbelsäule, zur Verkümmerung der Zähne, zur allmählichen Reduktion des Thoraxskeletes. Auf der anderen Seite beobachten wir in klarer phylogenetischer Entwicklung die Ausbildung des Gehirns mit der Höherentwicklung der Lebewesen, z. B. auch die Verlegung der optischen Zentren in höhere Gehirnteile.

Derartige Entwicklungstendenzen auf äußere Einflüsse zurückzuführen, erscheint vollständig unmöglich. Wie sollte den mannigfachen ziellosen Einflüssen der Umwelt ein derartiger Plan zukommen können? Der Zoologe EIMER hat auf solche Entwicklungstendenzen der Natur und die Verfolgung eines Planes selbst bis zum Exzeß hingewiesen und als

[1] TSCHULOK: Deszendenzlehre. Jena: G. Fischer 1922.

Orthogenesis bezeichnet. Er verweist auf das Beispiel, daß in der Paläontologie gewisse Tiere in immer größeren Dimensionen sich entwickelten oder immer unzweckmäßigere Hörner bekamen, so daß diese Entwicklung die Fortexistenz der Art gefährden mußte und den Untergang herbeigeführt hat.

Einer der größten und schwersten Irrtümer heutiger medizinischer Betrachtungen des Konstitutionsproblems stellt die Auffassung dar, daß das Abwegige, Variable das *Degenerative* bedeute, und daß Variabilität einen degenerativen, pathologischen, für den Menschen krankhaften Charakter in sich trage. Dieser Auffassung kann nicht eingehend genug durch naturwissenschaftliche Betrachtungen jeder Boden entzogen werden. Das Gegenteil ist der Fall. In der Tier- und Pflanzenwelt sehen wir, daß alte, schon in grauer Vorzeit in Petrefakten nachgewiesene Arten, die heute noch leben, keine oder nur minime Variabilität aufweisen. Sie stellen starre Typen dar, die selbst auf die größten Einwirkungen der Umwelt unveränderlich bleiben und nicht einmal ökologische Variabilität verraten.

Die *Bärentraube (Arctostaphylos Uva ursi)* ist im Tertiär nachgewiesen. Wir finden sie heute in Menge in den Hochalpen und im hohen Norden, und sie zeigt in der schweizerischen Hochebene im Moränengebiet der letzten Vergletscherung in den Kantonen Zürich und Thurgau und im angrenzenden Oberbaden zahlreiche Kolonien. Die Pflanzen der höchsten Alpen, vom hohen Norden und der schweizerischen Hochebene (450 m) sind völlig isomorph. Wir kennen von der Art nicht die geringste Variabilität und nicht einmal ökologische Standortsformen.

Ganz analog verhält es sich mit der *Scheuchzeria*, einer Pflanze, die in früheren Zeiten außerordentlich häufig war und ganze Schichten des Torfes als *Scheuchzeria*-Torf gebildet hat. Daß die Pflanze ein alter Typus ist, überall im Rückgang und Aussterben begriffen, ist dem Botaniker gewiß. Auch hier zeigen die eingehendsten Untersuchungen nicht die geringste Variabilität. Die äußeren Umstände vermögen nicht einmal scheinbare Formen hervorzubringen. Niemand kann eine *Scheuchzeria*, die auf 1900 m Höhe in Arosa gewachsen ist, von einer anderen unterscheiden, die im Torfmoor der Ebene bei 420 m Meereshöhe oder im Norden Europas sich entwickelt hat.

Solche keinerlei Variabilität aufweisende Arten hat der italienische Biologe Rosa als degenerierte bezeichnet, also genau das entgegengesetzte zur Auffassung, daß das Abwegige das degenerative sei.

Diese Beispiele lassen sich weitgehend vermehren (Drachenbaum von Teneriffa, Hypnum trifarium, aussterbendes Moos der Torfmoore usw.). Demgegenüber steht die unerhörte Variabilität einzelner Pflanzen, die nach den paläontologischen Forschungen als neue Gattungen und Arten bezeichnet werden müssen. Ich brauche nur an die Gattungen

Rosa, *Rubus*, *Hieracium*[1], *Taraxacum* zu erinnern, die gewöhnlich wegen der kaum faßbaren Menge der Formen als crux et scandalum Botanicorum bezeichnet werden. Nur jahrzehntelange Beschäftigung mit diesen Gattungen gibt eine gewisse Gewähr für richtige systematische Beurteilung und Bearbeitung, und wir erleben es immer von neuem wieder, daß ein späterer Monograph nach den eingehendsten Forschungen die Systematik seines Vorgängers vollständig über den Haufen wirft und daran kaum mehr etwas Gutes gelten lassen will.

Die naturwissenschaftlichen Beobachtungen lehren also mit der denkbar größten Eindeutigkeit, daß *Variabilität einem Zeichen der Progression, der fortschreitenden Gestaltung von neuen Formen entspricht*, und *daß ihr jeder abnorme oder gar degenerative Charakter von vornherein abgesprochen werden muß*. Das ist eine Lehre, die sich die Medizin nicht eindringlich genug aus den Erfahrungen der Naturwissenschaften sagen lassen sollte. Wenn die Medizin dieser klaren Erkenntnis gegenüber sich verschließt, so kann sie sicher sein, auf Irrwegen zu wandeln.

Es gibt aber noch einen weiteren absolut sicheren Weg, das gleiche zu beweisen, und diesen Weg hat uns vor allem JOHANNSEN[2] gewiesen. Die oszillierende Variabilität (s. S. 25), für DARWIN der Ausgangspunkt der Neuentstehung der Arten, zeigt die Verteilung der Verschiedenheiten rein nach dem mathematischen GAUSSschen Fehlergesetz, Galtonkurve. Isoliert man die stärksten Plus- und Minusvarianten, so geben sie in der Nachkommenschaft stets wieder die gleiche Variabilität mit der überragenden Häufigkeit der Durchschnittswerte. Auch wenn die Kultur immer wieder die extremsten Plus- und Minusvarianten weiter züchtet, so bleibt die Galtonkurve erhalten. Die am stärksten vom Durchschnitt abweichenden Exemplare führen in der Deszendenz zu nichts neuem. Sie sind nur der Ausdruck einer der Art eigenen, endogenen, genotypischen, an sich beschränkten und nicht beliebig erweiterungsfähigen Variationsbreite oder sind durch Außenweltfaktoren entstanden. Biologisch wichtig oder wertvoll sind sie nicht.

Allgemeine klinische Gesichtspunkte der Konstitutionsforschung.

Wir können die Konstitutionen des Menschen nach einer ganzen Reihe von allgemeinen Gesichtspunkten beurteilen, die uns auch für rein praktische Zwecke vielfach von der allergrößten Bedeutung sind.

---

[1] Es ist freilich erwiesen, daß bei all diesen drei Genera auch Hybridisation eine enorme Bedeutung für die Variabilität besitzt. Das geht schon aus der bei Bastarden so häufigen Verkümmerung des Pollens in hohen Prozentsätzen hervor, die z. B. für *Rubus* schon dem Monographen FOCKE wohlbekannt war.

[2] JOHANNSEN: Elemente der exakten Erblichkeitslehre, 1926. 3. Aufl. – Allgemeine Vererbungslehre. In: BRUGSCH u. LEWY: Biologie der Person. Urban & Schwarzenberg 1926.

1. Ahnentafeln.

Die Untersuchung der Ahnen- oder Sippschaftstafeln ist heute von der größten praktischen Bedeutung geworden. Ich erwähne hier in erster Linie die Prüfung unserer Patienten mit hohem Blutdruck, ob diese Blutdrucksteigerung und deren Folgen als Apoplexien und Lähmungen in erster Linie auf endogene oder auf exogene, dann ganz besonders renale, Einflüsse zurückzuführen ist.

Wenn ich z. B. einen fraglichen Bleifall habe und in der Begutachtung das Problem aufgeworfen wird, ist die frühzeitig eintretende Apoplexie oder der frühzeitig, anfangs der 40er Jahre eintretende Sekundenherztod bei nachgewiesenem hohem Blutdruck auf chronische Bleiintoxikation zurückzuführen, so ist von einer wesentlichen Bedeutung nicht nur die ganze Untersuchung auf Zeichen der Bleivergiftung, die ja vielfach bereits wieder verschwunden sein können und bei Berufswechsel z. B. nicht mehr getroffen werden, sondern vor allem auch die Sippschaftstafel. Ist der Mann beispielsweise, wie in einem eigenen Gutachten, niemals wegen Bleivergiftung in ärztlicher Behandlung gestanden während 20 Jahren seiner Berufstätigkeit, hat man ferner erfahren, daß er auch nicht an einem der banalen und häufigsten Symptome der chronischen Vergiftung gelitten hat, der Verstopfung, und finde ich andererseits in der Familie wiederholt frühzeitig eingetretene Apoplexien oder bei direkten Untersuchungen, die natürlich das wichtigste sind, Blutdrucksteigerung als Ausdruck der Blutdruckkrankheit, so müßte man sich unbedingt gegen Bleivergiftung aussprechen.

Bei sehr vielen Nervenaffektionen ist heute bei dem Aufdecken kleiner Veränderungen, wie gewisser Tremorformen, ataktischer Störungen oder auffälliger Vasolabilität, gewissen Reflexabschwächungen usw. außerordentlich an das sehr zahlreiche Vorkommen von schwachen Manifestationsäußerungen einer Heredopathie zu denken, und die Diagnose, die sonst vollkommen unsicher bliebe, kann rasch sichergestellt werden durch die Untersuchung der Verwandtschaft. So gelingt es, schwach ausgesprochene Formen von Heredopathie des Nervensystems nach Bremer als Status dysraphicus zu beweisen und damit in die Syringomyelie einzugliedern, oder gewisse Anomalien der Fußhaltung, ähnlich dem Friedreichschen Fuß, aber ohne klare neurologische Befunde, im Sinne der Friedreichschen Krankheit doch in diese Gruppe hineinzuweisen.

Auch bei den Affektionen der Knochen und Gelenke kann man häufig geringe Normabweichungen ohne Erforschung der Verwandtschaft nicht mit Sicherheit beurteilen; desgleichen muß in zweifelhaften Frühfällen der Perniziosa, selbstverständlich durch die Untersuchung der Verwandtschaft und durch die Feststellung von Vererbung in den Ahnentafeln eine Frühdiagnose gesichert werden.

Gewisse Fälle von Nasenbluten, die fast das ganze Leben hindurch andauern und isolierte hämorrhagische Diathesen darstellen, können, wenn die Ahnentafel die Heredität und noch schwerere und allgemeinere Störungen ergibt, als OSLERsche Krankheit erkannt werden.

Ganz besonders wichtig ist auch die Prüfung von geringfügigen Veränderungen bei Hautkrankheiten geworden, wie das vor allem SIEMENS gezeigt hat, die nun an Hand einer Sippschaftstafel mit großer Wahrscheinlichkeit oder Gewißheit als abortive Formen von Heredopathien bewiesen werden können.

Bei der Prüfung auf Konduktorinnen, den weiblichen Überträgerinnen von Erbkrankheiten, weiß man, daß die Erscheinungen nur in außerordentlich geringfügiger Prägung zu erwarten sind, obwohl die Erkennung der Konduktorinnen praktisch von der größten Bedeutung sein kann. So gelingt es bereits heute, die Konduktorinnen der Hämophilie aus den geringen Abweichungen der Blutgerinnung und der Gerinnselbildung zu erkennen. Desgleichen wissen wir, daß die Konduktorinnen der RECKLINGHAUSENschen Krankheit nur ganz geringe ephelidenartige Hautveränderungen aufweisen, und daß auch bei einer anderen Hautkrankheit, der Keratitis follicularis spinulosa decalvans, die Überträgerinnen im weiblichen Geschlecht festgestellt werden können.

Abb. 17. 1. *Urtica pilulifera.* 2 Erstes Blattpaar eben in Entwicklung des Bastards *Urtica pilulifera* × *Dodartii* (*Urtica pilulifera* grob gezahnter Blattrand, *Dodartii* ganzrandig). Nur das erste Blattpaar des Bastards und auch nur ganz kurze Zeit hat vorn an der Spitze einen Zahn der Zähmung weniger. 3 Zweites Blattpaar des Bastards völlig gleich wie *Urtica pilulifera.* (Nach CORRENS, Sitzgsber. Akad. Wiss. Wien, Math.-naturwiss. Kl. **1918**, 221.)

Es unterliegt keinem Zweifel, daß durch die außerordentliche Verfeinerung der morphologischen Prüfungen noch auf anderen Gebieten die Konduktorinnen erkannt werden können.

Daß die Geringfügigkeit der Veränderungen in diesen Fällen prinzipiell hoch zu bewerten ist, belegt auch die Biologie in Zoologie und Botanik mit überzeugenden Beispielen. Ich verweise auf den Nesselbastard, bei dem das Fehlen eines einzigen kleinen Zahns am vordersten Ende des Blattes und nur im ersten Blattpaar und nur für ganz kurze Zeit der Entwicklung die Unreinheit und den Bastard enträtselt.

2. Zwillingsforschung.

Die Zwillingsforschung hat uns namentlich durch die Arbeiten von SIEMENS bei den Hautkrankheiten in der Erkennung der Konstitutionskrankheiten sehr gefördert; aber auch auf vielen anderen Gebieten ist ihr Wert für die Wissenschaft sehr bedeutsam geworden, vor allem durch die Forschungen auf dem Gebiete der Tuberkulose durch die Arbeit von DIEHL und v. VERSCHUER. So zeigten 37 erbgleiche Zwillinge 26mal konkordante Tuberkulose, dagegen 69 erbverschiedene nur 17mal ähnliches Verhalten. Der Körperbau und die Art des Brustkorbes erwies sich dabei als ohne größere Bedeutung. Die zeitlichen Verhältnisse im Auftreten waren sehr ähnlich, aber nicht völlig gleich, die Lokalisation ähnlich, aber gelegentlich auch als Spiegelbild.

Es sind jetzt auch zweimal mongoloide erbgleiche Zwillinge und perniziöse Anämie bei erbgleichen Zwillingen konstatiert worden.

In zweifelhaften Fällen würde man daher auch rein praktisch beim Vorliegen von erbgleichen Zwillingen für die Deutung gewisser Veränderungen mit großem Vorteil auch den zweiten Zwilling zur Untersuchung heranziehen.

3. Prüfung auf die Art des Vererbungstypus.

Es hat sich gezeigt, daß die dominant übertragenen Leiden in der Regel viel milder sind als die rezessiv übertragenen. Dafür gibt es zahlreiche Beispiele.

Bei der konstitutionellen hereditären Taubheit (Heredopathia acustica), die den Menschen und viele Tiere befällt, sind die dominanten Fälle milder, während die rezessiv übertragenen häufig auch mit Nystagmus und Retinitis pigmentosa verlaufen.

Bei der FRIEDREICHschen Krankheit sind 85% der Fälle rezessiv übertragen und schwer und nur 15% dominant und leicht.

Bei der Retinitis pigmentosa sind 95% rezessiv und sehr oft mit anderen schweren zerebralen Störungen verbunden. Die 5% der dominanten Übertragung zeigen das alles sehr viel seltener und viel schwächer.

Die Hemeralopie, rezessiv übertragen, ist stets mit Myopie verbunden, die dominant übertragene ohne Myopie.

Die Epidermolysis bullosa zeigt bei rezessiver Vererbung schwere Formen mit Dystrophien und Idiotie; bei dominant übertragenen fehlt das.

Die spastische spinale Paralyse ist relativ gutartig bei dominanter Vererbung (BREMER und SPECHT).

Bei diesen Verschiedenheiten des Erbgangs, ob rezessiv, dominant oder rezessiv geschlechtsgebunden, handelt es sich mit größter Wahrscheinlichkeit, wie das auch SIEMENS betont, im Prinzip um verschiedene Krankheiten, die sich aber in den Erscheinungen außerordentlich nahekommen.

4. Familiärer Typ der Erbkrankheiten.

Zu den interessantesten Erscheinungen gehört die bereits vielfach festgestellte Tatsache, daß gewisse Familien durchwegs familiär schwere und andere Familien durchwegs familiär leichte Erkrankungen haben. Am eindruckvollsten ist mir das bei der konstitutionellen Kugelzellenanämie vorgekommen, bei der in einer Zürcher Familie alle 4 Kinder mit schwersten Anämien, großer Milz und starkem Ikterus zur Welt gekommen und nach einigen Monaten auch gestorben sind. Bei einem fünften Kind bestand bei der Geburt der gleiche extrem bedrohliche Zustand. Es gelang mit aller Mühe, das Kind durchzubringen und dann im Alter von 4 Jahren durch die Milzentfernung einen ganz entscheidenden Umschwung herbeizuführen, so daß sich heute seit 2 Jahren das Kind in ausgezeichnetem Zustande befindet.

Viel häufiger sind Familien mit familiär leichtem Typus.

Bei der Hämophilie sind gewisse Familien sehr schwer befallen, mit vielen Todesfällen, und andere zeigen nur leichte Erscheinungen und weisen in einer beträchtlichen Zahl der Nachkommenschaft keinerlei Todesfälle auf.

Die Bothriozephalus-Perniziosa findet sich in den Ostseeländern nur im Verhältnis von 1:5000—10000 der Bothriozephalenträger; aber in einer Genfer Familie sind 3 Schwestern aufs schwerste erkrankt (vor der Zeit der Lebertherapie) und zwei gestorben.

Bei der Chlorose habe ich gleichfalls sehr verschiedenen familiären Typus getroffen.

Die GAUCHERsche Krankheit soll nach den Angaben von REISS (*66*/792) bei Japanern außerordentlich bösartig und mit Tod im 2., 6., 7. Jahr in einer Familie auftreten.

Bei der Tuberkulose ist es allen erfahrenen Ärzten durchaus geläufig, daß gewisse Familien zwar Dezennien lang krank sind, daß aber trotzdem kein Todesfall eintritt, während in anderen Fällen ohne ersichtliche äußere Ursachen der Verlauf durchwegs ein sehr schwerer ist (s. eigene Beobachtung, Abschnitt Tuberkulose).

Bei Knochenaffektionen, z. B. bei der Polydaktylie, gibt es typisch familiär schwere und ebenso typisch familiär leichte Heredopathien, desgleichen bei der Verbildung von Händen und Füßen als Heredopathie (VALENTIN).

Bei den Nervenkrankheiten sind derartige Verhältnisse recht häufig. ROMBOLD (*46*/109) hat einen familiär leichten Typ von Friedreich in einer großen Zahl von Fällen dargestellt.

Bei der RECKLINGHAUSENschen Krankheit ist dasselbe vielfach bekannt. Hier finden sich auch familiär ganz schwere Formen, so daß in der Beobachtung von STUWE und SCHEINER die Mutter und 3 ihrer 6 Kinder an Neurinom der Gehirnnerven unter dem Bilde des Hirntumors gestorben sind.

Bei der Dystrophia musculorum progressiva sind mehrfach diese Differenzen beschrieben worden.

Bei der amyotrophischen Lateralsklerose wird ausdrücklich (Handbuch BERGMANN-STAEHELIN) hervorgehoben, daß der hereditär familiäre Typ der Krankheit länger dauert. Auch bei der PIERRE MARIEschen zerebralen Ataxie hat DAWIDENKOW (*68*/396) auf besondere hereditäre Typen hingewiesen.

In sehr starkem Maße finden sich auch familiär leichte Typen bei der Syringomyelie als Status dysraphicus, und auch die atrophische Myotonie zeigt familiär leichtere und familiär schwerere Fälle. Das gleiche gilt nach den Erfahrungen der Otologie für die Otosklerose und nach SIEMENS für die Ichthyosis congenita. Er unterscheidet hier drei verschiedene, erblich konstante familiäre Typen, hebt aber hervor, daß sie richtiger als besondere Arten bei uneinheitlicher Sammelart aufgefaßt werden müßten.

Auch für normale Verhältnisse sieht man gelegentlich familiäre Typen, z. B. Klimacterium praecox ohne Ausfallserscheinungen in Generationen bei bestimmten Familien.

Familiärer Typ der Syphilis ist von SCHOCH [1] beschrieben.

Die starke Variabilität der Mutanten kennt auch die Naturwissenschaft, so TIMOFEEFF-RESOVSKY, und er sagt, daß die starke Variabilität durch das genotypische Milieu mit seinen Einflüssen auf die Gene bedingt sei.

Es zeigt sich auch bei der Darstellung familiärer Typen, daß manchmal offenbar Sammelarten vorliegen, die wir noch nicht auseinanderhalten konnen, die aber doch große Erbkonstanz besitzen. Wir wagen es aber kaum, wieder von einer neuen Heredopathie zu reden, genau wie wir in Zoologie und Botanik und in der Anthropologie von Rassen und kleinen Varietäten reden, weil uns die Fülle der Formen erdrückend vorkommt. Prinzipiell müssen wir aber ohne weiteres gestehen, daß die Gründe für die Annahme konstitutionell fester Typen viel stärker sind als für bloß banale Schwankungen der Manifestation.

5. Rasse und Konstitution.

Da die verschiedenen Rassen verschiedene Gene besitzen, wenn natürlich auch die einander nahverwandten Rassen in bezug auf viele Gene identisch sind, so müssen Rassenunterschiede in den Mutationen und in den Erbkrankheiten zum Vorschein kommen. Diese Verhältnisse werden aber naturgemäß stark verwischt, wenn, wie auf größten Gebieten der Erde, im Laufe der Jahrhunderte starke Rassenmischung stattgefunden hat. Immerhin ist der Genomsatz der Rassen auch heute in vielen Beziehungen noch so deutlich verschieden, daß sowohl unter physiologischen wie unter pathologischen Verhältnissen wesentliche Unterschiede herausgeholt werden können.

[1] SCHOCH: Dermat. Wschr. **80** (1925).

Eugen Fischer schreibt, daß man in der Drosophilaforschung sofort von einer neuen Rasse spreche, wenn nur ein einziges neues Gen vorhanden ist. Prinzipiell ist das natürlich richtig, praktisch ist aber diese Definition naturgemäß auf höhere Lebewesen nicht anwendbar. Der Begriff Rasse ist daher bis zu einem gewissen Grade Konventionssache.

Auch bei den Tieren gibt es unter dem gleichen Phänotypus Rassenunterschiede in den verschiedensten Richtungen, z. B. beschreibt Webster (*72*/236; *69*/347) in seinen Studien über die Infektion in Mäusedörfern, daß in bezug auf Resistenz gegenüber Krankheiten große Unterschiede hervortreten und er spricht von weitgehender erblicher Differenz der Resistenz bei den Mäusen. Es war nicht schwer, Mäusestämme zu züchten, die gegenüber bestimmten Erregern 95% und andere, die nur 5% Mortalität aufgewiesen haben. Diese Beobachtungen sind äußerst lehrreich und zeigen, daß bei Tierversuchen eine unbewußte Selektion eintreten kann, indem „Rassen" herangezüchtet werden, die gegenüber dem gewöhnlichen Stamm in bezug auf manche Eigenschaften sehr verschieden sind, namentlich gegenüber Infektionen. Leo Loeb (*66*/289) findet die individuellen Unterschiede der Ratten bei Inzucht in 66 Generationen durchaus konstant.

Das in 100% überimpfbare Karzinom der deutschen Mäuse geht bei englischen Mäusen nicht an. Bei den Ratten gibt es den sog. Wistarstamm, der natürlichen Schutz gegen die als Parasiten im Darm enorm häufigen Bartonellen insofern aufweist, als bei diesem Stamm trotz Milzentfernung eine Bartonellenanämie nicht zustande kommt. Erst mit doppelseitiger Nebennierenentfernung ist die Resistenz des Wistarstammes gegenüber den Bartonellen so vermindert, daß nun die Infektion angeht.

Von Bedeutung sind die von Benedict ermittelten Unterschiede der Rassen im Grundumsatz. Die Juponindianer haben gegenüber der Norm einen Grundumsatz von —17%, die Malaien von —16%, die Australneger von —14%, die Chinesen in Boston von —9%, die Yukatanindianer aber von +5,8%, und dabei besteht hier noch ein Geschlechtsunterschied, indem die Männer +33% gegenüber den Frauen aufweisen.

Die Sichelzellenanämie ist fast nur bei Negern in Amerika und bei Mulatten gefunden, in letzter Zeit auch bei einer Familie, die aus Kalabrien eingewandert ist und die Sichelzellen in drei Generationen aufweist. Hier muß aber, wie bei manchen amerikanischen Fällen, daran gedacht werden, daß auch in dieser Kalabresersippe bei der langen Besetzung von Unteritalien durch die Araber Negerblut hineingekommen ist. Natürlich ist die polytope Entstehung auch möglich, und sie würde uns sofort überzeugend erscheinen, wenn einmal bei Norwegern, die das Land nie verlassen hatten, Sichelzellen beobachtet werden könnten.

Die Gauchersche Krankheit kommt fast ausschließlich bei Ostjuden vor, desgleichen die Niemann-Picksche Krankheit und die Tay-Sachssche Krankheit, wobei die beiden letzteren öfters zusammen vorkommen.

Es ist aber (*71*/614) bekanntgegeben worden, daß beim Auftreten der GAUCHERschen Krankheit schon im Säuglingsalter es sich ausschließlich um Arier handelt.

Die konstitutionelle familiäre infantile Polyzythämie ist bis jetzt ausschließlich im badischen Wiesental beobachtet worden.

Von den Thrombopathien gibt es sicherlich eine ganze Reihe von Formen, die durch das verschiedene Verhalten der Blutplättchen, und zwar in morphologischer und funktioneller Hinsicht und durch die Gerinnungsphänomene auseinandergehalten werden können. Hierher gehören die Thrombasthenien von GLANZMANN, die besondere Thrombopathie von WILLEBRAND und JÜRGENS mit einem Massenzentrum auf den Aalandsinseln und einigen Familien im anliegenden Finnland. Es zählt hierher auch eine neuerdings in Leipzig festgestellte familiäre gleichartige Affektion. Andere Formen sind von HESS in Bremen und von mir in Zürich festgestellt worden.

Abb. 18. Sichelzellen bei Sichelzellenanämie.

Die THOMSENsche Myotonie ist im nördlichen Europa durchaus nicht selten, scheint nach meinen Feststellungen in Süddeutschland und in der Schweiz ganz zu fehlen, während in diesen Gegenden dann die atrophische Myotonie außerordentlich verbreitet ist.

Bei der Hämophilie müssen gleichfalls geographisch getrennte Herde angenommen werden. Sämtliche Bluter von Tenna sind auf ein Ehepaar zurückzuführen, das im Jahre 1669 die Ehe eingegangen hat. Es erscheint gänzlich unmöglich, daß etwa die in Heidelberg studierten Nachkommen der Familie Mampel irgendwelche Beziehungen mit dem einsamen Bergdorf in Graubünden haben sollten. Auch an manchen anderen Orten sind wohl sicher polytop Hämophilien aufgetreten und haben sich dann weiter vererbt.

Für die Chlorose nehme ich nach eigenen eingehenden Studien mit Bestimmtheit an, daß sie geographisch stark lokalisiert ist. Gegenüber den zahlreichen Fällen in Württemberg, wo Erbkrankheiten ja so überaus häufig vorkommen, nimmt sich die Zahl der Fälle in der Schweiz als sehr bescheiden aus; siehe im übrigen Abschnitt Chlorose S. 60f.

Bei den Affektionen des Nervensystems (s. S. 60f.) kommen manche Affektionen lokal gehäuft vor. Es gibt sogar viele, von denen man, wenigstens bis heute, nur wenige Familien kennt. Hierher gehört zum

Beispiel die eigenartige, genau studierte Heredopathie von WERTHEMANN, ferner die torsionsdystonische Heredopathie (OPPENHEIM), bis jetzt nur bei Ostjuden.

Es darf als sicher vorausgesetzt werden, daß ein Studium von Urvölkern in Afrika, Asien oder Amerika noch ganz neue und eigenartige Heredopathien ergäbe. Eine besondere Neigung, an Tuberkulose zu erkranken, kommt sicherlich heute gewissen Völkern zu. Die Ursachen sind aber kompliziert, s. Abschnitt Tuberkulose.

Sehr bekannt ist das sehr häufige Vorkommen des Diabetes bei den Juden und der Thrombangitis obliterans fast nur bei Juden.

6. Blutgruppen und Vererbung.

Da die Blutgruppen vererbbar sind, erscheint der Gedanke nicht abwegig, es könnten bestimmte Krankheiten auch an bestimmte Blutgruppen, ausschließlich oder doch in überwiegender Mehrzahl, gebunden sein. Darüber liegen schon viele Untersuchungen vor, ohne daß bisher für eine einzige Krankheit eine spezielle Beziehung zu einer bestimmten Blutgruppe erwiesen wäre. Zwar tauchen von Zeit zu Zeit bestimmt lautende Angaben auf, z. B. von HORSTER, es sei die Perniziosa häufiger bei der Blutgruppe A als dem Durchschnitt der Bevölkerung entspricht. Jedoch liegen hier nur kleine Zahlen vor, denen eine überzeugende Kraft nicht innewohnen kann, und durch das Studium an einem viel größeren Material ist ZÜNDEL zu abweichenden Ergebnissen gekommen.

7. Körperbautypen und Konstitutionsfragen.

Seitdem es überhaupt eine Konstitutionsauffassung der Krankheiten gibt, also seit HIPPOKRATES, ist die Tendenz, Krankheiten auf besondere Körperbautypen zurückzuführen, ausgesprochen und im Volke auch heute überall geläufig. Es war immer auffällig, wie die leptosome Körperbauform zu schwerer tödlicher Tuberkulose eine größere Beziehung hat als der pyknische Habitus, und wir stehen auch heute noch weitgehend unter dem Einfluß dieser Erfahrung. Die Beurteilung eines Menschen nach seiner äußeren Erscheinung ist aber naturgemäß mit vielen Fehlern verbunden; denn noch viel wichtiger als die äußere Form dürfte wohl das gesamte Verhalten der inneren Organe sein. Sie aber sind uns selbst unter der Röntgenuntersuchung nach rein morphologischen Gesichtspunkten zur Beurteilung nicht genügend zugänglich. Nur in einem Falle dürfte die Betrachtungsweise nach der Körperbauform von Wichtigkeit sein, und zwar wenn bestimmte Körperbautypen gekoppelt sich vererbten mit bestimmten psychischen Konstitutionen und Konstitutionsanlagen. Das ist nach allem, was wir heute wissen, der Fall. KRETSCHMER hat in genialer künstlerischer Erfassung gezeigt, daß der leptosome (asthenische) Wuchs mit großer Tendenz zu Schizoid und Schizophrenie verbunden ist, während der pyknische Bau die Tendenz zu zyklothymen und manisch-depressiven Reaktionsformen aufweist. Das gilt nicht nur für eigentliche Psychosen, sondern wie KRETSCHMER in seinen Büchern „Körperbau und Charakter" und „Geniale Menschen" gezeigt hat, auch in außerordentlich weitgehender Weise für völlig normale Charaktereigenschaften.

Daneben noch einen Typus dysplasticus anzunehmen, erscheint mindestens heute noch nicht genügend begründet. Bei den dysplastischen Störungen liegen, wenn sie das Zentralnervensystem betreffen — ich möchte sagen fast selbstverständlich — noch weitere Anomalien oder Heredopathien vor; aber ich kann mich nicht überzeugen, daß bei leichteren Dysplasien mehr gefunden wird, als was man nach der Wahrscheinlichkeit erwarten müßte.

Es gibt eine ganze Menge von Körperbautypen, die etwas Besonderes für die menschliche Konstitution darstellen sollen, so die Typen von SIGAUD in der französischen, von VIOLA und von PENDE in der italienischen Literatur; aber ich kann mich nicht davon überzeugen, daß beim Studium dieser Auffassungen mehr herausgekommen ist als bei der vorläufig am besten gesicherten Körperbauform, die in dem Antagonismus leptosom und pyknisch gipfelt.

In früherer Zeit hat BENECKE durch genaue Wägungen der Organe bestimmte Typisierungen durchführen wollen. Weil aber das Funktionelle sicherlich viel wichtiger ist als das in Zahlen erfaßbare Morphologische, so ist bei dieser Prüfung nichts entscheidendes herausgekommen.

Der pathologische Anatom SALTYKOW hat durch äußerst sorgfältige anthropologische Untersuchungen an der Leiche 14 Konstitutionstypen aufgestellt, asthenische, grazile, fibröse, pyknische, adipöse, lymphatische und deren Mischungen, aber wenigstens bis zur Stunde ist auch auf diesem Wege wohl kaum schon wichtiges hervorgegangen.

In wiederum anderer Weise prüfen die beiden JAENSCH nach psychologischen Methoden besondere Reaktionsformen des Menschen und unterscheiden tetanoide Übererregbare und Basedowoide mit mehr schizoidem Einschlag, und auch durch Kapillarmikroskopie wollen sie diese Typen faßbarer gestalten. Andererseits hat B. ASCHNER durch die Differenzierungen nach dem Pigmentgehalt versucht, bestimmte Konstitutionstypen zu erfassen; aber ich glaube, auch hier liegt bis zur Stunde kein größerer Erfolg vor.

Im allgemeinen ist es ohne weiteres klar, daß so starke Abstraktionen wie Körperbautypen und andere Typisierungen den Menschen in seiner Ganzheit nicht genügend erfassen können; daher gehen moderne Strömungen dahin, durch Funktionsproben der Leber, durch Bilirubinkurven, durch Zuckerbelastungskurven, durch Prüfung auf endogene Harnsäure, weitere Typen abzuspalten.

Für den Leptosomen ist, wie schon gesagt, die Beziehung zu progressiver Tuberkulose fast allgemein zugegeben, nach CURTIUS auch die Beziehung zur größeren Häufigkeit der multiplen Sklerose und dann auch zu Hypotonien; der Pykniker dagegen, früher gewöhnlich als Arthritiker bezeichnet, soll häufiger Blutdruckkrankheit, Leberzirrhosen, Fettsucht, Gicht und aortitische Prozesse bekommen. Aber alle diese Angaben sind noch nicht genügend belegt, und nicht selten finden sich ganz entgegengesetzte Angaben in der Literatur.

Der frühere STILLERsche Habitus ist so gut wie identisch mit dem leptosomen. Frühere Autoren hielten den Habitus schon für Krankheit, was gänzlich verkehrt ist, und erklärten, z. B. wie MÖBIUS, Atonie + Ptosis + Dyspepsie + Neurasthenie alles als eine einzige Krankheit.

Während beispielsweise die Asthmatiker früher mit dem pyknischen Habitus verbunden wurden, stellt sie OTFRIED MÜLLER viel stärker zu dem leptosomen, und auch für die Gichtiker wird im Gegensatz zu JULIUS BAUER von manchen leptosomer Körperbau als das häufigere angenommen.

Man sieht nur, wie schwer die Erfassung dieser Zustände ist, und wieviel auf diesem Gebiet durch sorgfältige Analyse noch geschehen muß.

Eine besondere Stellung nimmt der Thorax piriformis von WENCKEBACH ein. Es ist das der Thorax mit Kyphose in der untersten Halswirbel- und obersten Brustwirbelpartie, so daß in diesen Teilen der Brustkorb außerordentlich tief ausfällt und dann andererseits sich auffällig verengt in den untersten Thoraxabschnitten. Derartige Zustände sind wohl fast ausschließlich exogen bedingt. Daß sie zu bestimmten Emphysemformen führen, darf man ohne weiteres erwarten, daß sie auch für Herz und Gefäße schwierige Verhältnisse schaffen, desgleichen.

8. Die Geschlechtskonstitution von Bedeutung für Krankheiten.

Die weibliche Maus ist nach den Forschungen von ADBERHALDEN gegenüber Alkohol resistenter.

In den Studien von BENEDICT über den Basalstoffwechsel bei verschiedenen Rassen zeigt sich, daß die Yukatanindianer bei den Männern einen um 33% gesteigerten Basalstoffwechsel aufweisen.

Bei geschlechtsgebunden oder geschlechtsbegrenzt vererbten Krankheiten ist es selbstverständlich, daß das männliche oder das weibliche Geschlecht ganz dominierend befallen wird. Das altbekannte Beispiel dieser Art betrifft die Hämophilie; aber wir wissen heute, daß die Konduktorinnen prinzipiell nicht vollkommen normal sind, sondern die Krankheit in sehr schwach ausgesprochenem Grade besitzen. Sie sind prinzipiell auch krank. Siehe darüber Abschnitt Hämophilie.

Das gleiche wissen wir von der Keratosis follicularis spinulosa decalvans (S. 68), bei der alle Frauen krank sind, bei den Männern aber minimale Veränderungen gleichsinniger Art auftreten.

Die Chlorose befällt nach meinen dezennienlangen Studien ausschließlich Frauen. Es gibt keinen einzigen irgendwie gesicherten Literaturfall einer männlichen Chlorose (s. NAEGELI[1]).

Bei dem großen Symptomenkomplex der Heredopathien des Thrombozytensystems ist der Anteil der Frauen außerordentlich viel größer, eine Tatsache, die schon sehr lange bekannt ist, und die in den letzten Jahren von allen Seiten her wieder bestätigt werden könnte. Es ist möglich, daß der Prozentsatz der Frauen 90 beträgt gegenüber 10 der Männer; doch liegen genaue Forschungen noch nicht vor, und das Krankheitsbild ist zu polymorph, als daß man gleichmäßige Verhältnisse stets vor sich hätte.

Bei solchen Beobachtungen denkt man natürlich an eine Beeinflussung der Blutungsbereitschaft durch die weiblichen Keimdrüsen und es ist auch bei den Thrombopathien der spezielle Einfluß der Pubertät und der Klimax sehr oft als besonderer Faktor hervorgehoben worden. Das schließt natürlich exogene Faktoren, wie bei vielen anderen Krankheiten mit konstitutionellen Grundlagen, in gar keiner Weise aus.

Die Mitralstenosen sind beim weiblichen Geschlecht, namentlich ohne ätiologische Beteiligung von Rheumatismus verus und Scharlach 2—3mal häufiger als beim männlichen. Das ist in der Literatur öfters zitiert und stimmt vollständig auch mit den Erfahrungen meiner Klinik überein (mehr als dreimal mehr).

Das weibliche Geschlecht ist etwas stärker vom Kropf befallen, worüber heute außerordentlich zuverlässige systematische Untersuchungen in Kropfendemiegebieten und in anliegenden kropffreien Gegenden von DIETERLE und EUGSTER[2] existieren. In jeder Ortschaft ist das Befallensein der Frauen deutlich höher, und die Differenzen machen in dieser Studie ganz gesetzmäßige, gleichmäßige Größen aus. Auch beim Kropfproblem spielt sicher ein exogener Faktor die Hauptrolle und ist die Geschlechtskonstitution viel geringer beteiligt, aber doch mit jeder Sicherheit nachweisbar.

Das Bronchuskarzinom ist sehr viel häufiger bei Männern, höchstwahrscheinlich auch wegen exogener Faktoren, die wir aber nicht genügend übersehen.

9. Alter und Konstitution.

Der sehr große Einfluß des Lebensalters für die Ansiedlung, Entwicklung und Gefährlichkeit bestimmter Krankheiten ist ärztliches

[1] NAEGELI: Blutkrankheiten, 1931. 5. Aufl.
[2] DIETERLE u. EUGSTER: Arch. f. Hyg. **111** (1933).

Wissen, das auf die ältesten Zeiten der Medizin zurückreicht. Desgleichen ist bekannt, daß Heredopathien häufig in bestimmten Altersperioden auftreten, vor allem zur Zeit der Pubertät.

Vor 100 Jahren war es besonders der berühmte Kliniker OSIANDER, der mit größtem Nachdruck hervorhob, jede Entwicklungsperiode ist mit einer besonderen Disposition verbunden.

In diesen Fragen spielen selbstverständlich gewisse Evolutionen des Menschen, die vor allem auf das stärkere oder geringere Eingreifen innersekretorischer Organe zurückzuführen sind, eine besondere Rolle. So gilt von jeher das Gebundensein der Chlorose in ihrem ersten Auftreten an die Pubertätszeit als etwas gesichertes, und ich bin der vollen Überzeugung, daß eine Anämie niemals als Chlorose angesprochen werden darf, die schon in der ersten Kindeszeit beginnt. Dagegen ist es durchaus nicht selten, daß die erste Pubertätschlorose nicht gerade sehr auffällig ist und nicht zur Behandlung kommt, so daß wir erst später sog. Spätchlorosen oder verschleppte Chlorosen vor uns sehen, bei denen nur eine sorgfältige, kritische Anamnese und eine genaueste Analyse aller Verhältnisse des Befundes und der Konstitution zu einer gesicherten Diagnose führen kann.

Im Kindesalter spielen konstitutionelle Momente eine ganz große Rolle, z. B. auf Infekte, auf Ernährung, auf Flüssigkeitszufuhr, wie das alles später gar nicht mehr der Fall ist. Erbgleiche Zwillinge zeigen bei banalen Infekten der frühesten Kindheit gleiche Temperatur-, Puls- und Leukozytenkurven. Auch das periodische Erkranken mit Azetonurie ist fast nur dem frühen Kindesalter eigen. Nie findet es sich nach der Pubertät.

Störungen der Evolution verraten sich vielfach durch ungewöhnlichen Fettansatz oder Zurückbleiben im Wachstum, oder in allerlei gewöhnlich als trophisch bezeichneten Äußerungen, und beruhen wohl in der Mehrzahl der Fälle auf nicht rechtzeitigem Einsetzen in der Entwicklung innersekretorischer Organe. Ein sehr bekanntes Beispiel dieser Art ist die gelegentlich ganz ungewöhnliche Adipositas vor der Pubertät, die mit dem Einsetzen einer stärkeren hormonalen Tätigkeit der Keimdrüsen in auffallender Weise und oft in relativ kurzer Zeit restlos verschwinden kann.

Mit der Evolution der menschlichen Konstitution treten auch psychische Erscheinungen außerordentlich klar in den Vordergrund, ganz besonders zur Zeit der Pubertät und des Klimakteriums. Es gibt hier konstitutionelle Varianten in dem Eintreten dieser Lebensabschnitte, die gelegentlich auch familiär vererbt getroffen werden. Doch liegen keineswegs genügend zuverlässige Arbeiten vor, namentlich nicht in bezug auf größere Zahlenverhältnisse. KRETSCHMER betont solche Lebensphasen der geistigen Einstellung ganz besonders, so die Pubertätsgebundenheit der lyrischen Dichtung.

Wenn ich jetzt versuche, nach den Altersverhältnissen eine kleine Übersicht der Krankheiten zu geben, so weiß man, daß eigentliche lobäre Pneumonien im ersten halben Lebensjahr nicht vorkommen, auch in den folgenden 2—3 Jahren noch recht selten sind, Verhältnisse, die heute vor allem auf das Fehlen allergischer Reaktionen bei den Erstinfektionen zurückgeführt werden.

Die Osteomyelitis des Kindesalters wird nach Aufhören des Knochenwachstums sehr viel seltener.

Nur im Kindesalter kommt die Mikrosporie und endotriche Trichophytie vor, wofür bisher eine Erklärung nicht gefunden ist.

Die NIEMANN-PICKsche Krankheit ist ein Leiden, das nur in den ersten Lebensjahren bis etwa zum 5. beobachtet wird, aber offenkundig deswegen später nicht vorkommt, weil die schwere Störung mit einem längeren Leben nicht vereinbar ist. Anders verhält sich in dieser Hinsicht die nahe verwandte GAUCHERsche Krankheit, die in der Regel später getroffen wird. Es erscheint aber durchaus wahrscheinlich und kann heute durch Knochenmarkspunktion bewiesen werden, daß diese Affektion früh einsetzt und sich sehr allmählich weiter entwickelt und dann in der Regel erst in wesentlich späteren Jahren zur Beobachtung kommt.

Die exsudative Diathese des Kindesalters, häufig mit dem Status lymphaticus als einer besonderen Steigerung verbunden, hört mit der Pubertät ganz auf oder ändert wenigstens in ihren Erscheinungen derartig, daß man ganz neuen Verhältnissen sich gegenübergestellt sieht. Das kindliche Asthma, das zu dieser Gruppe jedenfalls ganz enge Beziehungen hat, hört vielfach mit der Pubertät auf. Wenn dies nicht der Fall ist, dann bleibt das Asthma auch für die spätere Zeit, und mindestens noch für Dezennien, bestehen.

Außerordentlich widerstandsfähig ist das Vasomotorenzentrum im Kindesalter, so daß bei Infektionen die zentrale Vasomotorenlähmung so gut wie nie vorkommt, sondern erst nach der Pubertät.

Eine ganz ausgesprochene Affektion des Kindesalters ist die Chorea infectiosa. Während z. B. nach den Feststellungen von BESSAU von der Leipziger Kinderklinik auf Rheumatismus verus mehr als ein Drittel der Kinder mit Chorea reagiert, habe ich auf meiner Klinik in den letzten 12 Jahren auf 680 Fälle von Gelenkrheumatismus keine einzige Chorea, und nicht einmal die geringsten Andeutungen von choreatischen Reaktionen gesehen. Die Veranlagung zu Chorea infectiosa hört ungefähr mit dem 17. Lebensjahr auf. Die wohl ins gleiche Gebiet zählende Chorea gravidarum findet sich vor allem bei jungen Frauen und ist extrem selten. Bei beiden Affektionen dürfte es sich darum handeln, daß gewisse striäre Koordinationen bei Jugendlichen nicht so hoch entwickelt sind wie nach dem 20. Lebensjahr. Eine andere Erklärung will mir nicht einleuchten. Namentlich wäre unverständlich, daß, wenn es sich um Infektionsprozesse handelte, typische Chorea später nicht vorkäme.

Das Drüsenfieber (lymphatische Reaktion), das so häufig bei anginösen Prozessen, aber auch ohne solche, gefunden wird und mit fabelhafter lymphatischer Hyperplasie und mit stürmischer Neubildung von pathologischen Lymphozyten einhergeht, findet sich ausschließlich in der Jugend bis zum 30. Jahr und nicht später.

Der Primärherd der Tuberkulose entwickelt sich schon in frühester Kindheit, aber auch in der späteren Zeit; dagegen sehen wir nur ganz extrem selten Kindertuberkulosen, die den Verhältnissen des Erwachsenen einigermaßen nahekommen. Wiederum ist hier die gewöhnliche Erklärung, daß allergische Zustände noch nicht vorhanden sind, und daher

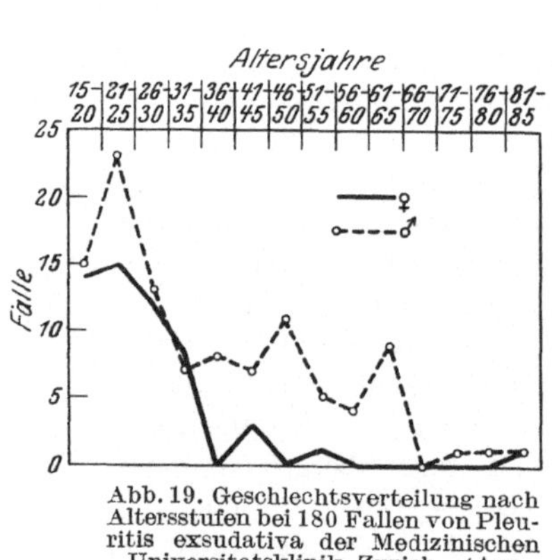

Abb. 19. Geschlechtsverteilung nach Altersstufen bei 180 Fallen von Pleuritis exsudativa der Medizinischen Universitatsklinik Zurich. (Aus GSELL, Beitr. Klin. Tbc. Bd. 75, 1933.)

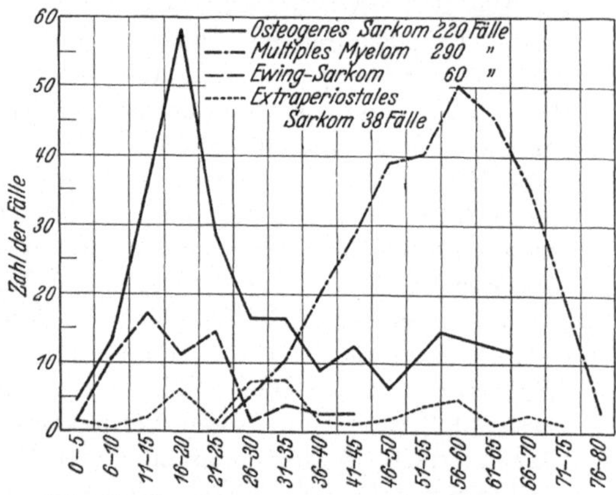

Abb. 20. (Aus SCHINZ, Lehrbuch der Röntgendiagnostik, 3. Aufl. Leipzig: Georg Thieme 1932.)

das Kindesalter andere Formen der Tuberkulose bieten müsse. Ich glaube aber doch, daß es sich niemals ausschließlich nur um Allergiedifferenzen handelt, sondern daß das Problem höchstwahrscheinlich noch viel verwickelter ist.

Die Miliartuberkulose zeigt Häufungen zwischen dem 1. und 3. Lebensjahre, dann zwischen dem 20. und 30. und wieder zwischen dem 50. und 70. (UEHLINGER[1]). Das Schulalter ist fast verschont. Vom 30. Lebensjahr an neigt die große Mehrzahl tuberkulöser Herde immer mehr zur Ausheilung (NAEGELI, 1900). Siehe eingehender Abschnitt Tuberkulose.

Wir sprechen von Pubertätstuberkulosen, um die besondere Reaktionsart des Organismus in dieser Zeit des Lebens zu charakterisieren. Dabei handelt es sich nicht um starre Formen, sondern in der Biologie sind schon überwiegend häufige Erscheinungen als etwas Besonderes zu bewerten.

Die Pleuritis tuberculosa ist eine Reaktion, die mit ihrer maximalen Kurve ganz in die Jahre 15—25 hineinfällt (s. Kurve S. 118). Auch die Erfahrungen der SCHOTTMÜLLERschen Klinik haben das genau gleiche Verhalten in bezug auf Lebensalter ergeben.

[1] UEHLINGER: Schweiz. med. Wschr. **1933**, 1150.

Die Pleuritis purulenta ist im Kindesalter bei Pneumonie außerordentlich häufig. Sie nimmt gegen die 20er Jahre in der Zahl stark ab. Das postpneumonische Empyem ist nach den Erfahrungen unserer Klinik (GSELL *61*/46) nach dem 30. Lebensjahr selten und findet sich so gut wie ausschließlich nur noch bei Geschwächten, d. h. bei zuvor in ihrer Resistenz Geschädigten (vor allem durch Alkoholismus, Diabetes, Lues, Schwangerschaft, Unterernährung). Auch diese Erscheinung ist von außerordentlicher Auffälligkeit.

Das Ewingsarkom ist eine Erkrankung (s. Abb. 20), die fast nur zwischen dem 10. und 15. Lebensjahr vorkommt, während die osteogenen Sarkome in ihrer Häufigkeitskurve sich etwas anders verhalten(s. Abb. 20). Die Mischtumoren der Niere treffen wir in den ersten Lebensjahren mit Gipfel im dritten Jahre; die Nierentumoren, die vom eigentlichen Nierengewebe ausgehen, zeigen ihr Maximum zwischen 50 und 70 Jahren.

Die Orchitis bei Parotitis epidemica ist eine ausgesuchte Affektion der Pubertät, und die Reaktionen bei solchen Patienten sind oft von überraschender Ähnlichkeit. Ich zeige in meiner Klinik die Fieber-, Puls- und Leukozytenkurven von 5 Soldaten, alle im 20. Lebensjahr, alle aus der gleichen Rekrutenschule, alle unter der völlig gleichen Ernährung, von denen 4 ein vollständig konkordantes Verhalten gezeigt haben, während ein fünfter sich etwas anders verhielt.

Die HEINE-MEDINsche Krankheit verläuft in der Jugend deutlich anders als bei Erwachsenen. BREMER (*67*/541) hat das ganz besonders hervorgehoben und gezeigt, daß beim Erwachsenen das präparalytische Stadium länger dauert, daß meningitische Vorstadien ausgesprochener sind, daß die Lähmung allmählicher und nicht schlagartig, sogar in Schüben einsetzt und daß die Serumbehandlung auch bei etwas späterer Anwendung noch Erfolge gibt, während sie bei Kindern nur in den allerersten Frühstadien wirksam zu sein scheint.

Die vegetative Stigmatisation mit asthmoiden Erscheinungen, Magenstörungen, Hyperazidität, spastischer Obstipation, Akrozyanose, ist nach der Pubertät weitaus am ausgesprochensten und häufigsten und nimmt nach dem 30. Jahre fast immer erheblich ab oder verschwindet ganz. Darmspasmen (Cordon iliaque) und spastische Obstipation nach dem 60. Lebensjahr noch auf vegetative Stigmatisation, besonders wenn sie früher nicht *sehr* ausgesprochen vorhanden gewesen, zurückführen zu wollen, führt in der Mehrzahl der Fälle zu schweren Fehldiagnosen. Sehr häufig liegen dann abdominale Karzinome vor, meist mit Fernwirkungen auf den Darm, aber auch Magen-, Kolon-, Sigma-Karzinome, die jetzt die Darmirritationen (Spasmen, Krämpfe, Verstopfung, Durchfall) herbeiführen.

Eine Reihe von Nervenkrankheiten treten im Anschluß an die Pubertät auf, wenn auch in einzelnen Familien noch besondere Verhältnisse hinzukommen. Vor allem gilt das für die multiple Sklerose. Für das

Kindesalter existiert kein einwandfreier sicherer Fall (Prof. FEER bestätigt mir das). Die frühesten Erkrankungen habe ich mit dem 17. Lebensjahre einsetzen gesehen. Um das 20. Jahr herum ist gewöhnlich die Häufung, aber bis zum 40. Lebensjahr können noch Krankheitsfälle erstmalig auftreten. Ich glaube aber, daß es mindestens zu den allergrößten Seltenheiten gehört, wenn multiple Sklerose erst nach dem 40. Lebensjahr beginnt. Jedesmal, wenn mir von Ärzten eine solche Annahme gemacht worden ist, konnte ich zeigen, daß es sich um leichte Vorstadien bereits in früheren Lebensaltern gehandelt hat, und wenn diese Krankheit erst im 50. Lebensjahr begonnen haben sollte, dann liegen fast ausnahmslos Fehldiagnosen vor und hat es sich meistens um multiple kleine apoplektiforme Insulte gehandelt.

Auch die Muskeldystrophien treten überwiegend häufig nach der Pubertät auf, und das gleiche gilt für eine große Zahl von FRIEDREICHschen Erkrankungen.

Eine spät auftretende Heredopathie ist die HUNTINGTONsche Chorea, meist erst nach dem 40. Lebensjahr, und ähnlich scheinen sich auch andere striäre Affektionen zu verhalten.

Die Paralysis agitans wird erst vom 50. Lebensjahr an häufiger. Immerhin sind doch Fälle der 40er Jahre nicht so selten. Es gibt aber auch besondere familiäre, der Paralysis agitans außerordentlich ähnliche Erkrankungen, die schon ganz wesentlich früher einsetzen. Hier scheint es sich aber unbedingt, schon wegen der Häufung in den Familien, die in diesem Ausmaße sonst nicht vorkommt, um eine besondere Affektion zu handeln.

Die Blutdruckkrankheit wird erst vom 40. Altersjahr an häufiger, ist aber doch auch in den 30er Jahren und mitunter auch früher schon vorhanden. Wir müssen eben auch hier bedenken, daß exogene Faktoren unter Umständen die Krankheit früher realisieren, obwohl man ja heute gerade exogenen Faktoren eine geringe Bedeutung beizulegen pflegt.

Die perniziöse Anämie kommt in der früheren Kindheit nicht vor. Ich habe die Weltliteratur immer und immer darauf hin geprüft. Die früheste gesicherte Beobachtung betrifft ein achtjähriges Kind (eigene Beobachtung). Selbstverständlich wird an manchen Orten eine andere Auffassung vertreten; aber wir stellen heute an die Diagnose ganz andere Anforderungen als früher, und diese absolut berechtigten Anforderungen sind bei den Publikationen über Perniziosa im Kindesalter sonst nicht erfüllt. In den 20er und 30er Jahren ist die Perniziosa noch selten, vom 40. Lebensjahr an wird sie dann häufiger, und sie erreicht tatsächlich ihren Gipfelpunkt der Häufigkeit wohl in den 60er Jahren. Ich habe aber selbst im 86. Lebensjahr noch Auftreten der Perniziosa gesehen, ohne daß sich, allerdings nur nach der Anamnese, Anhaltspunkte für einen früheren Beginn in diesem Falle ergeben hätten.

Die Bevorzugung des vorgerückteren und späteren Lebensalters für das Karzinom ist zu bekannt, als daß ich darüber mich stärker auslassen müßte.

Zu den ganz spät auftretenden Krankheiten gehört das Myelom (s. Kurve S. 118). Es zeigt ein außerordentlich auffälliges Verhalten. Die Zellen, die Myelome entstehen lassen, sind ja sonst auch im jugendlicher Alter keineswegs selten, sondern reichlich genug vorhanden. Es dürfte außerordentlich schwer sein, die hoch charakteristische Alterskurve des Myeloms in überzeugender Weise zu begründen.

Dem Arzt geläufig ist auch die je nach dem Lebensalter verschiedene Empfindlichkeit gegenüber Medikamenten. Kleine Kinder dürfen nie mit Opium behandelt werden. Sie sind diesem Mittel gegenüber sehr empfindlich. Atropin wird meistens nach dem 40. Lebensjahr nicht mehr gut ertragen, und zwar nicht nur wegen der jetzt leicht verständlichen Akkommodationsstörung, sondern auch allgemein. Greise sind nicht selten gegenüber Morphium hoch empfindlich, und so gibt es noch viele andere Medikamente, die in der Jugend gut, später schlecht ertragen werden und umgekehrt.

Etwas besonders Auffälliges ist die Tatsache, daß gewisse, in der Jugend auftretende Krankheiten zwar später nicht verschwunden sind, aber doch außerordentlich gemildert in allen Erscheinungen sich äußern. Bei der Osteogenesis imperfecta hört mit der Adoleszenz die Knochenbrüchigkeit ganz auf, und bei der Hämophilie ist in der ganz großen Mehrzahl der Fälle die schwer stillbare Blutung nach Verletzungen nach Erreichen des 30. Lebensjahres nicht mehr vorhanden, eine Tatsache, die für die Prognosenstellung recht bedeutsam ist. Auch viele Psychoneurosen, in der Jugend oft enorm ausgesprochen, expressiv, mit hysterischen Reaktionen blassen im Laufe der Zeit fast immer ab. Die Prognose der kindlichen „Hysterie" ist nach den Nachforschungen über das weitere Schicksal der Kranken ganz außerordentlich günstig, vor allem wenigstens im Hinblick auf hysterische Reaktionen.

10. Verdrängung einer Krankheit durch eine andere.

Ein besonders interessantes und gelegentlich Aufsehen erregendes Ereignis ist es, wenn eine Krankheit durch eine andere verdrängt wird. Seit langen Jahren weiß man, daß Infektionen, besonders zufälliges Erysipel, bei malignen Tumoren, vor allem Sarkomen, aber auch Karzinomen einen starken Rückgang der Geschwulstbildungen und angeblich gelegentlich auch ein vollkommenes Verschwinden herbeiführen können. Schon vor 40 Jahren ist auf solche Verhältnisse hingewiesen worden; aber die therapeutische Ausnützung hat eigentlich immer versagt. Eine Zusammenstellung der Literaturfälle solcher Verdrängungen von malignen Tumoren durch Infektionen, speziell Erysipel, findet sich bei HENSCHEN[1].

[1] HENSCHEN: Schweiz. med. Wschr. **1931**, 441.

In der Dermatologie sind analoge Beobachtungen ab und zu bekanntgegeben worden. Ganz besonders basiert ja auf diesem Prinzip die Malaria — Recurrens — Sokodu-Behandlung der Paralyse und anderer metaluetischer Affektionen. KLEMPERER hat ein auffälliges Verschwinden einer sehr schweren Psoriasis während einer Malariakur bekanntgegeben.

Zum Teil beruhen anscheinend günstige Ergebnisse auf dem vernichtenden Einfluß sehr hoher Temperaturen gegenüber den Erregern, wie man das namentlich bei gonorrhoischen Affektionen annimmt, so daß diese selbst hoch fieberhafte gonorrhoische Komplikationen wie Arthritis zur Ausheilung bringen.

Neurodermitis und Asthma, die aber vielfach auf gleicher Basis entstanden sind, zeigen in einem Teil der Fälle antagonistisches Verhalten, so daß durch einen Asthmaanfall die Neurodermitis verschwindet und umgekehrt. Bei Asthma sind überhaupt Verdrängungen durch andere Krankheiten mitunter recht auffällig. Ich beobachtete bei schwerstem Asthma die völlige Verdrängung mit dem Einsetzen einer starken Gicht.

Die Nephrosen werden gar nicht ganz selten durch Infekte vollkommen zum Verschwinden gebracht (B. ASCHNER, LUBARSCH u. a.).

Bei der Angina pectoris weiß man, daß sie ganz gewöhnlich verschwindet, wenn eigentliche kardiale Insuffizienz hinzukommt. Eine sichere Erklärung ist nicht leicht zu geben. Diabetes insipidus ist nach B. ASCHNER durch eine Dysenterie in einer Beobachtung zur dauernden Heilung gekommen. Die hohen Werte des Blutdruckes bei der Blutdruckkrankheit pflegen bei fieberhaften Affektionen in der großen Mehrzahl der Fälle bedeutend abzusinken; jedoch handelt es sich hier offenkundig lediglich um den temporären Rückgang eines Symptoms, wie etwa auch bei kardialer Insuffizienz.

Beim Diabetes mellitus sah UMBER (*64*/39) in einem mittelschweren Falle eine ganz außerordentliche Besserung durch eine Pneumonie. Geradezu häufig wird der Diabetes durch Tuberkulose verdrängt; aber auch in diesem Falle ist die Erklärung durchaus nicht schwer; denn durch die zweite Krankheit leidet der Appetit und vor allem die Resorption und die Ernährung, und es ist dann eigentlich ganz dasselbe, wie wenn eine starke Reduktion der Ernährung beim Diabetes durchgeführt worden wäre.

Schwere Migräne verschwindet ab und zu nach organischen oder fieberhaften Erkrankungen. In eigener Beobachtung ist die Migräne zur Zeit ausgesprochener starker Anämie bei einer Perniziosa für Monate verschwunden, aber mit dem Lebererfolg von neuem aufgetreten.

Auch bei psychischen Krankheiten kennt man seit langem die Verdrängung durch Infektionskrankheiten, Diabetes, Gicht und andere Affektionen (z. B. LANGE, Dtsch. med. Wschr. 1932).

Für Perniziosa ist die so gut wie völlige Verdrängung des Blutbildes mehrfach beschrieben (s. NAEGELI [1]), ganz besonders wenn ein Karzinom (Beobachtung von WEINBERG) aufgetreten ist oder durch Tuberkulose und kardiale Insuffizienz (von mir mehrfach über lange Zeit beobachtet), so daß jede Therapie vor der Leberära gegen die Perniziosa nicht mehr nötig gewesen ist. In diesem Falle könnte die Atemnot und die dadurch eintretende Anregung der Erythropoese einen starken Stimulus auf das Knochenmark ausgeübt haben. Es ist die Verdrängung der Perniziosa durch andere Krankheiten besonders interessant, weil es sich um einen erheblichen konstitutionellen Faktor bei der Perniziosa handelt. Für das Verständnis dieser Verhältnisse ist wohl die Bothriozephalusperniziosa (S. 166) als bestes Beispiel heranzuziehen. In der großen Mehrzahl der Fälle heilt nach Abtreiben des Wurms die Perniziosa, weil der Realisationsfaktor beseitigt ist; aber in den Beobachtungen von SCHAUMAN ist in 12 auf 72 Fälle zum Teil, nach langen Jahren, eine kryptogenetische tödliche Perniziosa aufgetreten, wodurch es klar erwiesen ist, daß in solchen Fällen endogenes und exogenes zusammen erst die Krankheit manifest werden läßt.

Für die Leukämien ist die oft vollständige Verdrängung einer Myelosis durch unzählige namentlich infektiöse Krankheiten längst bekannt (siehe mein Lehrbuch) und oft außerordentlich ausgesprochen. Hier muß diejenige Komponente, die die Hyperaktivität des myeloischen Gewebes herbeiführt, temporär völlig zurückgetreten sein. Es verschwinden auch ganz große Hyperplasien der Milz, Leber usw. unter Umständen ganz; aber ausnahmslos kehrt nach kürzerer oder längerer Zeit die leukämische Reaktion wieder zurück.

Etwas anders verhalten sich die Lymphadenosen, bei denen das leukämische Blutbild fast niemals vollständig verschwindet, sondern nur quantitativ gemildert wird.

Das Studium dieser Verdrängungen einer Krankheit durch eine andere bietet besondere Einblicke bei jenen Leiden, bei denen ein konstitutioneller Faktor eine erhebliche Rolle spielt. Gerade wenn der Realisationsfaktor beseitigt werden kann, verstehen wir die temporäre oder die dauernde Heilung, aber die oben erwähnten Erfahrungen der Bothriozephalusanämie belegen aufs klarste die Tatsache, daß damit noch nichts entscheidendes gegen die konstitutionelle Veranlagung erreicht ist und eine solche trotz dieser Wunderkuren gleichwohl bestehen kann.

11. Krankheiten, die experimentell nicht erzeugbar sind, zum Teil beim Tier nicht vorkommen und daher als Konstitutionskrankheiten verdächtig sein müssen.

Vielfach habe ich betont, daß exogene Momente als Realisationsfaktoren erst eine konstitutionelle Veranlagung deutlich machen. Es

[1] NAEGELI: Blutkrankheiten. 5. Aufl. 1931.

ist daher zweifellos vieles konstitutionell verborgen und kommt im ganzen Leben nicht zum Ausdruck. Gar manches aber ist bisher als rein exogen entstanden gedeutet worden und hat doch einen gewissen konstitutionellen Faktor. Auf diesen letzteren Gedanken wird man aber erst recht kommen, wenn exogene Faktoren in keinem richtigen Verhältnis stehen zu der Schwere einer entstehenden Krankheit, wenn z. B. Bothriozephalus nur in 1 : 5000—10000 der Träger Anämie erzeugt, oder wenn alle möglichen exogenen Faktoren, welche an sich sonst wenig krankheitsauslösend sind, doch zu einem schweren Bilde führen. Besonders wird man bei sehr seltenen Affektionen mit ganz unsicherer Beeinflussung oder Erzeugung durch exogene Faktoren an Konstitutionelles denken, oder wenn die Krankheit experimentell überhaupt nicht auslösbar ist und an sich beim Tier nie vorkommt.

Nie experimentell erzeugbar sind perniziöse Anämie, Chlorose, Kugelzellen-, Ovalozyten- und Sichelzellenanämie, Marmorknochenaffektionen, eine außerordentlich große Zahl der konstitutionellen Nervenkrankheiten, wie sie S. 60 f. eingehend geschildert worden sind. So kann man niemals Syringomyelie, Friedreich, multiple Sklerose, Pseudosklerose usw. erzeugen.

Nicht experimentell zu erhalten sind ferner die Speicherungskrankheiten Gaucher und Niemann-Pick, die der Perniziosa eigene regelmäßige Übersegmentation der Neutrophilen, die PELGERsche Zweikernigkeit der gleichen Neutrophilen, während ähnliche, aber trennbare Phänotypen beider Arten sonst exogen oft vorkommen.

Vielfach ist versucht worden, durch schwere Blutgifte zusammen mit Infektion Perniziosa zu erzeugen. Dies ist nie gelungen, und Perniziosa kommt eben beim Tier nicht vor. Die sog. perniziöse Anämie der Pferde (ZSCHOKKE) oder der Ratten (LAUDA) sind durchaus verschiedene Krankheiten, die mit der BIERMERschen rein gar nichts zu tun haben.

Bei der Leukämie wird heute die experimentelle Entstehung beim Tier mehrfach behauptet; sichere Beweise liegen aber noch nicht vor. Übrigens liegt hier ein Unterschied darin, daß Leukämien bei vielen Tieren beobachtet werden können.

Viele Affektionen der Ophthalmologie, Otiatrie und Dermatologie sind niemals experimentell erzeugbar, was in zweifelhaften Fällen eben dann auch auf diesen Gebieten für endogene Entstehung oder doch mindestens für ein sehr starkes Gewicht des endogenen Faktors sprechen muß. Auch wenn es experimentell beim Tiere manchmal gelingt, anscheinend eine bestimmte, mindestens teilweise durch Konstitutionsfaktoren entstandene Krankheit zu erzeugen, so ist immerhin noch die Frage sehr zu prüfen, ob der entstandene Phänotyp sich vollkommen mit dem in der menschlichen Pathologie vorkommenden deckt. Wir lernen durch sorgfältige Differenzierungen immer mehr bestimmte Unterschiede erkennen und die Phänotypen trennen.

Konstitutionsfragen bei Infektionskrankheiten.

In den letzten Jahren sind vier große Seuchenzüge über Europa gezogen, die zum Teil außerordentliches Aufsehen bei den Laien und bei den Ärzten hervorgerufen haben. Man denkt sofort an die großen Epidemien der *Grippe* vom Jahre 1918 mit den Nachzüglern der folgenden Jahre und an die Schlafkrankheit *(Encephalitis epidemica).* Diesen beiden furchtbaren Krankheiten möchte ich den Seuchenzug einer dritten Affektion an die Seite stellen, diesmal eine gutartige Erkrankung, die *neue Pockenart,* die zwischen 1921 und 1925 in der Schweiz in mehreren Tausenden von Fällen aufgetreten ist, endlich die bösartige Diphtherie von 1926—1931.

Bei dem pandemischen Auftreten der Grippe über die ganze Welt kann man nicht wohl annehmen, daß an bestimmten Orten nur besonders Disponierte erkrankt und gestorben wären. Dem widersprechen die unten gegebenen epidemiologischen Daten. Dagegen muß in erster Linie an eine starke Variabilität des Grippeerregers gedacht werden.

Da wir aber den Erreger nicht kennen (der PFEIFFERsche Bazillus kommt meines Erachtens nicht ernstlich in Frage) und wir auch die Krankheit in ihren leichten Fällen von infektiösen, oft epidemischen Katarrhen der Luftwege nicht mit Sicherheit abgrenzen können, so wird das ganze Problem der Variabilität bei der Grippeepidemie auf eine unsichere Basis gestellt, dies um so mehr, als die große Seuche in den späteren Jahren in vieler Beziehung mehr und mehr ihren Charakter verlor, so daß es ungemein schwer hielt, nach den Jahren 1924 und 1925 mit Gewißheit einzelne isolierte Fälle noch als Grippe anzusprechen und erst die Epidemien seit 1927 wieder unverkennbare Grippemerkmale aufwiesen. Das Charakteristische der ersten Grippeepidemie des Jahres 1918 zerrann unter unseren Händen.

Was ist aber nun das Charakteristische der beginnenden Epidemie 1918 gewesen?

1. Ich würde an erster Stelle setzen das *pandemische Auftreten,* die Überflutung der Spitäler mit einer neuen Krankheit, die ja gewiß mit der Influenza des Jahres 1889 und der folgenden Jahre sehr nahe Beziehungen hatte, die aber doch in wesentlichen Punkten sich unterschied. Darauf komme ich später zu sprechen. Auch die in den folgenden Jahren auftretenden Züge der Seuche verliefen epidemisch, wenn auch längst nicht mehr so stark und so gefährlich.

2. Als charakteristisch dürfen wir ferner hinstellen die heftigen *Entzündungen des Respirationstraktus,* die Rachenrötung, die tiefe Rötung der Schleimhäute der Luftwege (Trachea und Bronchien), die bei den Autopsien ein ungewöhnlich tiefes Sammetrot oft mit Hämorrhagien aufgewiesen haben, deren klinischer Ausdruck der anhaltende, heftige Hustenreiz dargestellt hat.

3. Aus diesen Grippebronchitiden entwickelten sich in einer auffällig hohen Zahl der Erkrankungen die *Grippepneumonien,* mit *ausgedehntem Knistern* über den befallenen Lungenteilen und mit *blutigem Sputum;* bei der Sektion zeigte sich eine Pneumonie mit oft *tiefrotem, fast schwarzem Aussehen* der Herde, eine Erscheinung, die

4. den *ausgesprochenen hämorrhagischen Charakter aller grippösen Entzündungen* widergespiegelt hat. Diesen Charakter ließen auch die Otitiden und viele andere Komplikationen nicht vermissen. Dabei sind andere hämorrhagische Otitiden außer den grippösen so gut wie unbekannt.

5. Ganz wesentlich erscheint ferner die ungewöhnlich starke *Neigung zu nekrotischen Prozessen,* zu Infektion der Pleuren, zur Bildung *lehmfarbiger Exsudate,* zu schweren nekrotischen Zerstörungen gewisser Lungenteile mit sog. bunter Pneumonie und Gefäßnekrosen, die sonst bei Pneumonie extrem selten sind.

Dieser nekrotische Prozeß scheint mir, soweit das überhaupt beurteilt werden kann, nicht von der Mischinfektion abhängig zu sein, sondern zum Wesen der 1918er Grippeaffektion zu gehören. Ich werde aber darauf zurückkommen.

6. Die Bewegung der *Leukozytenkurve* war bei der Grippe hoch charakteristisch: Ausgesprochene Tendenz zu *Leukopenie,* aber Leukozytose bei den nicht absolut ungünstigen, also noch Abwehrreaktionen aufweisenden Pneumonien. Die Leukopenie steht in vollem Widerspruch zu den gewöhnlichen Kokkenerkrankungen der Luftwege und Lunge und ist für die Eigenart des Prozesses der Grippe beweisend.

Die bei Pneumonien dann in der Regel auftretende Leukozytose kann nicht als Gegenmoment verwendet werden; denn jetzt sind Mischinfektionen mit Erregern ganz regelmäßig, die an sich Leukozytose hervorrufen. Vielleicht sind aber doch noch andere biologische Momente bei dieser Leukozytose im Spiel, vor allem der stark exsudative Charakter der Pneumonien.

7. Bei den schweren Fällen schon vom ersten Tage ab, bevor von Mischinfektion wohl irgendwie die Rede sein konnte, *Auftreten schwerer pathologischer Veränderungen an den Kernen der neutrophilen Blutzellen* und besonders auch an der *Granulation,* so daß oft die ganz infauste Prognose vom ersten Tage an aus dem Blutbilde mit hoher Wahrscheinlichkeit gestellt werden konnte.

8. Auffällig *starke Neigung zu zentraler Vasomotorenlähmung* mit Kollaps und enorme Empfindlichkeit gegenüber Temperatur herabsetzenden Medikamenten, abgesehen von den ersten Tagen. Eine meiner Kranken bekam am 7. Krankheitstag auf 0,5 Aspirin einen Temperatursturz von 40,5 auf 36,0 und in einer halben Stunde darauf wieder Anstieg auf 41,0, unter größter Lebensgefahr durch akuten Kollaps. Tod

24 Stunden später. Die schwere Vasomotorenlähmung brachte daher bei der Epidemie von 1918 fast ständige Kollapsgefahr.

9. Erschreckend *hohe Mortalität besonders unter den kräftigsten Menschen* der jüngeren Lebensklassen, im stärksten Gegensatz zu 1889/90. Die Todesfälle entsprachen fast ausnahmslos dem Bilde der schweren Vasomotorenlähmung und nicht einer Herzlähmung.

Die Koffein- und Kamphermedikation hat immer und immer wieder bei ununterbrochener Anwendung den durch Vasomotorenlähmung drohenden Tod hinausziehen können. Eine ganze Anzahl längst völlig verloren geglaubter Patienten hat sich so tagelang mit einer Vita minima rein durch die ärztliche Stimulation durchgeschlagen und ist schließlich noch genesen. Es ist eine völlige Verkennung der Tatsachen, wenn behauptet worden ist, die ärztliche Wissenschaft hätte bei der Grippe versagt. Ohne unsere Arzneimittel und ohne sorgfältigste ärztliche Überwachung der Organfunktionen wären die Todesopfer noch viel zahlreicher geworden.

10. In den ersten Zügen der Epidemie *enorme Schweiße,* so daß man unter den Betten oft große Wasserlachen traf, eine Erscheinung, die schon 1919 kaum mehr gesehen und später völlig vermißt wurde.

11. *Grippezunge,* mit stark geröteten Rändern bei weißem Zungenbelag, der charakteristisch nur im Hochsommer 1918 bei uns gesehen werden konnte, siehe die Abbildung in der Arbeit meines damaligen Assistenzarztes SCHINZ [1].

Es traten aber im Laufe der Zeit nicht nur die zwei zuletzt genannten Zeichen zurück, sondern auch die vorher erwähnten büßten mehr und mehr von ihrem Charakteristischen ein, die hämorrhagische Diathese trat mehr und mehr in den Hintergrund, der nekrotisierende Prozeß der Lunge wurde nur noch vereinzelt und in geringem Umfange als kleine Lungenherde gesehen, der Husten war längst kein so qualvoller und andauernder mehr.

Vor allem aber nahm der bösartige Charakter der Epidemie mit der Zeit wesentlich ab; die schweren Zustände extremer Vasomotorenlähmung zeigten sich nicht mehr oft, die enorme Empfindlichkeit gegenüber Aspirin und anderen temperaturherabsetzenden Mitteln war nicht mehr zu befürchten, die Mortalität sank beträchtlich, aber warum sie sank, das kann ich nicht sagen; allerdings war jetzt die Diagnose Grippe vielfach unsicher und verschwommen geworden. Von allen Autoren wurde z. B. 1922 [2] der viel mildere Verlauf der später wieder einsetzenden Grippewelle hervorgehoben.

Seither sind in 1—2jährigen Intervallen Grippeepidemien aufgetreten, mehrfach pandemisch, oft mehr als lokale Epidemien einzelner

[1] SCHINZ: Schweiz. med. Wschr. **1918**.

[2] Siehe Umfrage der Med. Klin. **1922**, Nr 8.

Länder, deren Diagnose erst Schwierigkeiten machte wegen der Abschwächung sämtlicher angeführten Kennzeichen, die aber doch, wenn auch nur in Einzelfällen, bei genauer Beobachtung voll ausgeprägt immer wieder gefunden werden konnten. Vorhanden blieb in den bis jetzt mindestens 7 größeren Epidemien der 14 postpandemischen Jahre seit 1918/19 das akut febrile Befallensein der oberen Luftwege und die Leukopenie als charakteristisches biologisches Kennzeichen der Grippeinfektion. Im ganzen haben die jetzigen Seuchenzüge wieder viel mehr den Charakter der Grippe von 1889/90 angenommen, sowohl was das klinische Bild wie die überwiegend die höheren Altersklassen betreffende Mortalität anbelangt[1].

Das war der Verlauf der Grippe in der Schweiz 1918—1933. Eine enorme Variabilität! Wie das verstehen? Wie das begreifen?

Die erste Frage, die sich aufdrängt, lautet aber: *ist die 1918er Grippe dieselbe Krankheit wie 1889/90?* Soll das eine Mal die Grippe so leicht auftreten, daß alles über sie spottet und nur die geschwächten und alten Leute ihr zum Opfer fallen, und kann das andere Mal dieselbe Krankheit so furchtbare Todesopfer unter den kräftigsten Gestalten fordern?

Wissenschaftlich kann selbstredend diese Frage nur durch den Nachweis des gleichen Erregers bewiesen werden; aber diesen Erreger kennen wir nicht! Bleibt als Notbehelf der Vergleich der Epidemie nach ihren klinischen Erscheinungen! Aber welche Schwierigkeit, wenn die Seuche im Verlauf der wenigen Jahre so sehr ihren Charakter verliert, daß sie uns fast unter den Händen entgleitet!

Ich habe die Darstellungen über Influenza von 1889/90 eingehend studiert. Ich habe nicht nur die speziellen Arbeiten, sondern auch die Vereinsverhandlungen sehr vieler Ärztegesellschaften jener Jahre durchgesehen, namentlich daraufhin, ob etwa auch früher schon lokal oder zeitlich erhebliche Unterschiede im Verlauf der Epidemie bestanden hatten. Das war in der Tat der Fall, wenn auch nur in beschränktem Grade. Vor allem finde ich in einer Aussprache von Fürbringer[1]-Berlin, daß in der späteren Zeit der Influenzawelle von 1889 auch sehr schwere Fälle unter jugendlichen Leuten aufgetreten seien, mit lehmfarbenen Ergüssen auf den Pleuren, mit multiplen eitrigen Zerfallsherden der Lunge und zwar offenbar als eine nur ganz lokale Häufung.

1889/90 gab es auch in Zürich Familien, bei denen alle Erkrankten schwere Lungenentzündungen hatten und in Flawil solche mit vielen Todesfällen, aber meist bei älteren Leuten (Zürcher Ärztegesellschaft, 2. Februar 1919).

---

[1] Siehe die Arbeiten aus meiner Klinik über die späteren Grippeepidemien, vor allen Gsell: Erg. Med. **17** (1932), hier zusammenfassende Darstellung der Grippeepidemien seit 1920, ferner Ganz (Grippeepidemie 1933): Schweiz. med. Wschr. **1934**.

Ferner bleibt der pandemische Charakter des Epidemiezuges und die rapide Verbreitung über die ganze Welt etwas hoch Charakteristisches und Gemeinsames für die Epidemien von 1889 und 1918 und auch für 1929, 1932 und 1933 [1].

Soweit ein Urteil auf der schmalen Grundlage unseres Wissens heute möglich ist, erscheint es mir wahrscheinlich, daß die gleiche Krankheit 1918 wieder aufgetreten war, die 1889 die ganze Welt ergriffen hatte; aber um die Annahme einer starken Veränderung [2], einer Variabilität kann man nicht herumkommen, und diese Variabilität möchte ich auf eine *Änderung des Erregers* zurückführen.

Folgendes sind meine Gründe. Die Grippe trat in der ganzen Welt 1918 in sehr verschiedener Schwere auf. Deutschland hat relativ wenig gelitten, trotz schwerster Aushungerung und Krieg. Als in der 1800 Einwohner zählenden Stadt Laichlingen auf der schwäbischen Alb 30 Todesopfer gezählt worden waren, erregte das enormes Aufsehen, und es wurde eine besondere Untersuchung verlangt, um nachzusehen, was denn besonderes vorliege. Zur gleichen Zeit verlor die Schweiz an die 30 000 [3] Menschen, die Stadt Zürich gegen 1000. — Gewisse Gemeinden des mittleren Wallis in der Umgebung von Sitten hatten enorme Zahlen, 60—70—80 Tote auf 700—2200 Einwohner. Noch größer waren die Opfer in den Zinngruben von Hinterindien, wo unter den Chinesen 180—200 auf 240—280 Leute einer Grube gestorben sind (mündliche Mitteilung eines dort lebenden Ingenieurs); und die offiziellen englischen Berichte aus Singapore (1922) bestätigen die große Schwere der Grippe und die vielen Todesopfer. Charakteristisch ist der Hinweis in dieser offiziellen Darstellung, daß man in bezug auf Spitäler für solche Mengen von Erkrankten nicht vorbereitet gewesen sei, statt vor allem in dem Charakter der Epidemie den entscheidenden Faktor zu suchen.

Aber auch in engeren Kreisen waren die Schwankungen der Mortalität ganz ungewöhnliche. Wir sahen in Zürich, daß ein Schwerkranker, in einen Krankensaal hineingebracht, 12 für leicht angesehene Fälle, wohl

[1] Fürbringer (Berlin): Dtsch. med. Wschr. **1890**, 70. Bericht über die Sitzung der Berliner ärztlichen Gesellschaft vom 16. Dezember 1889. In dieser Sitzung hieß es allgemein: Todesfälle sind nicht vorgekommen. Dazu gibt aber Fürbringer eine Nachschrift: Schon in der nächsten 4. Dezemberwoche 1889 war die Affektion nicht mehr gutartig und man sah geradezu erschreckende Fälle, 20 Todesfälle, selbst bei jungen kräftigen Leuten, alle auch fortschreitende Pneumonien.

[2] Auch Kolle hat für die Grippe des Jahres 1918 eine neue „Dauermodifikation" des Erregers angenommen; denn niemals vorher habe die Grippe eine derartige Mortalität gezeigt.

[3] Die späteren Epidemiezüge eingerechnet 35—40 000. Für die ganze Welt wird mit einer Mortalität von 20—30 Millionen gerechnet.

Savièse	80	Tote	auf	2500	Einwohner
Nendaz	55	„	„	2700	„
Chippis	75	„	„	800	„
Chalais	63	„	„	1300	„

durch *Superinfektion* [1], infiziert und sekundär schwer gemacht hat, so daß von diesen 13 elf gestorben sind, gegen alles Erwarten nach dem Verlauf der Krankheit in den ersten Tagen, und daß die zwei anderen mit knapper Not am Leben blieben. Aus solchen Erfahrungen heraus habe ich selbst dringend die Isolierung der Schwerkranken gefordert, unter der Annahme, daß eine malignere Variation des Erregers im Spiele sein könnte.

In der thurgauischen Gemeinde Felben starben in einem Hause der Vater, die Mutter, 4 Söhne und 2 Töchter, kurz die ganze Familie und im ganzen Dorf von 900 Einwohnern ist sonst kein einziger Todesfall aufgetreten, trotz großer Verbreitung der Grippe.

Auch die Epidemie von 1927 gab wieder ein gleiches Beispiel. In der Gemeinde Trimmis bei Chur starben alle 5 Insassen eines Hauses, 5 Geschwister zwischen 58 und 74 Jahren. Trimmis ist ein Dorf von etwa 700 Einwohnern; sonst aber kam nur ein einziger fraglicher Grippetodesfall ($^1/_2$jähriges Kind) vor.

Desgleichen sind auch nach 1929 wieder solche Gruppenbildungen aufgetreten.

Sehr überzeugend ist in gleicher Richtung die Grippeepidemie bei zwei Dragonerschwadronen 1918. Die Zeit der Erkrankung war genau dieselbe, desgleichen die Unterkunft, die Verpflegung, die Nahrung und die Behandlung. Aber die eine Schwadron im Dorfe Rümlang bei Zürich hatte auf 130 Soldaten 109 Erkrankungen, die Hälfte davon schwer bis sehr schwer mit 6 Todesfällen; von der Zivilbevölkerung starben 8 Leute, und viele waren sehr schwer krank gewesen. Im nahen Oberglatt bei der anderen Schwadron 99 Erkrankungen auf 155 Mann. Kein Todesfall, weniger als 5% waren schwerer, kein Fall ganz schwer. Von der Zivilbevölkerung starb hier auch niemand, und eigentlich schwere Erkrankungen gab es nicht. Mit der Zeit waren in beiden Dörfern alle Soldaten und alle Einwohner krank geworden.

Solche Erfahrungen anders als durch Variabilität des Erregers zu deuten, erscheint nahezu unmöglich; denn nichts, aber auch gar nichts in den äußeren Bedingungen gab auch nur den geringsten Anhaltspunkt, exogene Momente als verantwortlich zu erklären.

Die Annahme einer Variabilität des Erregers aber darf nach den allgemeinen naturwissenschaftlichen Gesichtspunkten durchaus als mög-

[1] An der Mikrobiologen-Tagung 1924 sind weitere Beispiele solcher Beobachtungen vorgebracht worden. Uhlenhuth erklärte, es sei trotz des glänzenden Erfolgs des Serums bei der Schweinepest besser, die schwerkranken und hochfiebernden Tiere zu schlachten, um die *schweren* Infektionsquellen zu beseitigen. Miessner berichtet, daß unter den russischen und polnischen Ponjepferden nur chronischer Rotz beobachtet worden sei, im Krieg dann aber die deutschen Pferde von diesen Quellen her akuten Rotz bekommen haben und jetzt aber von den deutschen Pferden her auch die russischen und polnischen akuten Rotz.

lich hingestellt werden. Ich gebrauche den Ausdruck möglich, um das Bescheidene unseres Wissens nicht verkennen zu lassen.

Die gleiche Variabilität des Erregers, die sich in Unterschieden der Erkrankungsschwere, in Mortalitätsschwankungen usw. äußert, ist bei jeder schwereren Infektionskrankheit anzunehmen, nur sehen wir sie in zivilisierten Ländern in diesem großen Ausmaß fast nur noch bei der Grippe, da die übrigen großen Seuchen mit universeller Erkrankungsdisposition erloschen sind. Treten aber größere Epidemien auf, so findet sich durch exogene Momente nicht zu klärende Variabilität, z. B. bei Typhus abdominalis-Epidemien vom gleichen Infektionsherd aus ambulatorische, leichte, schwerste Erkrankungen (Beispiel: Hannover), ebenso bei *Variola vera,* Diphtherie. Bei den Pneumokokkenerkrankungen hat die Differenzierung des Erregers in zahlreichen Typen heute bereits eine teilweise Klärung der verschiedenen Schwere der Infektion, die mit der Typenart in Beziehung steht, gebracht und so einen weit tieferen Einblick in die Biologie des Erregers ermöglicht, als es bei der Grippe mit ihrem unbekannten Virus vorerst überhaupt denkbar ist.

Die Annahme SAHLIS von einem komplexen Virus aus Streptokokkus, Pneumokokkus, PFEIFFERschem Influenzabazillus + eventuell noch weiteren Bakterien ist eine Hypothese, die ganz unhaltbar ist. Der Vergleich mit der Entstehung von Flechten in der Botanik durch Vereinigung von Pilz + Alge vergleicht völlig Verschiedenes, Unvergleichbares. Wie sollten außerdem plötzlich überall solche Komplexe entstehen?

Die Mischinfektion spielt nach all unserem Wissen nicht die entscheidende Rolle. Schwerste Fälle starben schon am ersten Tag. Niemals habe ich trotz dieser späten Mischinfektion eigentliche Sepsis entstehen sehen; auch keine Endokarditis und keine Gelenksvereiterungen; viele lehmfarbene Pleuraergüsse führten nie zu Empyem und bildeten sich von selbst zurück, während sonst Infektion der Ergüsse mit Streptokokken sicher zu Empyem führt. Außerdem hat die Grippeenzephalitis oft etwas Besonderes, Charakteristisches.

Die *Ferkelgrippe* (in Amerika Swine-Influenza) hat nichts mit menschlicher Grippe zu tun (Professor FREY-Zürich) und die behauptete Analogie besteht nicht zu Recht. Sie hat eine Mortalität von 1—4%, zeigt immer Pneumonie und Milztumor! (Gegensatz zu Grippe.) Man findet sehr häufig ein dem PFEIFFERschen Bazillus nahestehendes Stäbchen (Bacillus influenzae suis), Reinkulturen erzeugen aber die Krankheit nicht (!), wohl aber entsteht sie experimentell durch keimfreies Lungenfiltrat, aber nur als ganz milde Affektion. Der Bacillus influenzae suis ist auch sonst ein bei Schweinen häufig gefundener „Sekundärinfizient".

Im Jahre 1919 erschien nun eine zweite Seuche, die *Encephalitis lethargica*. Die Zahl ihrer Fälle war nicht entfernt so groß wie bei der

Grippe, die Mortalität aber wesentlich größer. Dazu kamen die furchtbaren Dauerschädigungen. Wenn ich die charakteristischen Zeichen hervorheben soll, so stelle ich an erste Stelle den *Parkinsonismus,* der in dieser Weise bei keiner einzigen Krankheit früherer Zeiten bekannt gewesen war. Die *Schlafsucht* ist nur im Anfange der Seuche stärker und häufiger hervorgetreten. Auch diese Krankheit hat im Laufe der Zeit in ihrer Symptomatologie starke Schwankungen durchgemacht. — Die Erregungszustände, auch die hyperkinetischen Formen und die Zitterzustände waren später häufiger, und ob man den Singultus epidemicus auch noch dazu rechnen sollte, blieb unsicher.

Auch hier hieß es wieder, alles früher schon dagewesen; nichts Neues unter der Sonne! Als ob nicht jede Krankheit einmal als neue [1] hätte auftreten müssen! — Aus der Geschichte der Medizin wurden zahlreiche frühere Epidemien der Schlafkrankheit herausgegraben. Damit wurde aber das allerwesentlichste, der Parkinsonismus, das diagnostisch führende Zeichen der Epidemie, völlig zu Unrecht zur Seite gedrängt. Vor allem wurde immer und immer wieder die Tübinger Schlafkrankheit des Jahres 1712 als Paradepferd in dieser Beweisführung vorgeführt. Die Epidemie von 1712 in Tübingen wurde aber als Schafkrankheit bezeichnet wegen des bellenden Hustens, und CAMERER bemerkt in seiner Dissertation, ,,Unsere Kranken haben nie geschlafen; sie waren vielmehr sehr unruhig, so lange sie Fieber hatten. Es hatte sich um gewöhnliche Influenza gehandelt.“ Erst viel später ist durch einen Lapsus calami, der sich auf BIERMER zurückführen läßt, das Wort Schlafkrankheit entstanden und hat zu der Verwirrung der Geister geführt. Mit einer früheren Schlafkrankheit in Tübingen ist es also nichts.

Die *Chorea electrica* von DUBINI, die *Nona* von Norditalien waren wohl Enzephalitiden. Aber nichts zeugt dafür, daß sie unserer Lethargica epidemica entsprochen haben. Nirgends erfahren wir von den so überaus auffälligen Zuständen des Spätparkinsonismus, denen gegenüber an charakteristischer diagnostischer Beweiskraft die auch sonst nicht seltenen Symptome Zuckungen und Schlafsucht zurücktreten.

Auch der Fall von VOGT [2] 1911, von Aarau, mit Augenmuskellähmung und Schlafsucht war ja eine sichere Enzephalitis, aber keine Epidemica lethargica und auch nach fünf Jahren *ohne* Spätparkinsonismus. Erst das Auftreten dieser bisher nicht bekannten Erscheinung bietet bei einer Epidemie die Gewähr, daß es sich um Encephalitis lethargica epidemica im Sinne der neuen Enzephalitis handelt.

[1] ROBERT KOCH hat stets betont, daß die Cholera erst im Anfang des 19. Jahrhunderts als Seuche aufgetreten ist und vorher nicht existiert hat. Erst seit dieser Zeit verschleppten die Mekkapilger die Seuche nach Arabien, und zwar 31mal von 1831—1912. Die gleiche Auffassung vertreten KOLLE (Cholera sei erst seit 1805 als Seuche bewiesen) und GOTSCHLICH (Cholera sei tatsächlich eine neue Krankheit): Z. Bakter. **93**, 117/118 (1924).

[2] VOGT: Schweiz. Med. Rdschau **1915**, Nr 26 und mündliche Mitteilung.

Wir wollen ferner nicht vergessen, daß die Psychiatrie die ihr heute geläufigen psychischen Störungen nach Encephalitis epidemica früher absolut nicht gekannt hat und sie als etwas Neues ansieht (BLEULER), daß ferner gewisse Augenmuskelstörungen erst seit den letzten Enzephalitisepidemien bekannt sind und früher nicht gesehen worden waren (mündliche Mitteilung von BIELSCHOWSKY-Breslau).

Es spricht also alles dafür, daß hier in der Tat eine durchaus neue Krankheit aufgetreten ist. Zu erörtern bleibt jetzt die oft aufgeworfene Frage, ob hier ein *Zusammenhang mit Grippe* vorlag. Darauf möchte ich ein entschiedenes Nein abgeben.

Ich habe auch hier die Epidemie der Jahre 1889—1890 in den kleinsten Vereinsberichten durchforscht und nirgends auch nur etwas Ähnliches gefunden. Augenmuskellähmungen hatte 1890 als Grippefolge PFLÜGER [1] beschrieben. Zum Teil waren das aber sichere Alkoholiker — von Spätparkinsonismus war auch hier keine Rede. Die Grippeenzephalitiden von LEICHTENSTERN [2] sind völlig verschieden von der Lethargica epidemica und stellen große Hirnblutungen dar mit hemiplegischen Erscheinungen.

Ein anderer Unterschied, der mir durchaus spezifisch erscheint, ist folgender [3]: Bei der Grippe finden wir in jedem schwereren Falle die pathologischen Granulationen der Leukozyten. Die Grippe greift die mesenchymalen Zellen an und schädigt sie wie bei den Kokkenaffektionen schwer. Bei der Lethargica finde ich davon nichts. Diese Krankheit ist eine Affektion des Ektoderms und seiner Abkömmlinge, wie das NETTER und LEVADITTI mit anderen Beweisgründen bewiesen haben, eine Ektodermose, die Grippe aber eine Mesenchymose.

Es ist ferner zweifellos, daß die Encephalitis lethargica sich langsam in Europa ausgebreitet hat, daß sie in Wien nach ECONOMO *vor* der Grippeepidemie, schon 1917 aufgetreten ist, also niemals ein Nachläufer der Grippe sein kann, daß sie aber in Zürich erst im Dezember 1919, sehr spät nach den großen Grippezügen, zuerst beobachtet worden ist.

Dieses *zeitliche Verhalten* kann unter Umständen bei schwierigen diagnostischen Fällen von großer Bedeutung sein. Ich sah 1923 einen 19jährigen Knaben, der aus einer Anstalt für Schwachsinnige mit dem Verdacht auf Typhus in die Klinik eingewiesen worden war und starke Darmblutungen, erhebliche Anämie, großen Milztumor, hohe Fieber, Prostration darbot.

Sein geistiger Schwächezustand datierte schon vom Jahre 1917 her und war progressiv und auf eine damals angeblich durchgemachte Schlafkrankheit bezogen worden. Da aber zu jener Zeit in der Schweiz keinerlei Fälle von Lethargica aufgetreten waren, hielt ich diese kausale Beziehung für ganz unwahrscheinlich. Bald wurde das Gesamtbild der Krankheit als WILSON*sche Krankheit* mit schweren

---

[1] PFLÜGER: Berl. klin. Wschr. **1890**, 601.

[2] LEICHTENSTERN: Dtsch. med. Wschr. **1890**, 212, 388, 485.

[3] NAEGELI: Dtsch. Kongr. inn. Med. **1926**, 242.

hepatolienalen Veränderungen erkannt und die gestellte Diagnose, bei der ein ausgesuchter KAYSER-FLEISCHERscher Kornealring von großer Bedeutung war, durch die Autopsie vollständig bestätigt (enorme Milz, grobhöckerige Leberzirrhose, Striatumveränderungen).

Ein solcher Fall zeigt deutlich, welchen Wert die klare Auffassung epidemiologischer Verhältnisse bietet und wie umgekehrt eine solche Beobachtung direkt die Probe aufs Exempel darstellt für die klare Trennung verschiedener und auseinander zu haltender Krankheiten. Ohne gute Kenntnis der WILSONschen Krankheit und ohne Autopsie hätte ein derartiger Fall außerordentlich leicht als für das Vorkommen von Encephalitis epidemica in der Schweiz schon im Jahre 1917 verwertet werden können. Wenn man bedenkt, daß in manchen Einzelbeobachtungen die Diagnose WILSONsche Krankheit zunächst unmöglich ist, so kann man es verstehen, daß manche Bilder dieser eigenartigen Affektion mit den Spätzuständen der Lethargica zusammengeworfen werden können.

Seit 1925 ist nun bei uns die Lethargica nie mehr in frischen Erkrankungen aufgetreten, wohl aber gab es bis Februar 1933 alljährlich Grippewellen mit erheblicher Mortalität und absolut beweisenden Sektionsbefunden. Warum sollte jetzt die Lethargica nie mehr zum Vorschein kommen? Freilich wird ab und zu ein Fall von Schlafkrankheit angezeigt. Aber bei den Nachprüfungen war nicht eine einzige Anzeige wirklich auf Encephalitis epidemica zurückzuführen. Die Unsicherheit der Ärzte und die fast ausnahmslos falsche Diagnose Hirngrippe (wie die fast auch stets falsche Diagnose Darmgrippe) hätte ohne Kontrolle zu völlig irrigen Auffassungen geführt.

Die dritte neuauftretende Seuche der letzten Jahre ist der *neue Typ der Variola*, den man als *Variola nova* bezeichnen könnte.

Im Jahre 1921 traten plötzlich im Kanton Zürich Pockenfälle auf, die von den bisherigen Verlaufsformen der Blattern außerordentlich abwichen. Eine Reihe von Publikationen[1] hat sich mit der neuen Form der Pocken beschäftigt und die Besonderheiten dieser Epidemie herausgehoben. Als die wichtigsten Zeichen können erwähnt werden:

1. Außerordentlich *benigne* Erkrankungen fast ohne Todesfälle.

Von den über 1100 Kranken meiner Klinik starben nur zwei, ein neugeborenes Kind, das mit Pocken zur Welt kam, an Adynamie am 7. Tage und ein 70jähriger Mann an einer klinisch nicht entdeckten Eiterung in der Oberschenkelmuskulatur und nachfolgender eitriger Hirnhautentzündung.

Von den weit über 500 Fällen der Epidemie in Glarus ist niemand gestorben.

Im Jahre 1921 ist gleichzeitig in Basel die altbekannte Art der Pocken in einer kleinen Epidemie aufgetreten, nachweisbar aus Frankfurt eingeschleppt, mit hoher Mortalität (15%).

2. Das Exanthem war in vielen Fällen spärlich; in einzelnen Fällen, selbst bei niemals geimpften, fanden wir nur wenige, 3—4—10 Knötchen

[1] WALTHARD, B.: Über die Beziehungen des Vakzinevirus zum Zentralnervensystem. Schweiz. med. Wschr. **1926**, Nr 35. — LEUCH: Über die Zürcher Pockenepidemie 1921—1923. Schweiz. med. Wschr. **1923**, Nr 19 und NAEGELI: Vorwort. — TIÈCHE: Einige kritische Bemerkungen zur Theorie des Neounitarismus. Schweiz. med. Wschr. **1926**, Nr 33. Hier auch viele andere Arbeiten.

oder Pusteln, wie eine leichte Akne. Die Pusteln trockneten rasch ein und ließen vielfach keine Narben zurück.

3. In manchen Fällen, selbst bei ungeimpften, verliefen diese Pocken abortiv und blieben im Papelstadium, ohne eigentliche Eiterung zu erzeugen. Deshalb fehlte sehr häufig das Pustulationsfieber. In der Verteilung aber war das Exanthem völlig pockenartig und unterschied sich von der bekannten Anordnung der Varizelleneruption mit Maximum auf dem Stamm. Diese neuen Pocken befielen auch gar nicht selten Handteller und Füße und ließen große Linsen entstehen.

4. Die von den Pocken her geläufigen schweren und sehr oft tödlichen *Komplikationen* blieben fast ganz aus. Eine Bronchitis gehörte zu den großen Ausnahmen, eine Pneumonie entstand nie. Septische Zustände konnten nie gefunden werden und Eiweiß nur sehr selten und geringfügig. Die Patienten waren meist ganz auffällig leicht krank.

5. Zwischen den Prodromen und dem Ausbruch der Hauterscheinungen war sehr häufig ein Intervall von 1—2—3 Tagen vorhanden.

6. Die sonst für Pocken charakteristischen Blutbefunde konnten nicht einmal andeutungsweise festgestellt werden. Trotz sorgfältiger Prüfung vieler Fälle, besonders der schwereren, durch meine Assistenten, ist nie ein Myelozyt gefunden worden und nur ein einziges Mal ein Normoblast.

7. In keineswegs seltenen Fällen waren die sonst so schweren Prodromalstadien schwach angedeutet oder fehlten fast ganz, wiederum auch bei niemals geimpften, der denkbar größte Gegensatz zu den früheren Schilderungen und Beobachtungen der Pockenepidemien.

Daß bei einer so andersartig auftretenden Krankheit von einzelnen behauptet werden konnte, das seien gar keine Pocken, ist verständlich; allein der PAULsche Versuch und die von TIÈCHE durchgeführte Allergieprobe, ferner der sicher zu erzielende Impfschutz durch die Schutzpockenimpfung, die rasche völlige Verdrängung der Krankheit da, wo der Impfzwang wieder eingeführt worden ist, belegen mit Sicherheit, daß die Krankheit ganz nahe mit den Pocken verwandt sein mußte.

Die Literatur ergab mit großer Wahrscheinlichkeit, daß wohl zuerst in Brasilien derartig mild verlaufende Pocken beobachtet worden waren, daß sie dann nach den Vereinigten Staaten und nach England kamen und wohl von dort aus in der keinen Impfzwang zeigenden Schweiz sich ausbreiten konnten, später auch noch in Norwegen und Holland.

Es ist während den Jahren der Epidemie im Kanton Zürich immer und immer wieder von seiten der Behörden der Gedanke ausgesprochen worden, es würde die jetzt leichte Pockenart bei Eintreten schlechter Witterung oder besonderer tellurischer Verhältnisse doch in den altbekannten gefährlichen Typus umschlagen, und es wurde daher sehr zur freiwilligen Schutzimpfung aufgefordert. Aber die Krankheit hat alle die Jahre 1921—1925 ihren Charakter völlig beibehalten. Einmal hat sogar die Behörde in den Zeitungen die Mitteilung gemacht, daß jetzt schwerere Fälle aufgetreten seien. Wie ich mich überzeugt habe, stimmte das aber nur insofern, als wieder einmal Erkrankungen mit *reichlichem Ausschlag* vorgekommen waren, wie das immer etwas gewechselt hatte: aber wirklich schwere und gefährliche Verlaufsformen sind auch damals nicht im geringsten vorgekommen. Es erscheint mir daher fraglos, daß eine neue Pockenart aufgetreten ist, die man früher nicht gekannt hat.

Es kann eben nur darauf hingewiesen werden, daß ungezählte analoge Beobachtungen in dem Gesamtgebiet der Naturwissenschaften bestehen, die die Selbständigkeit solcher miteinander nahe verwandten Krankheiten oder Arten in der Zoologie und Botanik beweisen, und daß absolut kein Gegengrund vorgebracht werden kann bei der Annahme, daß Pocken eine Sammelart von genetisch verschiedenen Krankheiten darstellt.

Ich habe in meinem Lehrbuch der Blutkrankheiten schon früher ausgeführt, daß die biologischen Reaktionen im Blutbild bei verschiedenen Pockenepidemien selbst früher schon derartig verschiedene Blutbilder geschaffen haben, daß aus diesen Erfahrungen allein schon an verschiedene selbständige Pockenarten gedacht werden mußte.

Wenn andererseits gesagt worden ist, daß auch früher schon leichte Pockenepidemien, z. B. von Dr. FEHR in Andelfingen, Kanton Zürich, im Anfange des letzten Jahrhunderts beobachtet und beschrieben worden sind, so ist das richtig; aber jene Erkrankungen entsprachen nicht dem jetzigen Typus der Variola nova und es gab doch immer noch genug schwere und tödliche Erkrankungen zu gleicher Zeit. Davon ist aber bei der neuen Pockenart gar keine Rede und der Unterschied bleibt doch fundamental. Es wäre bei leichteren Epidemien im Anfang des letzten Jahrhunderts auch daran zu denken, daß ein gewisser Impfschutz durch die damals noch recht unzuverlässige Impftechnik geschaffen worden war, ohne daß eine völlige Immunität erreicht werden konnte.

In den letzten Jahren erlebten wir fast in der ganzen Welt eine außerordentliche Zunahme der Diphtheriesterblichkeit, die mit dem Jahre 1926/27 einsetzte. Kurze Zeit vorher hatten bedeutende Pädiater direkt die Ansicht vertreten, die Diphtherie gehe mehr und mehr zurück in bezug auf Häufigkeit und auch in bezug auf Gefährlichkeit, und sie werde in wenigen Jahren eine erloschene Infektionskrankheit darstellen.

Jetzt aber erlebten wir eine ganz außerordentliche Änderung des Diphtheriecharakters, vor allem fiel die enorme Sterblichkeit auf. Sie betrug im August 1927 in Berlin 35% und in anderen Städten überstieg sie sogar 50%. Der Charakter der Krankheit erschien völlig geändert. Man sprach jetzt von toxischer Diphtherie; denn in unheimlicher Schnelligkeit nach einer Infektion entwickelten sich Beläge im Rachen, und schon nach 24 Stunden konnten schwerste Allgemeinerscheinungen beobachtet werden. Es traten Vasomotorenlähmungen, auffällige

Schädigung parenchymatöser Organe, Leber, Nieren, Knochenmark, Lymphdrüsen (periglanduläre Infiltrate) hervor. Es kam zu hämorrhagischer Diathese und sehr oft zu raschem Tod. Außerordentlich groß war auch die Zahl der Lähmungen und auffällig die Schwere derselben. Auch wir bekamen in Zürich, was seit langen Jahren nie mehr der Fall gewesen war, höchst bedrohliche Diphtheriefälle bei Erwachsenen und sogar Todesfälle. Die Serumtherapie, obwohl in der Dosis ungeheuer gesteigert, erwies sich als machtlos und auch in Kombination mit Antistreptokokkenserum versagte sie.

Etwa von 1931 an trat dieser bösartige Charakter der Diphtherie wieder vollkommen in den Hintergrund. Daß es sich im wesentlichen um schwerste Toxintodesfälle gehandelt hat, erschien fast allen Autoren als gewiß, namentlich wegen des raschen Versagens der Zirkulation und des Herzens, ferner wegen des außerordentlich raschen Eintritts der Todesfälle und des völligen Zurücktretens der früher so gefürchteten Kruppfälle. Eine befriedigende Erklärung für diesen veränderten Charakter der Diphtherie konnte nicht gegeben werden. An Hypothesen hat es nicht gefehlt.

Betrachten wir vom naturwissenschaftlichen Standpunkt aus auch hier wieder die Variabilität, so liegt es bei der Ausdehnung der malignen Diphtherie über weiteste Teile der Erde nahe, nicht in der veränderten Konstitution des Menschen die Ursache zu sehen, sondern in einer Veränderung des Diphtheriebazillus, der in einer sehr viel virulenteren Form aufgetreten war. Allerdings konnte man in der Kultur des Bazillus besondere Giftbildung nicht nachweisen; aber man muß in dieser Hinsicht daran denken, daß gewisse besondere Toxineigenschaften möglicherweise nur beim Menschen, nicht im Tierexperiment, zum Ausdruck gekommen sind.

Daß der Diphtheriebazillus an sich sehr variabel ist, weiß man längst. In neuerer Zeit ist das ganz besonders durch GINS und durch CLAUBERG hervorgehoben worden. Es könnte sich also um eine für den Menschen besonders virulente Art des Diphtheriebazillus handeln. Daneben kommt natürlich auch eine Langdauermodifikation des Erregers in Frage.

Andere Annahmen, wie periodische Schwankungen mit Klimaperioden oder mit Veränderung der menschlichen Konstitution erschienen außerordentlich unwahrscheinlich. Auch die so oft angeschuldigte Theorie von der Rolle der Mischinfektion hat wohl völlig versagt, weil die Todesfälle oft außerordentlich rasch eingetreten sind, und weil das schwere Bild ja vor allem auch durch die typischen Toxinerscheinungen, die schwersten Nervenlähmungen, charakterisiert war.

Alle diese Probleme sind nun aber keineswegs neu. Seit Jahrhunderten bewegen sie den denkenden und beobachtenden Arzt. Nur sind sie nicht nach naturwissenschaftlichen Gesichtspunkten, sondern mehr gefühlsgemäß betrachtet worden, und es ist nie der Versuch gemacht worden, unter der großen Variabilität verschiedene Arten zu unterscheiden, z. B. die Existenz einer Modifikation im Sinne der Naturwissenschaften oder einer Langdauermodifikation oder das Auftreten einer neuen Art von absoluter Konstanz (Mutation).

Ich habe in meiner Antrittsvorlesung an der Universität Zürich[1] 1918 solche Probleme behandelt und klar darauf hingewiesen, daß auch bei vielen anderen Krankheiten ähnliches gesehen wird. Man kennt sehr wohl schwere und darauf wieder ganz leichte *Masernepidemien*[2] und ich verwies in dieser Hinsicht auf eigene Beobachtungen in Tübingen. Ich stellte damals der außerordentlich schweren und in mancher Beziehung höchst eigenartigen, aber in ihrer Besonderheit kaum faßbaren *Scarlatinaepidemie* vom Jahre 1912 in Tübingen, mit 23% Mortalität, die Tatsache gegenüber, daß die Zürcherischen Scharlachepidemien der Jahre 1906—1910 mit alljährlich über 1000 Erkrankungen eine Mortalität von kaum $^1/_2$% aufgewiesen haben, und daß dann 1916 in Tübingen eine Scharlachepidemie mit weit über 100 Fällen ohne einen einzigen Todesfall mit ganz außerordentlich milden Erkrankungen gekommen ist und somit den größten Gegensatz zu der vorherigen schweren Krankheit geboten hat. Damals sind viele Kinder nur kurz oder gar nicht im Bett gewesen, und die Eltern haben vielfach die Affektion als zu unbedeutend angesehen, als daß ein Arzt hätte bemüht werden müssen.

Die *Rubeolen* werden in verschiedenen Erscheinungsformen geschildert und öfters wird von Rubeolae morbillosae gesprochen. Trotz reichlicher Beobachtungen habe ich diese Form erst 1926 gesehen und früher an ihrer Existenz gezweifelt, da die Rubeolen vielen Ärzten wenig bekannt gewesen waren, hatte doch Jürgensen am Ende seiner monographischen Beschreibung der Rubeolen in der Nothnagelschen Sammlung gestanden, selbst noch nie einen Fall von Röteln gesehen zu haben.

Es wäre möglich, daß auch hier verschiedenes unter einer Flagge segelt; denn die Plasmazellenbefunde im Blut sind zwar sehr wichtig und vielfach durchaus charakteristisch, aber doch nicht derartig spezifisch, um in schwierigen Fällen eine Entscheidung zu erlauben, und auch die eigenartige Drüsenschwellung ist sehr verschieden ausgesprochen. Die Fragen sind auch hier nur aufzuwerfen; eine Antwort gibt es wiederum aus dem Grunde nicht, weil bei der Unkenntnis des Erregers das Problem nicht genügend erfaßt werden kann.

---

[1] Siehe S. 32.

[2] Gegenbauer hat auf die enorme Masernmortalität in den Flüchtlingslagern von Gmünd (N.-Österreich) hingewiesen, 1. Epidemie 45% Mortalität, 2. Epidemie 48%, 3. Epidemie 38%, 4. Epidemie 15% und er nimmt in Übereinstimmung mit Neufeld Superinfektion durch Tröpfcheninfektion an. Z. Bakter. Orig. **93**, 125 (1924).

Anders liegt es schon bei der *Ruhr*, die uns durch die Kriegserfahrungen wieder geläufig geworden ist. Daß unter dem klinischen Bilde der Ruhr ätiologisch eine ganze Reihe von genetisch verschiedenen Krankheiten steckt, ist klar, und es kann nicht gleichgültig sein, wenn so verschiedene Erreger in der Kultur erhalten werden können. In der Tat kennt man ja aus den Kriegszeiten besonders gut sehr leichte Ruhrerkrankungen im Anfange des Krieges aus Frankreich und sehr schwere 1917 aus dem Osten.

Bei den *Pneumokokkenerkrankungen* trennen wir heute die verschiedenen Typen und erkennen für Prognose und Therapie die Wichtigkeit der Trennung.

Bei der *Tuberkulose* ist heute die Scheidung zwischen humanem und bovinem Typ und die relative, aber nicht absolute Gutartigkeit der letzteren Form gesichertes Wissen. Auch damit ist offenkundig für die menschliche Pathologie noch nicht jede Form unterschieden, die tatsächlich vorkommt.

Aus einem klinisch sehr auffälligen Fall eines Knaben mit Tuberkulose der Mundhöhle und fluktuierenden Kieferdrüsen, die massenhaft Tuberkelbazillen bei der Punktion enthielten, hat SILBERSCHMIDT [1] einen Tuberkelbazillus von konstant größter Virulenz gezüchtet. In 67 Tierpassagen hat dieser Bazill seine auffälligen Eigenschaften niemals verloren und die Meerschweinchen in durchschnittlich 10 Tagen schon getötet. — In weiteren jahrelangen Kulturen und Überimpfungen auf Tiere ist der Erreger in seinen biologischen Eigenschaften bis heute nach etwa 100 Tierpassagen gleich geblieben, so daß von einem Typus malignus gesprochen werden kann.

Leider liegen keine anderen ähnlichen [2] Untersuchungen in dieser für uns doch so eminent wichtigen Frage vor und bei einem ganz ähnlichen Krankheitsbilde meiner Klinik mit Rachentuberkulose und mit Halsdrüsen und mit überaus malignem klinischen Verlauf ist es nicht gelungen, wieder einen so hoch virulenten Keim zu züchten. Hier verliefen die Tierpassagen in gewohnter Weise. Trotzdem erscheint es wahrscheinlich und kann wohl auch aus gewissen klinischen Beobachtungen gelegentlich vermutet werden, daß unter den Tuberkelbazillen Stämme von konstant verschiedengradiger Virulenz existieren. — Das bedeutet absolut keine Einschränkung der sicheren Tatsache, daß in der Regel bei der Tuberkulose neben der Menge der Bazillen bei der Infektion in denkbar weitestem Ausmaß die persönliche Konstitution des Erkrankten und nicht die Art des Tuberkelbazillus die ausschlaggebende Rolle spielen wird.

[1] SILBERSCHMIDT: Schweiz. med. Wschr. **1924**, Nr 32.

[2] Der Nachweis stark toxischer Tuberkelbazillen ist aber vielfach erbracht, und noch viel mehr sind schwach virulente oder für Tiere apathogene Tuberkelbazillen gefunden, und zwar nicht nur der Bac. BCG.

Seit langer Zeit werden bei der *Syphilis* analoge Probleme besprochen und spielen in der Literatur eine große Rolle.

Während LEVADITI von der Existenz einer besonderen Spirochäte bei der Neurolues überzeugt ist, bestreiten andere Autoren die Beweiskraft der vorgebrachten Argumente. Ich verweise auf eine Anzahl Publikationen, in denen das Problem seine Erörterung findet und möchte nur eine eigene Beobachtung meiner Klinik vom Jahre 1926 von tödlicher sekundärer *Leberlues* bei einem Mädchen erwähnen, das nie Salvarsan gehabt hat und sehr rasch gestorben ist. Hier schien es sich um etwas absolut Besonderes und Ungewöhnliches zu handeln. Es spricht auch hier die geographische Verbreitung besonderer klinischer Verlaufsarten als gewichtiges Argument mit, wenn von der Möglichkeit besonderer konstanter Typen der Spirochaeta pallida gesprochen wird.

Daß ganz analog wie bei der Tuberkulose aber auch die persönliche Konstitution des Erkrankten die ausschlaggebende Rolle spielt, zeigt die große Literatur über den *Salvarsanikterus*, bei dem doch von der Mehrzahl der Autoren der schon vorher bestehenden Leberschädigung, insbesondere durch schlechte Ernährung in der Nachkriegszeit, das Hauptgewicht beigelegt wird; anders ließe sich die besondere geographische und zeitliche Bindung auf das Deutschland der Nachkriegszeit kaum verstehen.

Bei der *Endocarditis lenta* hält SCHOTTMÜLLER auch heute an der spezifischen Natur des Viridans fest, während die ausgedehnten Untersuchungen von MORGENROTH und seinen Mitarbeitern, von SCHNITZLER und MUNTER, von NEUFELD, von KUCZYNSKI und WOLF, ROSENOW, HINTZE und KÜHNE u. a. zeigen, daß der Viridans durch Tierpassagen wieder in den Hämolytikus zurückgeführt werden kann, und daß eine Variabilität besteht, die keine festen Grenzen hat, so daß naturwissenschaftlich von Modifikationen gesprochen werden muß, die einige Zeit bestehen mögen, die aber nicht festen Arten oder auch nur Rassen entsprechen.

So ist von den zitierten Autoren der Umschlag teils spontan in Kulturen, teils im Körper der Maus kurz nach Tötung des Tieres, öfters deutlich bei Keimen, die aus der Lunge der Maus gewonnen werden, aber auch aus anderen Organen, gefunden worden. Das grüne Wachstum war auch für Tiere mit Virulenzabnahme verbunden.

Dabei besteht die Auffassung, die namentlich MORGENROTH vertreten hatte, daß der Hämolytikus durch das Passieren der Schleimhäute und durch die jetzt einwirkenden Faktoren in den Viridans verwandelt werde, und zwar bei Mensch und Tier und dabei an Pathogenität vieles einbüße.

Die bisherige Forschung spricht doch am meisten in dem Sinne, daß kräftige Individuen im Kampfe mit Pneumokokken und Streptococcus haemolyticus allmählich den Erreger *zu verändern* imstande sind, und daß die stürmischen Erscheinungen der Hämolytikuserkrankung ganz zurücktreten und ein biologisch-naturwissenschaftlich anderer, leider nicht minder fataler Verlauf eintritt.

Unter den Einwänden SCHOTTMÜLLERs[1] gegen die wirkliche Umwandlung des Streptococcus haemolyticus in viridans ist derjenige sehr berechtigt, daß in tieferen Schichten der Kultur der Viridans nicht grün wächst und eine Aufhellung im Blutagar erzeugt, die nur scheinbar und nicht tatsächlich eine Hämolyse ist. Ferner ist auch bei unseren Beobachtungen der richtig vorgenommene Bakterizidieversuch im Sinne SCHOTTMÜLLERs ausgefallen.

Es erscheint mir aber naturwissenschaftlich doch zweifelfaft, ob dem Bakterizidieversuch eine derartig prinzipielle Stellung eingeräumt werden kann, und es fällt schwer, sich vorzustellen, daß alle die vielen Autoren, die experimentelle Übergänge erreicht haben, sich getäuscht haben sollten.

Von Interesse ist unsere Beobachtung der Erkrankung eines jungen Mannes, bei dem ein der Viridansgruppe nahestehender Keim gefunden worden ist und bei dem auf die erste Injektion von Argoflavin die vorher immer stärker aufsteigende Temperatur wie mit einem Schlage gebrochen werden konnte. Der Mann ist dauernd gesund geblieben.

Da bei unseren Lentafällen auch später Enterokokken als Erreger nachgewiesen werden konnten, muß wohl heute die Lentasepsis als eine Vielheit gedeutet werden, bei dem der Organismus des Menschen den veränderten Verlauf herbeiführt.

Es gibt kaum ein zweites Problem, das dem Studium der Modifikation bei den Bakterien ein so aussichtsreiches Feld eröffnet, wie gerade die Frage Streptococcus haemolyticus — viridans — und nichts beleuchtet klarer die Notwendigkeit auch in der Medizin in strenger naturwissenschaftlicher Nomenklatur die Fragen zu besprechen, weil diese Namen, richtig angewandt, uns klare Vorstellung und Begriffe geben werden.

Variabilität und deren Bedeutung in der Bakteriologie.

Die alte KOCHsche Lehre von der starren Spezifität der Bakterien ist seit einer Reihe von Jahren modifiziert worden. Unzählige besondere Typen und Änderungen in den Erscheinungsformen der Bakterien sind erkannt worden. Immerhin bestehen Unterschiede zwischen den einzelnen Arten. NEUFELD hat besonders hervorgehoben, daß es stark fluktuierende Bakterien gebe, wie Streptokokken, Koli u. a., und weniger fluktuierende, wie den Tuberkelbazillus. Diese große Variabilität kann bei Bakterien nie mit Sicherheit auf Mutation zurückgeführt werden, obwohl nicht einzusehen ist, warum bei Bakterien Mutation fehlen sollte. Aber die Beweisführung ist unmöglich bei Arten, die sich nicht sexuell vermehren.

---

[1] SCHOTTMÜLLER: Klin. Wschr. **1926**, Nr 31.

Wir können daher bei Bakterien nie von Generationen, sondern nur von Reihen oder Passagen sprechen. Dagegen ist aus dem starken Wechsel der Erscheinungen die Wahrscheinlichkeit groß, daß es sich meistens um Modifikationen, gelegentlich auch um Langdauermodifikationen handelt.

Diese Auffassung wird auch nahegelegt durch die Ausführungen bei Protisten, z. B. den Malariaerregern, die völlig chinin- und arsenfest gemacht werden können, aber diese Festigkeit als erworbene Eigenschaft sofort wieder verlieren nach einem einzigen Befruchtungsakt.

Solche Variabilitäten der Bakterien gibt es in größter Menge, so den Verlust oder die Änderung der Farbstoffbildung, die Änderung der Agglutination, Verlust der Sporenbildung, Verlust oder Steigerung der Virulenz (natürlich nur am Tier nachweisbar), Verlust des Hämolysevermögens, der Fähigkeit, Zucker zu spalten, der Laktosevergärung, ferner außerordentliche Änderungen im Wachstum der Kolonien, z. B. Dissoziation in die sog. R- und S-Formen, die sogar für den CALMETTEschen Bazillus nachgewiesen worden sind. Ungeheuer groß sind die Variabilitäten bei der Paratyphusgruppe und bei den Koli, und als Ursache dieser Modifikationen werden heute vor allem angesehen: die Bakteriophagenwirkung, die Veränderungen im menschlichen Organismus durch die Abwehrkräfte des Körpers, besonders auch durch die Serumbakterizidie und die Einwirkung der Medikamente. In den Kulturen selbst, besonders in alten Kulturen, entstehen außerordentliche Variabilitäten, und hier nimmt man an, daß die eigenen Stoffwechselprodukte die Veränderungen auslösen.

In der neueren Zeit wird daher öfters davon gesprochen, daß gewisse Bakterien, die vom Menschen gewonnen werden, in einer bestimmten *Phase* sich befinden, und daß diese Phase von größter Bedeutung für den Verlauf der Krankheit wäre. Ganz besonders gilt dies ja für das Problem der Lentasepsis, bei der aber außerdem nach den neueren Auffassungen verschiedene Bakterien und nicht nur eine ganz bestimmte Streptokokkenart die Krankheit bedingen.

Es schließt sich freilich sofort diesen Ausführungen der Gedanke an, ob bestimmte Verlaufsarten der Seuchen durch modifizierte Bakterien, eventuell Bakterien in Langdauermodifikation, erklärt werden können, ein Problem von großer Bedeutung, das aber noch durchaus ungeklärt ist.

Wir wissen bisher nur von dem Pockenerreger, daß er durch Tierpassagen in Vakzine umgewandelt wird und bis jetzt niemals mehr zurückgeschlagen hat. Freilich gibt es manche Autoren, die mindestens einen gewissen Virulenzrückschlag bei der Vaccine generalisata und bei der Vakzineenzephalitis annehmen; aber da aus solchen Fällen doch niemals echte Pockenepidemien hervorgegangen sind, so haben wir alles Recht, in der Vakzine ein konstantes, nicht mehr in Pocken zurückschlagendes Virus anzunehmen. Ich möchte hier freilich hervorheben, daß auch dieser Fall naturwissenschaftlich nicht absolut klar liegt. Das, was auf die Kuh überimpft wird, kann eine Population sein, die wir mit E. LEHMANN als Klon (= eine Reihe weiterer vegetativer Entwicklungen bei asexuellen Gebilden) bezeichnen, und durch die Tierpassage könnten in einer solchen Population selektive Vorgänge entstehen, in dem Sinne, daß gewisse Arten der Sammelart vollkommen untergehen und nur eine bestimmte Art weiterlebt. Mit derartigen Möglichkeiten ist bei Bakterien immer zu rechnen, da wir absolut nicht imstande sind, eine genügende Analyse eines Klons durchzuführen. Sehr deutlich wird eine solche Änderung bei den Hefearten. Wenn zu der gewöhnlich gezüchteten Hefe die sog. wilde Hefe hinzukommt, so überwuchert und verdrängt sie die gewöhnliche Hefe vollkommen und die Hefe wird unbrauchbar, scheint sich verändert zu haben, „degeneriert". Aber hier sind wir durch die Mikroskopie imstande, den neuen Eindringling zu erkennen und das Phänomen zu erklären.

JOLLOS denkt, die Vakzine habe bisher keinen Rückschlag geboten, weil sie immer unter genau gleichen Bedingungen kultiviert und stets genau gleich subkutan eingeimpft werde. Viele „Dauermodifikationen" schlagen aber dann zurück, wenn plötzlich andere Verhältnisse und Bedingungen geschaffen werden und bleiben nur „konstant", wenn die Bedingungen konstant gehalten werden.

Es ist vielfach auch versucht worden, die oben geschilderte Variola nova oder Alastrimerkrankung nur als Langdauermodifikation der Pocken zu erklären mit der Behauptung, es seien aus solchen milden Epidemien doch später wieder richtige Pockenfälle hervorgegangen. Ich vermisse eine Beweisführung in dieser Richtung vollständig und kann nur betonen, daß für die Tausende der Fälle, die in der Schweiz während vier Jahren beobachtet worden sind, ein Rückschlag in Variola vera niemals eingetreten ist. Wenn hier gelegentlich von schwereren Fällen gesprochen worden ist, so hat es sich immer nur um reichlicheres Exanthem, aber nicht um schwerere Allgemeinerkrankungen gehandelt.

In diesen Problemen ist von der größten theoretischen und praktischen Bedeutung der Bacillus BCG. geworden und namentlich die Lübecker Katastrophe hat sofort das Prinzipielle des Problems außerordentlich in den Vordergrund gestellt.

CALMETTE hat den Typus bovinus, virulent für Meerschweinchen, Rinder und Kaninchen, 13 Jahre in Gallenährböden immer wieder weiter gezüchtet. 1906 war er noch virulent für Rinder, Kaninchen und Meerschweinchen, 1910 nur noch für Kaninchen, 1918, nach 230 Passagen, auch für Kaninchen „apathogen", und CALMETTE hat behauptet, es sei jetzt eine „erblich fixierte Art" entstanden. Diese Behauptung bedeutet nichts mehr und nichts weniger als die Annahme der Vererbung erworbener Eigenschaften, die nach dem Urteil der kompetentesten Forscher bisher in keinem einzigen Falle nachgewiesen ist. Von eigentlicher Vererbung kann man ja überhaupt nicht reden, weil es sich um asexuelle Organismen handelt. Es muß daher ohne weiteres nach rein naturwissenschaftlichen Gesichtspunkten erwartet werden, daß der Bacillus BCG sich, weil er eine bloße Modifikation ist, allerdings in gewissem Sinne eine Langdauermodifikation, wieder ändert.

Im Gegensatz zu den Angaben von CALMETTE ist daher auch von vielen durchaus zuverlässigen Autoren eine solche Veränderung nachgewiesen worden, und DOERR hat geschrieben, daß theoretisch das CALMETTEsche Verfahren nicht begründet werden könne. Dazu kommt, daß die Statistik nach CALMETTE ganz allgemein in ihrer Beweiskraft abgelehnt wird.

In manchen Tierversuchen ist z. B. nach Korneapassagen eine Steigerung der Pathogenität des BCG. beim Tier nachgewiesen, und man kann überhaupt nicht von völliger Apathogenität bei Tieren sprechen, weil der Bazillus doch gewöhnlich in die Lymphdrüsen eindringt und manchmal auch noch in andere Organe. Ganz besonders aber lehnen PETROFF, COOPER, TIEDEMANN, UHLENHUTH-SEIFFERT und KIRSCHNER nach ihren Versuchen die CALMETTEschen Auffassungen ab. Der letztgenannte Autor hat beim Tier sogar tödliche Tuberkulose auftreten gesehen. All das könnte nach allgemein naturwissenschaftlichen Prinzipen nicht anders erwartet werden und ich habe in der Klinik schon vor dem Lübecker Unglück immer darauf hingewiesen, daß die wissenschaftliche Grundlage der CALMETTEschen Auffassung durchaus nicht begründet sei, daß man höchstens hoffen könnte, eine Langdauermodifikation vor sich zu sehen, daß aber auch das nach wenigen Jahren nicht bewiesen sei. Selbstverständlich will das nun aber nicht heißen, daß dieser wissenschaftlich vorauszusehende Umschlag nun in Lübeck eingetreten sei. Wenn man aber aus der Entstehungsgeschichte des Bacillus BCG. ersieht, daß er stufenweise sich in seiner Pathogenität verändert hat, so ist doch gar nicht einzusehen, daß ein Rückschlag nicht unter besonderen Umständen wieder möglich sein sollte. Ganz besonders denkt man dabei an die Möglichkeit, daß in einem Organismus mit geringen konstitutionellen oder erworbenen Abwehrkräften ein solcher Umschlag eintreten kann.

Das Auffälligste, was bis jetzt in diesen Fragen der Veränderung bei Bakterien beobachtet worden ist, ist die von DRESER bekanntgegebene und von SOBERNHEIM jetzt bestätigte Beobachtung, daß aus dem Bacterium Typhi flavum plötzlich Paratyphus B und Typhusbazillen entstanden sind, wobei bei der Autorität von SOBERNHEIM die Möglichkeit eines Irrtums ausgeschlossen erscheint. Derartige Beobachtungen beleuchten aufs grellste, wie ungenügend unser Wissen über die Variabilität der Bakterien noch ist. Es könnte ja wohl sein, daß wir nach rein menschlichen Gesichtspunkten Abgrenzungen von Arten vornehmen, nach Merkmalen, die für die Artabgrenzung nicht entscheidend sind. Im übrigen Gebiet der Biologie ist das eine keineswegs seltene Erfahrung.

Bei der Umwandlung der Wasserspirochäte in Spirochaete icterohaemorrhagica (UHLENHUTH) ist eine Beurteilung außerordentlich schwierig. Es handelt sich auch hier um Klone, und es ist denkbar, daß in der Kultur eine Selektion des Gemisches eingetreten ist. Aber selbstverständlich ist die Beobachtung dieser Umwandlung von außerordentlich großer Wichtigkeit.

Literatur von allgemeinerer Bedeutung außer den Textzitaten:

EISENBERG: Mutationen bei Bakterien. Erg. Immun.forschg **1914**. Lit.
LEHMANN: Bakterienmutationen. Zbl. Bakter. **77**, Heft 4 (**1916**). Lit.
LOGHEM, VAN: Zbl. Bakter. **88**. Heft 4.
PRINGSHEIM: Die Variabilität niederer Organismen, 1910. Med. Klin. **1913**, 1005.
SCHMITZ: Verwandlungsfähigkeit der Bakterien. Jena 1916.
TOENNIESSEN: Über Vererbung und Variabilität bei Bakterien. Biol. Zbl. **35**, 281—330 (1915).

Die Konstitutionslehre in ihrer Anwendung auf die Entstehung und die Weiterentwicklung[1] der Tuberkulose.

Seit den ältesten Zeiten ist die Meinung vertreten worden, daß besondere Konstitutionen für die Entstehung der Tuberkulose entscheidend wären, mindestens doch in dem Sinne, daß besondere Dispositionen das Aktivwerden der Krankheit begünstigten. Schon HIPPOKRATES hat in seinen Ausführungen mit den folgenden Worten auf die körperliche Verfassung derjenigen Menschen hingewiesen, die später tuberkulös werden: „Die vermöge ursprünglich fehlerhafter Konstitution mit einer deformen Brust, flügelförmig abstehenden Schulterblättern begabten Individuen sind bei schweren Katarrhen sehr gefährdet, mögen sie expektorieren oder nicht expektorieren. Eine viereckige behaarte Brust mit kurzem, mit Fleisch gut bedecktem Schwertknorpel gibt gute Prognose. Bei Anlage zu Phthise sind alle Erscheinungen heftiger und bedenklich.

[1] Die Infektion mit Tuberkelbazillen befällt so gut wie alle Menschen. Über das Entstehen oder Nichtentstehen der klinisch manifesten Tuberkulose entscheidet, von massiven Infektionen mit Bazillen abgesehen, zur Hauptsache der Organismus. Angesichts der enormen Häufigkeit der Ausheilungen, die ich [2] bei den Sektionsuntersuchungen gefunden hatte, wollte ich 1900 den Ausdruck Disposition oder Konstitution zu letaler Tuberkulose prägen. Mein Lehrer RIBBERT, so sehr er die Rolle der Disposition betont hat, wollte aber damals diese scharfe Formulierung nicht anerkennen; sie schien ihm doch noch zu gewagt. Heute verstehen wir aber beim Begriff, Disposition zu Tuberkulose, stillschweigend das Progressivwerden des Leidens.

[2] NAEGELI: Über Häufigkeit, Lokalisation und Ausheilung der Tuberkulose nach 500 Sektionen des pathologischen Instituts Zürich. Virchows Arch. **160** (1900).

Sieht jemand wie ein an Phthise Leidender aus, so sehe man zu, ob er nicht einen angeborenen Habitus phthisicus habe, und daher dem Verderben nicht entgehen könne.“ Die Angabe, daß die jugendliche Alterskonstitution von 16—30 Jahren vorzugsweise zur Phthise disponiert, findet sich an mehreren Stellen. „Hydrops, Phthise, Gicht und Epilepsie sind, wenn auf konstitutioneller Basis entstanden, kaum heilbar.“

Diese Auffassungen hatten jahrhundertelang ihre volle Gültigkeit behalten. Sie schienen denn auch vollständig demjenigen zu entsprechen, was die allgemeine Beobachtung wiedergab. Allein diese Beobachtung konnte täuschen. Sie beruhte ja doch im wesentlichen nur auf Eindrücken, und sobald diese auf einen sicheren wissenschaftlichen Boden zurückgeführt werden sollten, fällt die Beweisführung außerordentlich schwer.

Mit der Entdeckung des Tuberkelbazillus war erst ein wissenschaftliches Arbeiten in dieser Frage möglich geworden. Ich habe bereits früher erwähnt, daß Robert Koch in jener denkwürdigen Sitzung vom Jahre 1882, in der er den Tuberkelbazillus, seine Kultur, die gelungenen Übertragungsversuche und noch so vieles andere gezeigt hat, die Pathogenese der Krankheit trotz der unzweifelhaften Entdeckung des Erregers nicht als erledigt angesehen hat. Damals prägte er den Satz:

Es sei ihm unzweifelhaft, daß bei dem Zustandekommen der Krankheit auch die Verhältnisse der erworbenen und vererbten Disposition eine bedeutende Rolle spielen.

In der Folgezeit haben aber manche die überragende, ja die ausschließliche Bedeutung des Tuberkelbazillus in den Vordergrund gestellt, so Cohnheim und viele Bakteriologen. Cornet hat den konstitutionellen und konditionellen Bedingungen kaum irgendwelche Bedeutung beigelegt. Auch Behring hat die Disposition einfach mit der Exposition, der Gelegenheit zur Infektion, identifiziert. Meine Untersuchungen vom Jahre 1900 mußten diese Auffassungen erschüttern, weil sie die außerordentlich große Häufigkeit der Tuberkulose bei fast jedem Erwachsenen und die gleichfalls sehr große Häufigkeit der Ausheilungen bewiesen haben. Die Studie von Burckhardt aus dem Schmorlschen Institut hat bei einem noch größeren Material nahezu die gleichen Verhältnisse festgestellt, und wenn in der Folgezeit einzelne Forscher an gewissen Orten zu einer geringeren Durchseuchung der Menschheit mit Tuberkulose gekommen sind, so wären ja lokale Verschiedenheiten, von einzelnen Autoren angenommen (Pathologentagung Wien 1929), keineswegs ausgeschlossen. Es will mir aber doch scheinen, daß die Genauigkeit der Untersuchungen und namentlich die von mir in jedem Zweifelfalle durchgeführte mikroskopische Prüfung der verdächtigen Stellen die Unterschiede am natürlichsten erklären könnte. Gegen die allgemeine Gültigkeit des Satzes, daß enorm viele Menschen in ihrem Leben mit dem Tuberkelbazillus kämpfen und ihn überwinden können, ist indessen von keiner Seite mehr ein Einwand erhoben worden. Wenn in Zürich (NAEGELI), in Dresden (SCHMORL), in Freiburg (ASCHOFF) bei über 90% der Leichen Erwachsener Tuberkulose nachgewiesen werden kann, so bedeutet es für das Problem nichts, wenn an anderen Orten die Ziffer niedriger ausfällt. Damit ist die Basis für die Erörterung einer Konstitutionslehre bei der Tuberkulose erst geschaffen.

Freilich ist zu Anfang dieses Jahrhunderts von verschiedenen Autoren angenommen worden, daß die in den kleinen tuberkulösen Herden vorhandenen Tuberkelbazillen nur abgeschwächte Bazillen darstellen, und damit ist nochmals versucht worden, höchstens bei dem Erreger selbst und nicht beim Menschen eine verschiedene Fähigkeit im Kampfe zu sehen. So hat auch v. BAUMGARTEN in den „NAEGELIschen Herden" schwach virulente Tuberkelbazillen angenommen, und den gleichen Standpunkt vertrat CORNET. Es muß aber betont werden, daß über Untersuchungen in dieser Richtung durchaus nichts vorliegt, und es wäre, die Richtigkeit des Bestehens schwach virulenter Tuberkelbazillen vorausgesetzt, sehr wohl denkbar, daß diese erst im Kampfe mit dem Organismus abgeschwächt worden und nicht von vornherein in geringerer Virulenz aufgetreten wären. v. BAUMGARTEN hat denn auch erklärt, daß die Disposition beim Tier nicht das allergeringste bedeute. Es sei ganz gleichgültig, ob es sich um jugendliche oder um alte, um fette oder um magere, um große oder um kleine Tiere handle, und auch für eine erworbene Disposition gebe die experimentelle Forschung nicht die geringste Stütze.

Es ist klar, daß bei diesen Erörterungen die Konstitution des Erregers und die Konstitution des Menschen zunächst einmal grundsätzlich getrennt werden muß. Nach naturwissenschaftlichen Beobachtungen ist es durchaus denkbar, daß bei beiden Verschiedenheiten der Konstitution vorkommen können.

a) Die Konstitutionsverschiedenheiten des Tuberkelbazillus[1].

Ein außerordentlich oft studiertes Problem ist die Prüfung des Tuberkelbazillus und der ihm verwandten säurefesten Arten. Nach den umfangreichen Forschungen von CALMETTE[2] ist die experimentelle Überführung der Paratuberkelbazillen in echte Tuberkelbazillen unmöglich und ebenso auch die Umwandlung des Tuberkelbazillus in einen Paratuberkelbazillus. Es muß daher nach naturwissenschaftlichen Erfahrungen angenommen werden, daß die Entstehung des Tuberkelbazillus

[1] Siehe auch S. 143.

[2] CALMETTE: Verhandlungen des internationalen Kongresses zur Bekämpfung der Tuberkulose. Lausanne 1924. Diese Ansichten vertritt auch KOLLE, indem er sagt (1924), es sei ihm nur die Umwandlung eines saprophytischen Paratuberkulosebazillus in einen tierpathogenen Paratuberkulosebazillus gelungen, also nicht in einen Tuberkelbazillus.

aus dem Kreise seiner Verwandten durch einen plötzlichen Sprung (Mutation) vor sich gegangen sei, da alle früheren Auffassungen über allmähliche Änderungen der Arten im ganzen Bereich der Naturwissenschaften widerlegt sind und die Spezies diskontinuierlich ist (BATESON). Wenn wir zu wissen glauben, daß Mutationsperioden in den geologischen Zeiten bei Arten und Familien nur einmal vorkommen, so erscheint es nicht gerade sonderbar, daß solche Überleitungen nicht jederzeit ausgelöst werden können. Man schätzt im allgemeinen das Auftreten der ersten Menschen in eine Zeit, die eine Million Jahre zurückliegt. Es erscheint daher schon möglich, daß innerhalb dieser Zeit, und zwar wohl vor sehr langen Jahren, die Mutation auftrat, und nun in ihrem Vorkommen an den Menschen gebunden ist. Die Naturwissenschaften lehren, daß viele Arten, auch wenn sie früher starke Variabilität geboten haben, heute starr sind, ganz besonders phylogenetisch alte Schöpfungen.

Gewisse *Virulenzunterschiede* sind nun beim Tuberkelbazillus heute sichergestellt, und zwar nicht nur der wohlbekannte Unterschied des Typus bovinus gegenüber dem Typus humanus. Freilich hatte NEUFELD [1] in eingehenden Studien über die Variabilität der Bakterien gerade den Tuberkelbazillus zu den konstant nicht fluktuierenden Bakterien gestellt; aber durch die interessante Studie von SILBERSCHMIDT [2] ist auch die Konstanz einer ganz abnorm hohen Virulenz eines Tuberkelbazillusstammes gezeigt worden. Durchschnittlich sind die Tiere nach der Impfung innerhalb 12—14 Tagen gestorben, und die Ausnahmen von diesem Ergebnis sind unerheblich und betreffen nur kurze Zeitspannen. Der Stamm zeigte die hohe Virulenz auch für die Maus, sowohl bei intravenöser wie bei intraperitonealer Injektion, desgleichen beim Kaninchen.

Die bisherigen experimentellen Untersuchungen lehren aber, daß mit so hochvirulenten Tuberkelbazillen sicher nur selten zu rechnen ist. Wenn wir daher in der menschlichen Pathologie so enorme Unterschiede in der Verlaufsart tuberkulöser Affektionen sehen, so muß die Variabilität doch im wesentlichen und am häufigsten im Menschen selbst gelegen sein. Es bedarf keiner weiteren Erörterung, daß natürlich die Menge der in den Organismus eindringenden Keime gleichfalls ein Moment von denkbar größter Bedeutung darstellt. Allein wenn wir an die starke Vermehrungsfähigkeit des Tuberkelbazillus denken, so wird doch mindestens in einer großen Anzahl der Fälle auch diesem Faktor nicht allein die ausschlaggebende Bedeutung beigelegt werden können.

Ich möchte nun prüfen, was für die Wichtigkeit der menschlichen Konstitutionen im Kampfe gegen die Tuberkulose als bisherige Erfahrung erwähnt werden kann.

---

[1] NEUFELD: Dtsch. med. Wschr. **1924**, Nr 1. Über die Veränderlichkeit der Krankheitserreger in ihrer Bedeutung für Infektion und Immunität.

[2] Schweiz. med. Wschr. **1925**.

b) Die Konstitutionsverschiedenheiten des Menschen im Kampfe mit der Tuberkulose.

Familienforschungen [1] ergeben, daß in gewissen Familien die Tuberkulose sehr häufig auftritt. Im allgemeinen ist das Folge der Exposition und die Häufung kann daher nicht wundernehmen. Aber man erlebt es doch ab und zu, daß alle Glieder derselben Familie nach jahrelangen Intervallen in auffälliger Weise, ohne jede ersichtliche Infektionsquelle oder erkennbare starke Exposition, der Tuberkulose erliegen oder umgekehrt, daß Glieder gewisser Familien das ganze Leben lang mit der Tuberkulose zu kämpfen vermögen und weit über 70 Jahre alt werden.

Mir ist die Familie eines Zürcher Arztes bekannt, in der in großen Zeitintervallen alle Geschwister an Tuberkulose gestorben sind, obwohl sie nicht beieinander gelebt haben, und wo z. B. die letzte Schwester nahezu 20 Jahre nach ihren Geschwistern erkrankt und einer Miliartuberkulose erlegen ist. Sie hat in früherer Zeit niemals etwas sicher Tuberkulöses geboten und bei der Autopsie außer einem käsigen Bronchialdrüsenherd keine älteren tuberkulösen Veränderungen aufgewiesen.

Noch auffälliger ist die folgende in vielen Einzelheiten mir sehr genau bekannte Beobachtung:

Vater und Mutter waren niemals in ihrem Leben nachweisbar krank gewesen, erreichten beide mehr als 80 Lebensjahre und boten bei eingehender Prüfung keine Lungenveränderungen. Von den 13 Kindern sind im Laufe vieler Jahre 12 gestorben, alle an Lungentuberkulose, zuerst die jüngeren Geschwister, meist mit 20 Jahren, dann erst lange Jahre nach der Verheiratung und dem Wegzug aus dem Elternhause in weite Ferne und ebenfalls erst lange Jahre nach dem Hinsterben der jüngeren Geschwister sind auch die älteren Schwestern der Tuberkulose doch noch erlegen, nachdem sie früher nie krank gewesen waren. Einzig der älteste Sohn ist verschont geblieben und nie nachweisbar erkrankt. Er blieb im Elternhaus. Alle Untersuchungen über eine Infektionsquelle in der Familie haben mir kein greifbares Ergebnis gebracht. Dagegen zeigte es sich, daß beide Eltern in der Aszendenz schwer mit Tuberkulose belastet waren. Nach dem Hinsterben der ersten Kinder ist bei der ausgezeichneten sozialen Lage der Familie alles geschehen, um die noch Lebenden zu retten. Es war völlig ergebnislos. Wenn man die speziellen Verhältnisse dieser Familie genau gekannt hat, so konnte man hier den Gedanken nicht los werden, daß eine ganz besondere vererbte Anlage zur Tuberkulose bestanden habe. Das ist selbstverständlich zunächst nur ein Eindruck, der nach dem Stande des heutigen Wissens nicht zu einer sicheren Tatsache erhoben werden kann; aber manche Ärzte haben ähnliches beobachtet. Namentlich wird mir immer und immer wieder von Familien berichtet, in denen alle Glieder Dezennien lang mit der Tuberkulose kämpften, aber jetzt im Gegensatz zu obiger Beobachtung so viel Widerstand aufweisen, daß sie zu einem hohen Alter gelangen und fast andauernd arbeitsfähig bleiben.

In ganz anderer Weise hat TURBAN [2] versucht, die konstitutionelle Veranlagung zu Tuberkulose in gewissen Familien zu beweisen. Er hat

[1] Besonders bekannt sind die Untersuchungen RIFFELS, ICKERTS u. a. — Siehe Lehrbücher der Tuberkulose. Siehe die ablehnende Kritik in DIEHL u. v. VERSCHUER: Zwillingstuberkulose. Jena: Gustav Fischer 1933.

[2] TURBAN: Die Vererbung des Locus minoris resistentiae bei der Lungentuberkulose. Z. Tbk. 1 (1900).

gezeigt, daß die Tuberkulose bei Geschwistern in ihrem Auftreten an der gleichen Lungenstelle, z. B. im rechten Oberlappen, gleiche Verhältnisse aufweist, daß auch der weitere Verlauf der Krankheit und die Prognose sich auffällig gleich gestalten und oft gleiche Komplikationen auftreten. Diese Untersuchungen haben bei FINKBEINER, STRANDGAARD, KUTHY, A. E. MAYER und zuletzt EDEL [1] eine Bestätigung gefunden. Nimmt man alle diese Untersuchungen zusammen, so zeigt sich, daß unter 1013 Personen aus 317 Familien 71% dieses von TURBAN geschilderte Verhalten zeigen. Allerdings ist das Übereinstimmen im zeitlichen Auftreten, im Charakter der Krankheit und in dem Auftreten der Komplikationen von A. E. MAYER nicht durchwegs bestätigt worden, wohl aber die primäre Lokalisation bei Geschwistern an gleichen Stellen. Später hat HUBER (OERI) [2] 1929 mitgeteilt: die Übereinstimmung in der Lokalisation treffe in 67%, bei den Kavernen aber nur in 64% und bei den Lungenblutungen in 61% der Fälle zu.

Heute muß freilich bei diesen Fragen die Röntgenanalyse, und zwar schon für den Beginn der Affektion als unerläßlich verlangt werden.

Besondere Verhältnisse der Lunge und des Thoraxbaues sind schon seit langer Zeit für die Ansiedlung und das Fortschreiten der Tuberkulose verantwortlich gemacht worden. Allein es handelt sich dabei in der Regel um konditionale Momente, nicht um eine konstitutionell vererbbare Veränderung des Menschen. So ist besonders von FREUND und HART die abnorm früh verkalkte erste Rippe und die damit auftretende SCHMORLsche Furche als wichtig hingestellt worden. BIRCH-HIRSCHFELD hat den steilen rechtwinkligen Abgang des apikalen Bronchus als wichtig für die Spitzenlokalisation hingestellt, SCHLÜTER das Fehlen des Komplementärraumes über der Spitze, RIBBERT die geringe Blutversorgung der Spitze, BREMER das schwache Herz, TENDELOO die individuell sehr verschiedene Ausprägung der elastischen Fasern der Lunge. ORSOS beschuldigt den Zwerchfellzug, der an der Lungenkuppe sich besonders stark auswirke, dadurch die Gefäße verengere und gewisse Stellen entspanne. Dies wäre für sekundäre Bazillenansiedlung wichtig. Auch LÖSCHKE vertritt ähnliche Auffassungen. Französische Autoren haben besonders als Begünstigung für das Aufflackern der Tuberkulose die Demineralisation des Organismus bezeichnet.

Vor allem ist aber seit den ältesten Zeiten der *Habitus asthenicus* [3] (s. S. 145) als eine hauptsächliche Konstitutionsanlage für das Entstehen einer Lungentuberkulose vorgebracht worden. Dieser Habitus asthenicus

---

[1] FINKBEINER, STRANDGAARD, KUTHY, A. E. MAYER u. EDEL: Über den Locus minoris resistentiae hereditarius der Lunge bei chronischer Tuberkulose. Brauers Beitr. **50** (1922).

[2] HUBER: Brauers Beitr. **1929**.

[3] Siehe außer den Büchern der allgemeinen Besprechung der Konstitutionsprobleme STRAUSS: Über Habitus asthenicus und seine klinische Bedeutung. Berl. klin. Wschr. **1910**, Nr 5.

ist denn auch dem Habitus phthisicus gleichgesetzt worden. Die neuere Forschung beweist in der Tat eindringlich die Wichtigkeit dieser Körperbauform. Manche Autoren haben Einwände vorgebracht und diesen Habitus asthenicus als eine Rasseneigentümlichkeit bezeichnet. Das sind eben zwei zu trennende Phänotypen. Zum Teil ist Habitus asthenicus auch konditional als dritter Phänotyp anzusehen als Folge einer Tuberkulose.

Interessant ist die Auffassung eines Klinikers von der Erfahrung und Kritik wie FRIEDRICH MÜLLER, der alle Beziehungen zwischen Habitus asthenicus und Tuberkulose bestreitet. Gewiß kann man auch allerkräftigste Leute mit pyknischem Thorax der Tuberkulose erliegen sehen, aber die Frage stellt sich: bei welchem Körperbautypus ist tödliche Tuberkulose häufiger, und das beantwortet SALTYKOW nach den Leichenuntersuchungen dahin: 92% bei Asthenikern, 8% bei Pyknikern. Bei extrapulmonalen Tuberkulosen sind aber die Verhältnisse ganz anders. Hier stehen 73% bei Asthenikern schon 27% bei Fibrös-Pyknisch-Adipösen gegenüber, und ausheilende oder geheilte Tuberkulosen fanden sich bei Asthenisch-Grazilen 59% gegenüber 41% bei fibrös-pyknischer Konstitution.

Eine **genotypisch verschiedene** Disposition für die Erkrankung an Tuberkulose darf wohl für die verschiedenen *Menschenrassen* als wahrscheinlich angenommen werden. Dieser Gesichtspunkt ist in der Betrachtungsweise, daß die Spezies Homo sapiens eine Sammelspezies (natürlich mit zahllosen Hybriden) darstellt, von vornherein verständlich. Wir kennen auch bei den Tieren die denkbar größten Unterschiede in der Empfänglichkeit für tuberkulöse Infektion. Freilich muß gesagt werden, daß die Differenzen bei den Menschenrassen bei ihrer doch immerhin nahen Verwandtschaft niemals derartig verschieden sein können.

Eine besondere Disposition zur Erkrankung an Tuberkulose wird immer der *Negerrasse* zugeschrieben. Außer direkt konstitutioneller Veranlagung spielen hier aber exogene konditionale Momente sehr stark mit, und zum Teil wird das rasche Dahinsterben der Neger an Tuberkulose darauf zurückgeführt, daß weite Gebiete von Zentralafrika mit der Tuberkulose noch gar nicht in Berührung gekommen sind. Bei solchen Infektionen von Völkern kommt es dann zweifellos zu Selektionen, indem genotypisch stark Anfällige ausgerottet werden und nachher eine ganz andere resistentere Population vorliegt. Das zeigen auch die experimentellen Seuchen in den Mäusedörfern von WEBSTER.

Von GRUBER ist das Auftreten ungemein foudroyant verlaufender Tuberkulosen bei den Negern der Besetzungstruppen in Mainz beschrieben worden. Es muß aber auch in diesem Falle an die Möglichkeit der Einwirkung exogener Momente, namentlich des *Klimas,* da die Ernährung gut war, gedacht werden. Daß nun unter dem Einfluß besonderer äußerer Bedingungen (Konditionalismus) die Tuberkulose tatsächlich leichter entsteht oder anders verläuft, kann gar keinem Zweifel unterliegen. Das sehen wir jederzeit und zuweilen mit größter Eindringlichkeit.

Damit haben wir bereits den Boden betreten, der als **konditionale, erworbene Konstellation** die Tuberkulose begünstigt.

Wir wissen, daß alle *schwächenden* Momente der Tuberkulose Vorschub leisten, so auch langdauernde Infektionen und Intoxikationen, und daß nach Infektionskrankheiten, besonders nach Masern, wegen Komplementaufbrauch eine perakute miliare Tuberkulose entstehen kann.

Unter dem Einfluß der durchaus *ungenügenden Kriegsernährung*, namentlich des Mangels an Fetten, sind sämtliche Insassen des Armenhauses in Heidelberg bis auf den letzten Mann an ganz besonders deletär verlaufenden Tuberkulosen gestorben (mündliche Mitteilung von Professor Ernst). Dabei war das tuberkulöse Gewebe in einer Weise beschaffen, brüchig, zerfallend, wie man das zu sehen sonst nicht gewohnt war. In gleicher Weise ist die außerordentlich starke Zunahme der Tuberkulose während der Kriegszeit in Deutschland und Österreich zu erklären.

Sehr bekannt ist der enorm schädigende Einfluß des Mangels an frischer Luft und an Bewegung. Daher ist die Verurteilung zu lebenslänglicher Gefangenschaft vielfach gleichbedeutend mit Tod an Tuberkulose.

Wir wissen, daß auch die Affen in ihrer Gefangenschaft in Europa ungemein häufig der Tuberkulose zum Opfer fallen.

Sehr bekannt ist die schwere Gefährdung und der schlimme Verlauf der Tuberkulose bei *Diabetes*. Ich habe wiederholt gesehen, daß mit dem Ausbruch des Diabetes in den späteren Lebensjahren eine längst anscheinend ausgeheilte Tuberkulose wieder aktiviert worden ist und in der Form der Pneumonia caseosa zum Tode geführt hat.

Außerordentlich oft erörtert sind die Beziehungen zwischen *Schwangerschaft und Tuberkulose*. Ich gehe hier auf dieses Gebiet nicht näher ein, möchte aber bemerken, daß zweifellos nicht nur Verschlimmerungen während einer Schwangerschaft beobachtet wurden, sondern bei mehr chronischen, zur Induration neigenden Fällen auch günstige Beeinflussung, eine Tatsache, die verschieden erklärt werden kann.

Die *Steinhauerlunge* (Silikosis) bietet bei fortschreitender Tuberkulose gleichfalls außerordentlich ungünstige Verhältnisse. In besonders überzeugender Weise hat das Staub[1] gezeigt, mit dem Nachweis, daß in einer bestimmten Fabrik, in der sehr viel Steinstaub sich entwickelt hat, schließlich sämtliche Arbeiter, wenn sie eine Anzahl Jahre tätig gewesen waren, der Tuberkulose zum Opfer fielen. Aber auch sonst sind Beobachtungen dieser Art durchaus häufig. Von den acht Steinhauern meiner 500 Sektionen, die zum Zwecke der Feststellung tuberkulöser Veränderungen an Leichenmaterial untersucht worden sind, starben sieben an Tuberkulose. Ich kenne in meiner Heimatgemeinde

[1] Staub: Dtsch. Arch. inn. Med. **119** (1916).

eine Steinhauerfamilie, in der beide Eltern, der Lehrling und zwei Söhne an Tuberkulose gestorben sind und zwei andere Geschwister gleichfalls jahrelang mit der Krankheit gekämpft haben. Dabei sind die Erkrankungen zum Teil erst lange Zeit nach der Entfernung aus dem Elternhaus aufgetreten und progressiv verlaufen.

Das Eigenartige dieser Kombination der Silikosis mit der Tuberkulose ist in den meisten Fällen der chronische, stark produktive Verlauf der Entzündung, die trotz großer Neigung zur Induration doch kaum je zur Ruhe kommt und schließlich den Tod herbeiführt mit exsudativen finalen Schüben.

Seit langer Zeit ist die große Gefährdung der Menschen mit *Pulmonalstenose* zu schwerer tuberkulöser Erkrankung bekannt. Es ist früher behauptet worden, daß kein Patient mit diesem Leiden das 20. Lebensjahr überschreitet. Das ist in dieser strengen Formulierung freilich nicht richtig.

Ich möchte ferner hinweisen auf die besondere Gefährdung durch Tuberkulose bei dem Vorhandensein von Skoliosen und anderen *Rückgratverkrümmungen,* bei *Deformationen* des Brustkorbes.

In anderer Weise sieht man in vorgeschrittenen Fällen von *Leukämien* und *Lymphogranulom* gar nicht selten Miliartuberkulose entstehen, indem diese Krankheiten die Lymphdrüsen befallen und aufwühlen, abgegrenzte tuberkulöse Herde freimachen und dem Tuberkelbazillus die Tore öffnen.

Es ist von einzelnen Autoren auch die *besondere Disposition der Spitze* zu Erkrankungen darauf zurückgeführt worden, daß bei der phylogenetisch vor sich gehenden Reduktion des Brustkorbes eine besonders gefährdete Stelle in der Spitze vorhanden sein müßte.

In dieser Frage der Spitzenaffektion muß freilich scharf betont werden, daß wir auf dem Boden unserer heutigen Erfahrungen wissen, wie ganz gewöhnlich die ersten Lokalisationen der Tuberkulose in der Form der GHONschen Herde an allen beliebigen Lungenstellen sitzen und nur ganz ausnahmsweise in der Spitze. Auch kennen wir heute die sehr häufige Entwicklung einer Tuberkulose im Obergeschoß als Frühinfiltrat, die gegenüber den Spitzenaffektionen für die Entwicklung einer fortschreitenden Tuberkulose außerordentlich viel wichtiger sind. Die BACMEISTERschen Untersuchungen von der besonderen Gefährdung der Spitze bei der experimentellen Anlegung eines starren Ringes haben in der Folgezeit meistens keine Bestätigung gefunden.

Trotzdem besteht über die besondere Erkrankung der Lungenspitze kein Zweifel, und es sind oben eine Reihe von Momenten zur Erklärung erwähnt worden. Dabei muß freilich gesagt werden, daß Spitzentuberkulosen zwar sehr häufig sind (ASCHOFF über 90%), aber selten zu progressiven tödlichen Tuberkulosen führen. Dem entsprechen meine vielen Leichenbefunde von ganz alten chronischen Spitzentuberkulosen.

Außer der Disposition für bestimmte Lokalisation der Tuberkulose in der Lunge scheinen auch für die Art der tuberkulösen Ausbreitung im Körper konstitutionelle Momente von Bedeutung zu sein, wie dies für familiäre Disposition zu hämatogener Streuung bekannt ist (Stammbäume von ICKERT und BENZE, eigene Beobachtungen, z. B. 37jähriger Mann mit tuberkulösem Morbus Addison und Genitaltuberkulose, dessen Schwester 23jährig an Knochen- und Peritonealtuberkulose, dessen Großmutter 43jährig an Tuberkulose mit kalten Abszessen gestorben ist).

In der Frage der konstitutionellen Veranlagung zur Erkrankung und zum fortschreitenden Verlauf einer Tuberkulose können auch verschiedene **Konstitutionskrankheiten** darauf hin untersucht werden, wieweit sie selbst eine besondere Gefährdung für die Entwicklung einer Tuberkulose bedeuten.

Bei der *Chlorose* mit ihrer breiten, tiefen Brust, dem virilen Knochenbau und dem starken Fettansatz haben wir immer wieder die Erfahrung gemacht, daß bei ihr Tuberkulose nicht häufig ist. Auch machen leichte Affektionen im Laufe von Jahren keinen Fortschritt und neigen zur Induration. Man kann daher wohl mit Bestimmtheit die vererbte chlorotische Konstitution als einen ungünstigen Boden gegenüber der Entwicklung einer Tuberkulose bezeichnen. Ich gebe gerne zu, daß in dieser Frage noch sehr viel ausgedehntere Untersuchungen vorgenommen werden müssen.

Für die *arthritische Konstitution,* die wir heute zum pyknischen Habitus rechnen, ist immer eine geringe Gefährdung in der Ausbreitung der Tuberkulose behauptet worden.

Der Arthritismus wurde vielfach in Verbindung gesetzt mit *lymphatischer Konstitution* und auch für diese letztere die geringere Gefährdung und die günstige Reaktion des Organismus gegenüber eindringenden Tuberkelbazillen hervorgehoben. Ganz speziell geschah dies durch BARTEL, der ein lymphoides Stadium gewisser tuberkulöser Erkrankungen, die Anwesenheit von Tuberkelbazillen im lymphatischen Gewebe, als eine besondere und günstige Reaktion angenommen hat. v. BAUMGARTEN will zwar diese Befunde in ihrer Deutung nicht anerkennen und meint, es sei unbewiesen, daß aus diesen lymphoiden Herden Tuberkulose entstehe. Die ganze Frage des Lymphatismus ist aber gegenüber früher stark verschoben und völlig verändert, insofern, als wir auf Grund der Kriegserfahrungen die starke Entwicklung des lymphatischen Gewebes heute als das Normale ansehen und den Gedanken an pathologisches Geschehen zurückweisen.

Die ADDISONsche Krankheit bietet zweifellos auffällige Erscheinungen. Überaus häufig und diagnostisch wichtig ist nach meinen Erfahrungen die dabei vorhandene Lymphozytose, die zweifellos eine gesteigerte Funktion des lymphatischen Apparates bedeutet. Ich habe mir daher immer das so häufige Fehlen progressiver tuberkulöser Veränderungen in anderen Organen außerhalb der Nebennieren mit diesem energischen Kampfe des Organismus in Beziehung gebracht. Fast alle Addisonkranke sterben nicht an Tuberkulose, sondern an Nebenniereninsuffizienz, und trotz jahrelangen Bestehens ihrer Krankheit kommt es vielfach in anderen Organen gar nicht oder nur in geringem Umfange zu tuberkulösen Herden.

Nach LEUTHOLD ist die *infantilistische Konstitution,* vor allem verbunden mit Genitalhypoplasie und dann mit gleichzeitiger Hyperplasie der Nebennieren, der Tuberkulose besonders ausgesetzt. Es erscheint denkbar, daß bei der Entstehung dieses Infantilismus exogene Momente entscheidend sind. Ohne weiteres kann aber nicht ausgeschlossen werden, daß dabei auch genotypische Anlagen mitspielen.

Bei *Ulcus ventriculi,* bei dem heute hereditäre Momente vielfach angenommen und auch durch Stammbaumforschung wahrscheinlich gemacht worden sind, gilt das Vorkommen von fortschreitender Tuberkulose als etwas Seltenes. In früheren Dezennien hat die klinische Medizin die umgekehrte Auffassung gehabt.

Bei der *Basedowkrankheit,* bei der genotypische Anlagen ebenfalls durch Stammbaumforschung wahrscheinlich sind, wird trotz der starken Abmagerung und der damit gegebenen Gefährdung des Organismus Tuberkulose sehr wenig beobachtet.

Bei Chondrodystrophie soll Tuberkulose überhaupt nicht vorkommen (VALENTIN). Das gleiche wird angegeben für Eunuchoidismus und Dysgenitalismus.

Adipositas gilt im allgemeinen als ungünstiger Boden für die Entwicklung der Tuberkulose. Diese Störung ist aber durch endogene und exogene Momente bedingt und ihr Verhalten zur Tuberkulose müßte je nach der Entstehung der Fettsucht noch genauer festgestellt werden.

Der *Thorax piriformis* von WENKEBACH mit seiner breiten, tiefen oberen Thoraxappertur gilt gleichfalls als ein durchaus ungünstiger Boden für die fortschreitende Tuberkulose. Es stellt in vielen Beziehungen das Entgegengesetzte des Habitus asthenicus dar.

Die Abhängigkeit der fortschreitenden Tuberkulose von starken konstitutionellen Faktoren belegen dann ganz besonders die längst bekannten Verhältnisse des Auftretens schwerer Tuberkulosen in verschiedenen Lebensaltern. Siehe namentlich S. 117 f. Die Mortalität bei hämatogener wie bei nicht hämatogener Tuberkulose betrifft besonders die Jahre 0—2, 18—30 und jenseits 60. Es ist also eine dreigipflige Kurve. Das Anschwellen mit der Pubertät wird von fast allen Autoren auf innersekretorische, jetzt veränderte Verhältnisse zurückgeführt, z. B. in neuerer Zeit von BEITZKE, PEISER, REDEKER, A. STERNBERG, UEHLINGER u. a., während LÖSCHKE das größere Längenwachstum an sich und damit die Dauerdehnung der Spitzen für die größere Häufigkeit der Tuberkulose nach der Pubertät verantwortlich machen will.

Die Nebennierentuberkulose zeigt sich erst mit und nach der Pubertät, vielleicht von ganz vereinzelten Fällen sonst abgesehen.

Die Knochentuberkulose ist ganz vorwiegend an das 1., 3. und 7. Jahrzehnt gebunden. Das Auftreten der Nierentuberkulose hält sich in der Häufigkeit an die Kurven der Lungentuberkulosehäufigkeit.

Viele Autoren, vor allem RANKE, haben diese Altersdifferenzen und auch andere Unterschiede auf besondere allergische Phänomene zurückgeführt; aber in dieser starren Form ist, wie ROMBERG sagte, das RANKEsche Hypothesengerüst nicht aufrecht zu erhalten; denn es ist z. B. absolut nicht einzusehen, warum die Jahre 10—16 nicht ähnliche Formen wie Pubertätstuberkulosen aufweisen sollten, wenn es nur auf das Allergische ankäme. In diesen Jahren sind die Primärherde bei sehr vielen Kindern schon längst da, und Exposition ist reichlich genug vorhanden, um schwere Tuberkulosen angehen zu lassen. Auch ROESSLE hat sich dahin ausgesprochen, daß die Auffassungen RANKEs keine sicheren anatomischen Grundlagen hätten, und anatomisch überhaupt vieles gegen die herrschende Lehre der Allergie in den Tuberkulosefragen spreche. Am deutlichsten sind solche Beziehungen zweifellos vorhanden in der immer und immer wieder bestätigten Erfahrung, daß trotz schwerer chronischer Lungentuberkulose nach dem 20. Lebensjahr Drüsentuberkulosen sehr selten angehen.

Von der denkbar größten Bedeutung sind nun die *Zwillingsuntersuchungen* in all diesen Fragen geworden, die vor allem in der umfassenden Studie von DIEHL und v. VERSCHUER sicheren Boden geschaffen haben. Die wichtigsten Erfahrungen aus diesen Studien sind die folgenden: Bei 37 erbgleichen Paaren zeigt sich gleiches Verhalten der Tuberkulose in 70%, verschiedenes in 30%. Bei 69 erbverschiedenen Paaren gleiches Verhalten in 25% und verschiedenes in 75%.

Die Thoraxform und -gestalt, und auch der Körperbau erwies sich in all diesen Untersuchungen nicht als von besonders großer Bedeutung. Die Lokalisation bei erbgleichen Zwillingen war in bezug auf gleiche Seiten nicht übermäßig deutlich, sondern zeigte sich öfters auch als Spiegelbild auf der anderen Seite. Dagegen war der Charakter der Prozesse außerordentlich ähnlich, und desgleichen der Verlauf, ferner oft das Auftreten im gleichen Alter und im gleichen Organ, z. B. die so eminent seltene Calcaneus-Tuberkulose bei beiden eineiigen Zwillingen. Von großer Wichtigkeit ist ferner die starke Unabhängigkeit von Außenfaktoren. Selbst die Exposition gegenüber Bazillenausstreuern erweist sich nicht als das Moment von überragender Bedeutung. Es ist das verständlich, weil für das Fortschreiten der Tuberkulose das Angehen und die Weiterentwicklung der Tuberkelbazillen im Körper das Entscheidendste ist und nicht die an sich keineswegs seltene Bazillenstreuung.

Rothaarigkeit, äußerliche, genotypisch bedingte Varianten, Abnormitäten, Blutgruppen usw. sind ohne Belang.

Auch eine besondere Beziehung zu anderen Lungenkrankheiten, also die sog. Organschwäche, ist in keiner Weise vorhanden.

Wenn REDEKER diesen Untersuchungen gegenüber gesagt hat, die Miliartuberkulose widerspreche den Behauptungen über starke Erbfaktoren bei der Tuberkulose, so ist dabei das Hauptproblem, um das es sich in erster Linie handelt, die Lungentuberkulose verlassen, und die Sache auf ein Nebengeleise geschoben worden. In der Tat kann man die Miliaris nicht mit der Lungentuberkulose vergleichen, weil es sich um biologisch sehr verschiedene Dinge handelt.

Diese Zwillingsforschungen zeigen wiederum, daß die Allergieprobleme zweifellos nicht das Entscheidendste sind, sondern daß in Tat und Wahrheit innere schwer erfaßbare, aber *genotypisch bedingte Verhältnisse für die Entwicklung einer manifesten und fortschreitenden Tuberkulose die allererste Rolle spielen.* Dies entspricht durchaus den Auffassungen unserer bedeutendsten Kliniker, die immer den konstitutionellen Boden als das Entscheidendste für die Weiterentwicklung der Tuberkulose und ihren tödlichen Ausgang angesprochen haben, vor allem in letzter Zeit noch ROMBERG. Heute sind nun solche Auffassungen mit jeder Sicherheit als bewiesen anzusehen.

Die konstitutionelle hämolytische Anämie (Kugelzellenanämie),

geprüft an einem phänotypisch schwach ausgesprochenen Fall mit tödlichem Icterus gravis der neugeborenen Kinder.

Es ist seit langer Zeit bekannt, daß bei Neugeborenen mitunter der normale Icterus neonatorum, der heute als physiologische extrahepatische Hämolyse und Gallenbildung aufgefaßt wird, anscheinend so außerordentlich stark wird, daß er zum Tode der Neugeborenen führt, und zwar mitunter bei allen oder fast allen Kindern einer Familie. Anfänglich hielt man diese Erkrankungen für infektiös, was in der Tat vorkommt; nachher dachte man an einfache Steigerung physiologischer Hämolyse. Aber das alles trug, je häufiger zahlreiche familiäre Beobachtungen bekannt wurden, wenig Wahrscheinlichkeit in sich.

Mit der Kenntnis der konstitutionellen hämolytischen Anämie mußte nun sofort der Gedanke auftauchen, es handle sich um konstitutionelle Prozesse auf dem Boden dieser Heredopathie und in der Tat konnte das auch bald bewiesen werden; denn längst kann der Satz von CHAUFFARD nicht mehr in vollem Umfange als richtig wiedergegeben werden, der für diese Heredopathie gesagt hat: „Ils sont plus jaunes que malades.“ Dagegen gehört es immerhin zu den Seltenheiten, daß die neugeborenen

Kinder schon schwere Anämie, große Leber und Milz und schwersten Ikterus haben und unter den Erscheinungen hochgradigster hämolytischer Anfälle sterben.

Ich selbst sah in Zürich das 5. Kind eines Vaters mit Kugelzellenanämie, von dem bereits 4 Kinder in frühester Jugend, alle mit Icterus gravis neonatorum gestorben waren. Dieses 5. Kind mit schwerstem kongenitalen Ikterus, Anämie, Milz- und Lebertumor war längste Zeit in außerordentlich lebensgefährlichem Zustande, konnte aber allmählich doch in bezug auf Anämie und Allgemeinbefinden gebessert werden. Splenektomie im 4. Lebensjahr; seither, seit 2 Jahren, glänzendes Wohlbefinden und ausgezeichnete Entwicklung. Hier lagen die Verhältnisse absolut klar. Eine ganz andere Frage ist aber, ob alle Fälle von tödlichem Icterus gravis neonatorum mit Häufung in einer Familie in dieses Gebiet hineingehören. Es erscheint durchaus möglich, daß noch ganz andere konstitutionelle Prozesse auf dem Boden ungewöhnlichster Hämolyse zu schwerster Anämie und zum Tod der Neugeborenen führen. Es erschiene denkbar, daß es konstitutionelle Anlagen des retikuloendothelialen Apparates gäbe, bei denen nun tatsächlich durch eine ungewöhnliche Steigerung an sich physiologischer Zustände das Leben aufs äußerste bedroht würde. Hierbei von familiärer Cholämie zu sprechen, wäre ganz oberflächlich und würde nur den biologischen Mechanismus des Leidens bis zu einem gewissen Grade wiedergeben.

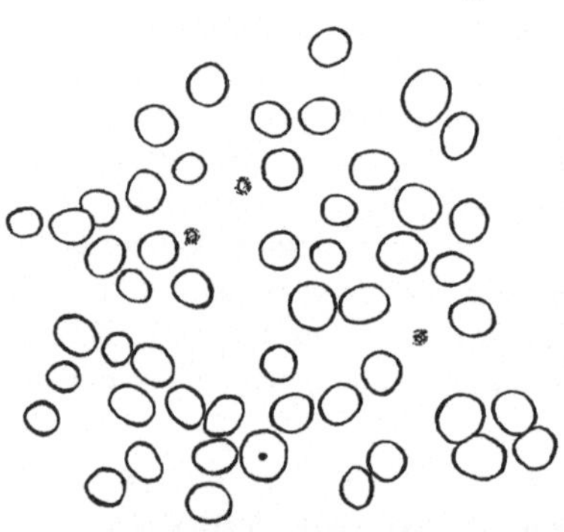

Abb. 21. Konstitutionelle hämolytische Kugelzellenanämie. (Aus NAEGELI, Blutkrankheiten.)

Es muß jetzt aber, seitdem wir so außerordentlich viele Fälle von Heredopathien kennen, die klinisch gar nicht oder kaum auffallen, die Frage erörtert werden, ob unter Umständen nicht bei solchem familiären Icterus gravis trotz negativer Sippschaftsforschung Kugelzellenanämie vorliegt, eventuell bei der Mutter oder dem Vater als neue Mutation entstanden.

Ich sah eine 32jährige Frau und ihren 36jährigen Mann. Die beiden Kinder dieser Ehe sind wenige Tage nach der Geburt an Icterus gravis gestorben. Ätiologie nicht erfaßbar. Lues ausgeschlossen. In erster Ehe hatte die Frau ein gesundes Kind, bei dem keine Gelbsucht nach der Geburt irgendwie aufgefallen war. Die Mutter selbst hatte niemals in ihrem Leben Gelbsucht, keine Chlorose durchgemacht, keine starken Periodenblutungen und war überhaupt nie ernstlich krank gewesen. Der Vater hatte in den Tropen einmal bei Dysenterie leichte Gelbsucht gehabt.

Die Untersuchung stellte nun bald fest, daß die grazil gebaute, magere Frau bei 168 cm Größe und 51 kg Gewicht an Herz, Lunge und Lymphdrüsen nichts Besonderes, aber zweifellos bei wiederholter Untersuchung eine mäßige Lebervergrößerung mit etwas verstärkter Konsistenz und namentlich deutlich vergrößertem Volumen der Leber darbot. Noch deutlicher war der Milzbefund: Diagonale bei drei Messungen stets 10 cm, Dämpfung sehr intensiv, Milz aber nie fühlbar. Vor allem aber fiel auf, daß der ganze Körper zur Zeit einen sehr deutlichen Subikterus aufwies, den man bisher nicht stark beachtet hatte. Wohl aber wußte der Mann, daß die Frau diese Erscheinung mehr oder weniger immer bot, und er hat sie oft als „Chinesin" bezeichnet. Urin hell, ohne verstärkte Urobilinogen- und Urobilinreaktion. Galle nach HIJMANS VAN DEM BERGH im Blut 0,41 (beim Mann 0,15).

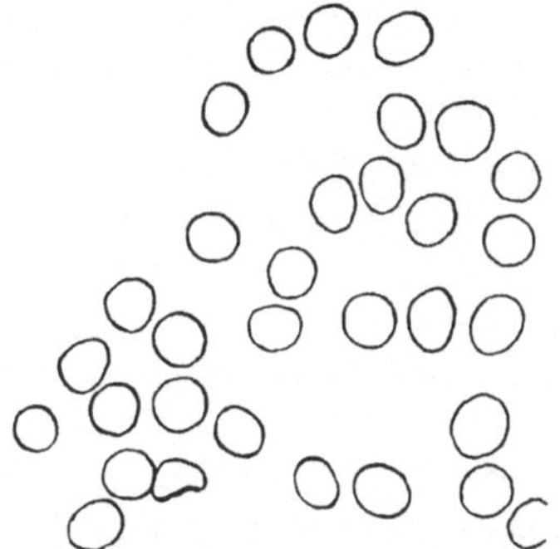

Abb. 22. Blutbild bei der Frau bei todlichem Ikterus der Neugeborenen.

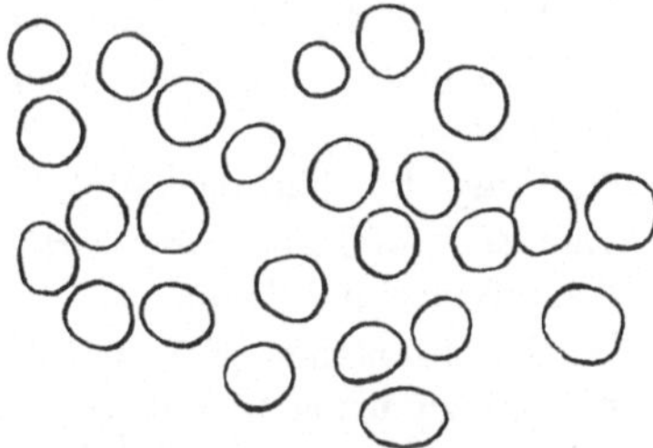

Abb. 23. Blutbild beim Mann bei tödlichem Ikterus der Neugeborenen.

Der Blutbefund bot nun bei der Frau eine deutliche, aber geringe Anämie, 92% bei 4,576 Millionen Roten. Färbeindex 1,02 (der Mann 110% Hämoglobin, 5,52 Millionen Rote, Färbeindex 1,0 und sonst morphologisch alles völlig normal). Im Blutbild der Frau fiel für den Kundigen sofort eine deutliche Mikrozytose auf (besonders im Vergleich zum Manne), und vereinzelt fanden sich auch (für diesen Hämoglobingehalt auffällig) Mikro-Poikilozyten; Retikulozyten nicht vermehrt, da offenbar die Anämie kompensiert war.

Von größter Bedeutung ist nun die Volumenbestimmung des einzelnen roten Blutkörperchens. Sie ergab beim Manne 80 μ^3 und bei der Frau 84 im Kubus. Obwohl die Frau viel kleinere Zellen aufweist, ist das Volumen dieser kleineren Zellen größer als beim Mann.

Die osmotische Resistenz war beim Manne bei 0,44 minimal, bei 0,42 positiv, verstärkte sich allmählich, war bei 0,38 sehr stark, jetzt auch starkes Sediment, und dieses Sediment war bis 0,32 nachweisbar. Bei der Frau: erste Hämolyse bei 0,42, bei 0,40 sofort maximal, Sediment bei 0,42 sehr stark, bei 0,40 stark, bei 0,38 nur noch sehr gering und dann nachher nicht nachweisbar. Die Frau zeigte also eine ungewöhnlich vollständige Hämolyse bei Werten, bei denen sonst noch starke Resistenz einer größeren Zahl von roten Blutkörperchen vorhanden ist.

Kopfbildung bei der Frau etwas an Turmschädel erinnernd; Trema der oberen Schneidezähne; Costa decima fluctuans; leichte Struma; sonst keine besonderen äußeren Zeichen, stets völliges Wohlbefinden.

Das Ergebnis kann sehr wohl so gedeutet werden, daß bei der Frau eine konstitutionelle hämolytische Anämie mit sehr geringer Manifestationsäußerung vorliegt. Viele Momente sprechen in dieser Richtung:

1. Die starke Annäherung an den Kugelzellentypus der roten Blutkörperchen. Trotz kleiner Zellen relativ hoher Volumenwert.
2. Anämie leichten Grades, qualitativ sicher, jedoch völlig kompensiert.
3. Subikterus der Haut, offenbar seit Jahren.
4. Vergrößerte Leber und sehr deutlich vergrößerte Milz.
5. Deutliche Anomalie in der osmotischen Resistenz, jedoch von besonderer Art.
6. Fraglicher Turmschädel.

Zur Zeit im Blut keine vermehrte Galle und keine Vermehrung der Gallenderivate im Stuhl.

Es ist in solchen Fällen die Aufgabe des Arztes, die Diagnose zur Sicherheit zu bringen, und das kann geschehen durch sorgfältige Beobachtungen der subikterischen Färbung, ob dieselbe z. B. vor und während der Periode sich verstärkt oder auf leichte Infekte hin, und ob alsdann auch im Blut höhere Bilirubinwerte gefunden werden. Ferner könnte zu solchen Zeiten oder im Hochgebirge (nach eigenen Erfahrungen) die osmotische Resistenz deutlicher sinken. Endlich könnte eine genaue Beobachtung der Verhältnisse an Leber und Milz noch weitere Klarheit bringen.

In dieser Weise geprüft, könnten sehr wohl manche familiäre tödliche Fälle von Icterus neonatorum gravis in die Heredopathie der Kugelzellenanämie hineingebracht werden. Ein solches Beispiel wie das obige belegt aufs deutlichste die praktische Bedeutung konstitutioneller Gedankengänge und demonstriert wohl auch, wie ein schwach ausgeprägter Fall einer solchen Heredopathie schließlich doch noch klar erfaßt werden kann auf einem Gebiet, das in der Untersuchungstechnik in letzter Zeit außerordentlich ausgebaut worden ist.

Für den familiären Icterus gravis der Neugeborenen müßte also differenziert werden zwischen:

1. Sepsis (aus den feineren Blutveränderungen und der bakteriologischen Prüfung leicht zu entscheiden).
2. Lues.
3. Graviditätstoxikose und Beeinflussung des Fetus. Hierfür scheinen irgendwie beweisende Fälle zu fehlen.

4. Konstitutionelle Kugelzellenanämie, eventuell schwache Manifestationen bei Vater oder Mutter.

5. Konstitutionelle Affektion des retikulo-endothelialen Apparates bei einem Elter und dem Neugeborenen, zeitweise mit hämolytischen Erscheinungen. Für diese Auffassung spricht die relativ häufige Kombination des Icterus gravis neonatorum mit Hydrops congenitus und Anämie.

Die Erythroblastose des Neugeborenen darf nur als biologische Erscheinung bewertet werden und ist Ausdruck infantiler Reaktion, besonders auf schwere Anämie. Sie spricht stark dafür, daß das Kind schon längere Zeit vor der Geburt beeinflußt war, und daß dann Erythropoese und Myelopoese noch auf einer gewissen embryonalen Stufe stehen, so daß wegen der starken myeloischen Metaplasien in den Organen auch die irrige Diagnose kongenitale familiäre Myelose gestellt worden ist (VOLLENWEIDER).

Hämophilie.

Die Hämophilie ist wohl die am klarsten zu belegende Erbkrankheit des Menschen, und es ist nie möglich gewesen, für sie exogene Faktoren auch nur als einigermaßen wahrscheinlich hinzustellen. Aber wir wissen auch heute noch nicht mit genügender Sicherheit, worin die Eigenart der Hämophilie gelegen ist. Daß, wie SAHLI gemeint hat, die Anomalie der Blutgerinnung der entscheidende Faktor wäre, kann nicht zugegeben werden; denn wir kennen zahlreiche, ganz andere Affektionen (Thrombopathien, Cholämien), in denen die Blutgerinnung gleichfalls außerordentlich ungenügend ausfällt, die aber nicht die geringste Verwandtschaft mit Hämophilie zeigen. Die verminderte Blutgerinnung ist nur ein Symptom, das nicht das Wesen der Hämophilie trifft, und es gibt (so auch in eigenen Beobachtungen) schwerste Fälle von Hämophilie, bei denen in zahlreichen Untersuchungen über viele Jahre hinaus die Gerinnung des Blutes fast normal ausgefallen ist. Der ganze Gerinnungsvorgang bei der Hämophilie ist freilich abnorm, insofern als ein schlecht haftendes, brüchiges, bröckliges, unelastisches Gerinnsel entsteht, so daß das anfänglich durch einen Thrombus verschlossene Gefäß später dieses Gerinnsel wiederum heraustreten läßt, und es dadurch zu neuer, zur hämophilen Nachblutung kommt.

Daß das Wesen der Hämophilie in Gefäßveränderungen liegen sollte, ist höchst unwahrscheinlich; denn man kann sich nur schwer vorstellen, daß diese besondere Art der Thrombusbildung von der Gefäßwand abhängig wäre. Eine solche Auffassung enthält rein theoretische Vorstellungen. Es muß auch berücksichtigt werden, daß in der Regel mit dem 30. Lebensjahr die Hämophilie in ihrer Schwere außerordentlich zurücktritt, quasi heilt, und auch diese heute gesicherte Tatsache bietet den Erklärungsversuchen große Schwierigkeiten.

Fonio und andere glauben, daß in einer besonderen Beschaffenheit der Blutplättchen die Eigenart der Hämophilie gelegen sei, und eine derartige Auffassung würde ich gerne annehmen, wenn sie in genügend überzeugender Weise bewiesen werden kann.

Von großer Bedeutung ist nun der Nachweis von Schlössmann und Fonio, daß auch die Konduktorinnen leichte Anomalien der Blutgerinnung und der Thrombusbildung aufweisen, und daß man durch entsprechende Untersuchungen die gesunden Töchter von den Konduktorinnen unterscheiden kann. Dieser Nachweis hat nicht nur große praktische Bedeutung, sondern eben so sehr auch theoretische. Er zeigt, daß wir heute in Sonderfällen mit außerordentlich feiner Technik auch die leichtesten Anomalien konstitutioneller Art, selbst die bisher für vollkommen gesund gehaltenen Konduktorinnen, erfassen können. Das gilt, wie ich oben schon gezeigt hatte, für Blutkrankheiten, für Hautaffektionen (Recklinghausensche Krankheit und Keratitis follicularis spinulosa) und für Heredopathien des Nervensystems (Status dysraphicus, Friedreich usw.).

Die Konduktorinnen sind also krank. Sie zeigen nicht nur die leichten Anomalien der Blutgerinnung und der Thrombusbildung, sondern, wie Schlössmann in systematischen Untersuchungen gezeigt hat, auch leichte Anklänge an hämorrhagische Diathesen, ganz besonders bei der Periode. Darüber hinaus geht aber die weibliche Hämophilie nicht, und noch nie ist eine Konduktorin an Verblutung gestorben, ja nicht einmal der sonst bei Hämophilie so charakteristische und häufige Bluterguß in die Gelenke ist je beobachtet worden.

Wir kennen aus der Literatur keinen einzigen Fall, in dem weibliche Hämophilie mit irgendwelcher Wahrscheinlichkeit bewiesen wäre. Nach den Erfahrungen der Vererbungsforschung war indessen, genau wie bei der partiellen Farbenblindheit (Daltonismus), damit zu rechnen, daß theoretisch auch das weibliche Geschlecht hämophile Erscheinungen zeigen könnte, jedoch nur dann [1], wenn durch Verwandtenheirat (Inzucht) in den hämophilen Familien die Hämophiliegene doppelt auch dem weiblichen Geschlecht zukämen. Für eine solche weibliche Hämophilie müßte der Nachweis der erblichen Belastung von zwei Seiten her leicht gelingen [1]. Gerade die Heredität fehlte aber vollständig bei den bisher behaupteten Zuständen weiblicher Hämophilie. Auch sind in den Beobachtungen von Montanus, Klingler usw. die Symptome erst auffällig spät im Leben aufgetreten, im Gegensatz zu den sonstigen Erfahrungen. Es muß ferner mit allem Nachdruck darauf hingewiesen werden, daß viele andere Zustände, namentlich die Thrombozytopenie, täuschend ähnliche Phänotypen hervorrufen können, die wir eigentlich

[1] Ich habe dies 1920 an der Versammlung der Schweiz. naturforsch. Ges. in Bern in aller Klarheit betont.

erst seit wenigen Jahren von dem Genotypus der Hämophilie mit Sicherheit zu unterscheiden imstande sind.

Wenn man die Hämophilie als Verlustmutation bezeichnen will, so muß es doch sehr stutzig machen, daß gewöhnlich vom 30. Lebensjahre an die Blutungen seltener und geringfügiger ausfallen und später ganz fehlen, wenn auch nicht bei allen Hämophilen, so doch bei einer erheblichen Zahl. Es hat daher allen Anschein, daß der Körper schließlich doch noch die Störung ausgleichen kann, und das würde den Gedanken wecken, daß es sich um ähnliche Vorgänge handelt, wie bei jenen, bei denen im Laufe der Jahre eine Chlorose doch noch zur völligen klinischen und hämatologischen Heilung kommt.

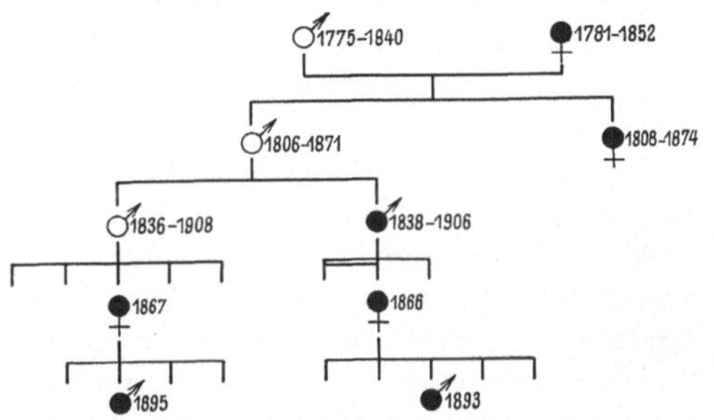

Abb. 25. Vererbung der OSLERschen Krankheit (konstitutionelle Phlebektasien, besonders Nase und Mund) mit Anämie. Eigene Beobachtung.

In der Tat ist aber die theoretisch zu fordernde weibliche Hämophilie nie beobachtet, und K. H. BAUER hat die interessante Hypothese aufgestellt, daß Hämophilie einen halben Letalfaktor bedeute, so daß bei dem Zusammentreffen zweier halber Letalfaktoren, die die Hämophilie auch beim Weibe erzeugen müssen, das Leben nicht mehr möglich wäre und daher, wie das bei mutativen Veränderungen eine häufige Beobachtung ist, ein Absterben bereits vor der Geburt erfolgt. K. H. BAUER hat nun gezeigt, daß bei der Konstellation, unter der bei Belastung mit Hämophilie von beiden Seiten her, wie das bei Inzucht vorkommt, in der Tat in den Familien die Zahl der Töchter nur der Hälfte der Zahl der Söhne entspricht. Naturgemäß ist die Zahl derartiger Familien außerordentlich klein, und daher können die wenigen Familien, in denen die Hypothese von K. H. BAUER tatsächlich stimmt, noch nicht als sichere Bestätigung der Hypothese angesprochen werden. Immerhin liegen hier schon sehr starke Argumente für die Richtigkeit der Annahme vor.

Die Chlorose, Bleichsucht

ist ebenfalls eine ausgesprochen vererbbare und dabei geschlechtsgebundene Veränderung. Schon die älteren Ärzte wußten, daß die Vererbung in gewissen Familien charakteristisch ist. Die Neigung zu Blutarmut ist dabei keineswegs das Einzige, vielleicht nicht einmal das Wichtigste. Ich habe mich bemüht, den konstitutionellen Typus der Chlorotischen[1] festzulegen. Es handelt sich um Mädchen von

[1] NAEGELI: Münch. med. Wschr. **1917**, Nr 51 und Lehrbuch. 5. Aufl. 1931.

kräftigem, vielfach virilem Knochenbau, mit breiter tiefer Brust, mit einem Längenwachstum, das erheblich über den Durchschnitt hinausgeht, mit starker Neigung zu Fettansatz bei ausgesprochener Pigmentarmut. Daher ist die Brusthaut alabasterfarben und sehr stark empfindlich gegen Sonnenbestrahlung. Die Sonne macht die Haut entzündet und rot, bräunt sie aber nicht stark, und eine leichte Pigmentation geht in kurzer Zeit wiederum zurück. Eine Beziehung zu der Entwicklung der weiblichen Keimdrüse ist von alters her als sicher angenommen worden, und namentlich VON NOORDEN hat den Satz geprägt, daß jede Theorie über die Chlorose scheitert, die nicht die weibliche Keimdrüse in den Mittelpunkt der Pathogenese stelle.

Ich [1] habe mir auf Grund besonders eingehender Studien die folgende Vorstellung gemacht:

Um die Zeit der Pubertät sollte die Keimdrüse in die Korrelationen der innersekretorischen Drüsen eingreifen. Infolge einer vielleicht nur funktionellen Unterentwicklung setzt das Hormon der Keimdrüse nicht richtig ein. Dadurch wird die Beeinflussung einer ganzen Reihe von innersekretorischen Organen nicht in richtiger Weise vorgenommen. Von dem Zusammenspiel dieser Organe hängen aber sehr viele vegetative Funktionen ab, so Knochenbau, Längenwachstum, Fettansatz und ganz besonders auch die Funktionen des Knochenmarkes. Ich stelle mir die Beziehungen der Blutzellenbildung zu den innersekretorischen Drüsen so vor, daß die Gesamtheit dieser Organe in ihrem Zusammenarbeiten für eine richtige Funktion notwendig ist, und ich habe in besonderen Studien [2] gezeigt, daß bei zahlreichen innersekretorischen Störungen einzelner Organe Anämien von chlorotischem Typus entstehen, so bei Störung der Nebenniere, anscheinend bei den nicht tuberkulösen meist polyglanduläre Formen, die Addisonanämie, bei Störung der Hypophyse eigenartige Formen der Blutarmut (Dystrophia adiposogenitalis), bei Hypothyreosen, bei Pankreasaffektionen usw. Bei der von vielen innersekretorischen Störungen begleiteten atrophischen Myotonie gibt es gleichfalls oft ausgesprochene anämische Bilder und andere Störungen der Knochenmarksfunktionen.

Man kann sich nun sehr wohl vorstellen, daß diese funktionelle Minderentwicklung der weiblichen Keimdrüse bei der Chlorose mit der Zeit noch eingeholt werden kann — und damit ist die Chlorose geheilt, daß aber andere Fälle nur durch starke Reizmittel, namentlich durch Eisen, aber auch durch Arsen, zu einer *Kompensation* der Blutarmut gebracht werden können. Dieser Ausgleich ist jedoch nur durch enorme Inanspruchnahme der Knochenmarktätigkeit temporär zu erreichen,

[1] NAEGELI: Über die Konstitutionslehre in ihrer Anwendung auf das Problem der Chlorose. Dtsch. med. Wschr. **1918**, Nr 31.

[2] NAEGELI: Über die Beziehungen zwischen Störungen der innersekretorischen Organe und Blutveränderungen. Fol. haemat. (Lpz.) **25**, 3—12 (1919).

und ich habe gezeigt, daß selbst bei 100% Hämoglobin ein vollständig normales Blutbild in diesen Beobachtungen nicht erreicht wird. Eine gewisse Anzahl der Zellen bleibt blaß und schlecht entwickelt und gewöhnlich wird die Kompensation und das Erreichen von 100% Blutfarbstoff nur durch eine Polyglobulie von über 5 Millionen roter Zellen zustande gebracht. Diese künstliche Stimulation ist keine bleibende, und daher setzen immer wieder Rückfälle ein, wenn nicht inzwischen die normale Funktion der Keimdrüse erreicht worden ist.

In der Zeit vor der Verabfolgung ganz hoher Eisendosen (ich gebe heute 30mal mehr Eisen als seinerzeit von Noorden für eine Tagesdosis vorgeschlagen hatte) sind vielfach nur bescheidene Erfolge erreicht worden, und erst mit der massiven Therapie ist nun die ganz große Mehrzahl der Chlorosefälle erfolgreich zu behandeln. Ganz vereinzelte Fälle, die auch jetzt noch nicht reagieren, können wohl so aufgefaßt werden, daß der Einfluß der Medikamente auf das Zusammenarbeiten der innersekretorischen Organe deshalb nicht erreicht wird, weil eines oder mehrere dieser Organe auch jetzt noch nicht reagieren.

Natürlich kann man auch diese Anomalie als schädlich und die Veränderung als krankhaft bezeichnen. Das entspricht aber nur einer menschlichen und medizinischen Betrachtungsweise; aber selbst diese Auffassung wird erschüttert, wenn wir den Nachweis erbringen können, daß die Chlorotischen die Tuberkulose relativ leicht durchmachen, und daß ausgesprochene Heilungstendenzen durch den indurativen Charakter der Lungenerkrankung festzustellen sind. Das ist auch nicht so sonderbar, wenn man an die günstigen Verhältnisse denkt, die nun durch die breite tiefe Brust geschaffen sind, und wenn man den starken Fettansatz als für die Abwehr als besonders geeignet in Erwägung zieht, oder noch mehr die Konstitutionslage, die zu diesem Fettansatz geführt hat.

Viele der chlorotischen Mädchen sind trotz erheblicher Anämie völlig leistungsfähig, und ihre Blutarmut wird nur bei systematischer Kontrolle gefunden. Dabei braucht es sich keineswegs um die sog. blühende Chlorose zu handeln.

Niemand hat Beziehungen zu anderen Arten der Blutarmut entdecken können, und der frühere Gedanke, es entstünde die perniziöse Anämie aus der Chlorose, ist völlig aufgegeben. Auch die früher behauptete Neigung der Chlorotischen zu Magengeschwüren wird heute abgelehnt.

Es muß freilich gesagt werden, daß die Diagnosestellung Chlorose bei der Erörterung derartiger Probleme mit größter Gewissenhaftigkeit vorgenommen werden muß, wenn nicht völlig anders entstandene Anämien irrtümlich in den Kreis der Bleichsucht hineingezogen werden sollen. Die Blutuntersuchungen müssen hier nach rein wissenschaftlichen Gesichtspunkten im größten Umfange mit Berücksichtigung der Serumverhältnisse (Viskosität, Refraktion, Bilirubinwerte, Eiweißwerte, Globulinwerte), der Viskosität des Gesamtblutes, der Berechnung des

Erythrozytenvolumens und der Große des einzelnen roten Blutkörperchens durchgeführt werden. Es ist ferner auf alle die geschilderten Zeichen der chlorotischen Konstitution zu achten.

Das Problem der perniziösen Anämie als Konstitutionskrankheit.

Lange Zeit galt die perniziöse Anämie als sicher rein exogene Affektion. Diejenigen Beobachtungen, in denen man ein äußeres Moment mit Sicherheit als Ursache beschuldigte, wie Helminthiasis und Gravidität, schienen absolut für diese Auffassung zu sprechen. Es kamen dann aber in der ganzen Weltliteratur von allen Seiten her Beobachtungen, die ein gehäuftes familiäres Auftreten der Krankheit zeigten, gelegentlich über drei Generationen, nicht selten bei zwei Generationen. Ich selbst verfüge über drei Beobachtungen, in denen mit jeder Sicherheit ein Elter und ein Kind an perniziöser Anämie erkrankt und gestorben sind.

Noch auffälliger sind aber Beobachtungen bei der Bothriozephalusanämie, bei der familiäres tödliches Erkranken wiederholt beschrieben worden ist, obwohl ja nach den neueren Feststellungen nur einer von 5—10000 Bothriozephalenträgern an Anämie erkrankt. Es kann auch keine Rede davon sein, daß diese Träger, wie das schon behauptet worden ist, regelmäßig leichte Anklänge an perniziösanämisches Blutbild bieten. Eigene Untersuchungen haben mich von der Unrichtigkeit dieser Behauptungen völlig überzeugt.

Wenn man nun gesehen hat, daß in einer Genfer Familie 3 Schwestern in schwerster Weise an Bothriozephalusanämie erkrankt und zwei davon auch gestorben sind (und ähnliche Beobachtungen familiärer Häufung hat auch SCHAUMAN bekanntgegeben), andererseits bedenkt, daß tödliche Bothriozephalusanämie in der Schweiz stets extrem selten war (ich kenne nur eine Beobachtung), und schließlich auch ein Fall wie der berühmte von ROUX existiert, bei dem ein Mädchen in Lausanne 90 Bothriozephalen hatte, ohne zu erkranken, so muß diese familiäre Häufung entschieden für ein konstitutionelles familiäres Moment herangezogen werden.

Noch stärker spricht für diese Auffassung, daß ein konstitutioneller Faktor bei der Krankheit mitspiele, die SCHAUMANsche Beobachtung, daß von 72 geheilten Bothriozephalenanämien schließlich, zum Teil nach langen Jahren, 12 doch noch an kryptogenetischer Perniziosa starben. Jetzt mußte man erst recht daran denken, daß der Bothriozephalus nur auslösendes Moment auf konstitutionellem Boden gewesen ist.

Wir kennen mit Sicherheit, auch in eigenen Beobachtungen, Tänienanämien mit ausgesprochenem Perniziosacharakter. Hier, bei den Tänien, dürfte der Prozentsatz der schwer Anämischen noch sehr viel niedriger sein als bei Bothriozephalus.

In den letzten Jahren werden vielfach Fälle von Darmstenosen, Darmdivertikeln und großen Magenresektionen erwähnt, bei denen nach einigen Jahren, oft erst nach 6—8 und mehr Jahren, Perniziosa auftritt, und es werden auch diese Beobachtungen so gedeutet, daß bei ihnen ein kausales Moment für Perniziosa in Wirkung getreten sei. Ich muß aber immer wieder hervorheben, daß gegenüber der sehr großen Zahl derartiger Zustände die Menge der Perniziosafälle außerordentlich zurücktritt, und von Haberer und auch andere Chirurgen haben mir ausdrücklich erklärt, daß sie noch nie einen Fall von Perniziosa nach großen Magenresektionen gesehen hätten trotz häufiger Vornahme derartiger Operationen. Es wird eben jede Beobachtung, die für einen Zusammenhang zwischen diesen Magen- und Darmerscheinungen mit der Blutkrankheit spricht, publiziert, und es werden die äußerst zahlreichen Fälle, in denen keine Anämie auftritt, nicht bekanntgegeben. Ich halte es daher für gewiß, daß in allen diesen Beobachtungen höchstens ein Teilfaktor für Perniziosa liegt, aber niemals „die Ursache" zu sehen ist.

Die experimentellen Versuche von Seyderhelm, durch Darmstenosen bei Tieren Perniziosa zu erzeugen, halte ich für unbeweisend. Ein Tier bekommt, soweit wir bis heute wissen, keine Perniziosa, und alle diesbezüglichen Beobachtungen über experimentelle Erzeugung der Perniziosa von Seyderhelm kann ich in ihrer Beweiskraft nicht gelten lassen, auch nicht die bei Darmstenosen des Menschen mitgeteilten Beobachtungen mit angeblicher aber nicht für längere Zeit bewiesener Heilung nach Beseitigung der Stenose.

Man hat auch früher schon konstitutionelle Faktoren als mindestens mitwirkend bei der Entstehung der Perniziosa angesprochen, vor allem galt immer die Achylie des Magens als konstitutionelle Basis der Krankheit. Ich halte auf diesem Gebiete aber eine Beweisführung für nicht gelungen, und wenn wir wissen, daß kaum die Hälfte der Bothriozephalusanämien Achylie aufweist, so können wir dem Fehlen der Salzsäure und der Fermente des Magens heute wohl kaum mehr größere Bedeutung beilegen, ganz besonders nicht mehr, wenn wir sehen, daß durch Lebertherapie ohne Salzsäure und Pepsin der gleiche Erfolg erreicht wird.

In anderen Fällen sind bei der Perniziosa offenkundig innersekretorische Organe affiziert, vor allem die Nebennieren, und Addison hatte anfänglich Fälle von Perniziosa und von Addisonscher Krankheit noch nicht auseinanderhalten können, später aber in klassischer Weise die Trennung durchgeführt. Gar nicht selten beobachten wir eine ganz abnorme Pigmentation, die weitgehend an Addison erinnert und damit nicht selten verwechselt wird.

Auch die Affektionen des Pankreas sind bei Perniziosa in seltenen Fällen sicher vorliegend. Das hat schon Chvostek hervorgehoben und ist durch zahlreiche, auch eigene neuere Beobachtungen wohl sicher festgestellt. Man muß aber ohne weiteres zugeben, daß diese innersekretorischen Affektionen doch bei Perniziosa zu selten sind, als daß sie einen starken Faktor konstitutioneller Basis darstellen würden.

Es liegt nun nahe, nachdem wir die Heredopathien der Sichelzellen, der Ovalozyten, der Kugelzellen kennen, bei der Perniziosa in der Megalozytenform der roten Blutkörperchen eine Parallele konstitutioneller Art zu sehen. Indessen bereitet es Schwierigkeiten, diese Zellen in ihrer Eigenart zu erfassen. Sie gleichen, wie EHRLICH das ja so klar hervorgehoben hat, außerordentlich den Megalozyten des Embryo. Daß sie

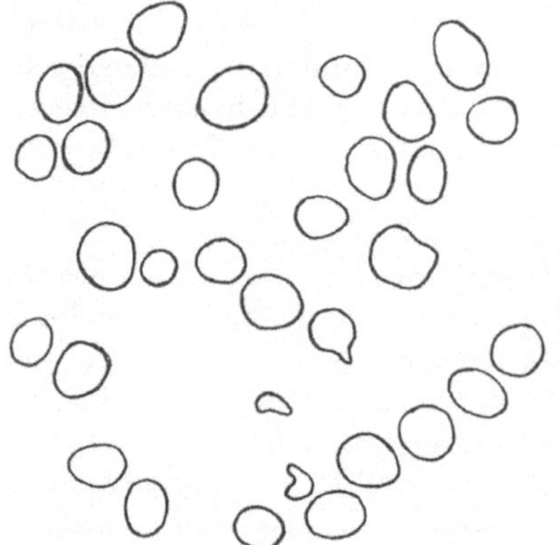

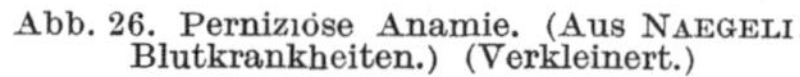

Abb. 26. Perniziöse Anamie. (Aus NAEGELI: Blutkrankheiten.) (Verkleinert.)

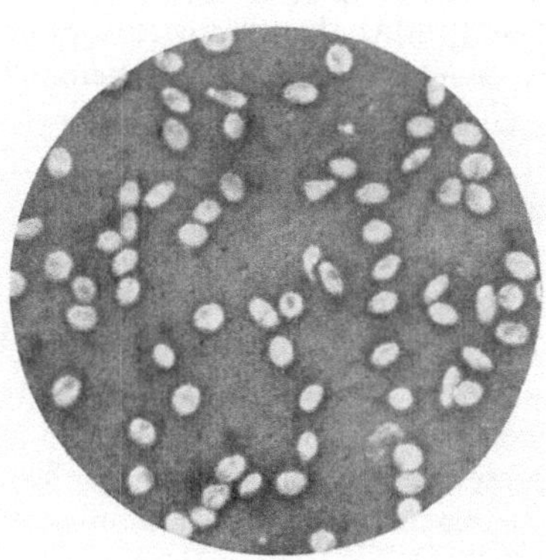

Abb. 27. Ovalozyten im Tuschepräparat. (Aus GRZEGORZEWSKI: Inaug.-Diss. Freiburg 1933.)

aber mit ihnen identisch wären, das bedürfte bei unserer heutigen Einstellung gegenüber Phänotypen doch noch einer sehr sorgfältigen Beweisführung.

Wir wissen, daß die Megalozyten der Perniziosa vielfach ovale Form besitzen, und darin ist ein sehr starkes, trennendes Kriterium gegenüber einfach großen roten Blutzellen (Makroplanie) zu sehen, und viele leberrefraktäre Fälle zeigen nur große runde Makrozyten und können heute schon von den Megalozyten der Perniziosa getrennt werden.

Es steht ferner fest, daß die Perniziosaerythrozyten sehr leicht der Hämolyse verfallen, während das für die embryonalen Zellen ganz gewiß nicht der Fall ist. Darin sehe ich zunächst einen grundsätzlichen Unterschied. MORAWITZ hat in einem besonders schönen Beispiel durch Transfusionen gezeigt, wie sehr die Megalozyten der Perniziosa hämolytischen Vorgängen erliegen, und auch er gibt heute zu, daß die Hämolyse nicht das Wesentliche der Perniziosa darstellt, sondern nur eine der vielen Eigenschaften der Perniziosaerythrozytenzellen. Genau die gleiche Hämolyse sehen wir ja auch bei den Kugelzellen- und Sichelzellenanämien.

Gegenüber solchen konstitutionellen Ideen könnte vor allem heute auch der Erfolg der Lebertherapie und der Magentherapie ins Feld geführt werden. Allein, wenn man solche „geheilten" Fälle untersucht, so bieten sie doch noch vereinzelte ovaläre Megalozyten, und sie weisen auch nach Jahren noch bei völlig normalen quantitativen Blutwerten Veränderungen an den weißen Blutzellen auf.

Ich erkläre heute die Übersegmentation der Neutrophilen bei Perniziosa als etwas Konstitutionelles. Es ist eine ganz besondere Form der Über-

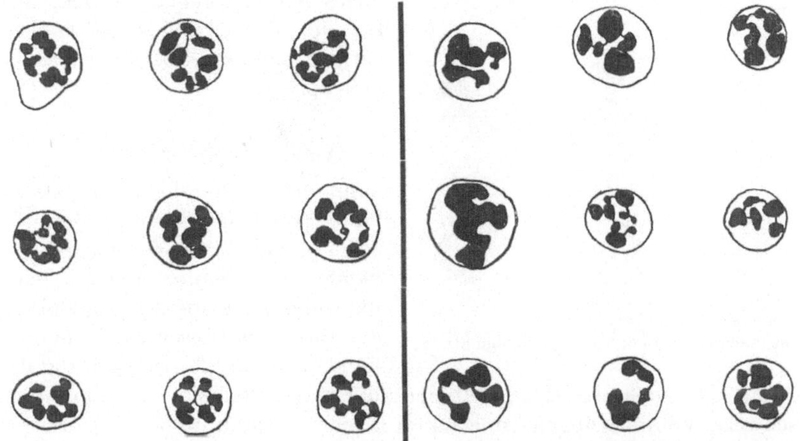

Abb. 28. Übersegmentation der Neutrophilen bei Perniziosa.

Abb. 29. Übersegmentation der Neutrophilen bei Infektion.

segmentierung, die ganz gleichmäßig, regelmäßig vor sich geht (s. Abb. 79 u. 81, diese bei 94% Hb, in meinem Lehrbuch), während die auch sonst vorhandene, besonders bei Infektionen und bei Polyzythämie erkennbare Übersegmentierung einen unregelmäßigen ungeordneten Charakter trägt.

Diese spezifische Übersegmentierung der Neutrophilen bleibt auch bei den „geheilten" Perniziosafällen. Ich habe eine typische Graviditätsperniziosa 10 Jahre nach der Heilung aus größter Lebensgefahr nachuntersucht und sowohl ovaläre Megalozyten wie die charakteristische Übersegmentation der Neutrophilen noch feststellen können. An der großen Bedeutung einer solchen anscheinend kleinen Veränderung kann daher nicht mehr gezweifelt werden.

Einen Gegensatz zu dieser Übersegmentation bildet die gleichfalls konstitutionelle und familiäre geringe Segmentation, die fast ausschließliche Zweikernigkeit der Neutrophilen, als PELGERsche Kernanomalie.

Frühere Autoren, auch EPPINGER, sahen die entscheidende Auslösung der Perniziosa in Veränderungen der Milz. Diese Auffassung kann heute absolut nicht mehr vertreten werden. Wir kennen viele Zustände von Hypersplenie, ohne daß im allerentferntesten je das Bild der Perniziosa entstände, weder das Blutbild, noch das klinische Bild mit den parallelen Symptomen als Glossitis, als Achylie, als spinale funikuläre Affektion.

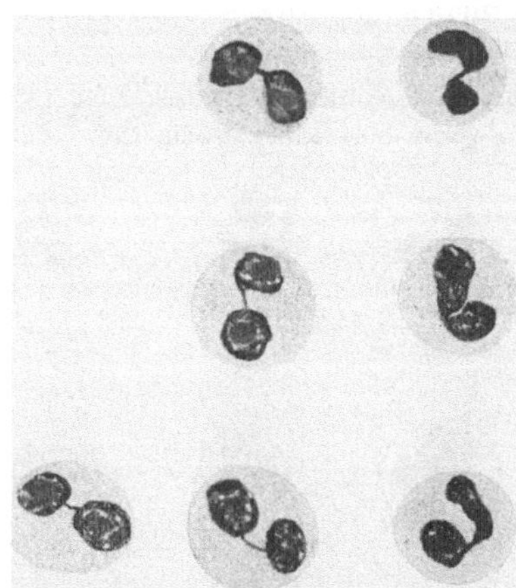

Abb. 30. PELGERsche Kernanomalie konstitutioneller Familien. Eigene Beobachtung.

Zweifellos liegt noch viel Undurchsichtiges in dem Problem der Perniziosa; aber in den letzten 10 Jahren ist doch außerordentlich vieles herbeigetragen worden, das für die Mitwirkung eines konstitutionellen Faktors bei dieser Krankheit spricht.

Atrophische Myotonie[1]

kann in den Familien über Jahrhunderte nachgewiesen werden. Sie zeigt oft als erstes Zeichen die juvenile Starbildung, wobei es sich um einen ganz spezifischen Star in der äußersten Linsenschicht (VOGT) handelt, dann die Abmagerung der Arme oder des Gesichts, seltener zuerst der Beine. Es zeigen sich schwere Veränderungen innersekretorischer Drüsen und deren Folgen an Schilddrüse, Testes und wohl noch an anderen innersekretorischen Organen. Wo die pathogenetische Veränderung zuerst einsetzt und wie sie diesen Symptomenkomplex zustande bringt, ist noch gänzlich unklar.

Welche Bedeutung die feinere Differenzierung eines zunächst als Einheit angesehenen Zeichens bei Nervenkrankheiten hat, zeigt z. B. der Hohlfuß. Er kann durch die verschiedensten Prozesse entstehen, so bei der FRIEDREICHschen Krankheit, bei peripherischen Knochen- und Gelenksaffektionen und auch, wie in der nebenstehenden Abbildung, bei Mißbildungen des Rückenmarks, Myelodysplasie, die mit Spina bifida occulta und Pyramidensymptomen (konstanter Babinski) verbunden ist. Auch der Hohlfuß wird durch genauere Analyse nach Morphologie, Biologie und Genetik (Untersuchung der Sippschaften auf Erbkrankheiten) in Zukunft in verschiedene Typen zerlegt werden.

---

[1] FLEISCHER: Über myotonische Dystrophie mit Katarakt. Arch. f. Ophthalm. **96** (1918). — FREY: Beitrag zur myotonischen Dystrophie. Arch. Rassenbiol. **17** (1925). — ROHRER: Dtsch. Z. Nervenheilk. **55** (1916). — NAEGELI: Über Myotonia atrophica, speziell über die Symptome und die Pathogenese der Krankheit nach 22 eigenen Fällen. Münch. med. Wschr. **1917**, Nr 51.

Die Krankheit ist in Württemberg in gewissen Gegenden ziemlich häufig, besonders im Schwarzwaldkreis. Viele Herde sind auch in der Schweiz nachgewiesen, und polytopes Entstehen ist sicher. Die geographische Verbreitung der Krankheit ist aber noch nicht genügend erfaßt, da sie viel zu oft nicht erkannt wird. Übergänge zu anderen Dystrophien oder anderen Myotonien fehlen vollständig. In der gleichen Familie kommt auch immer nur diese Art der atrophischen Myotonie vor. Es gibt aber symptomenarme und noch wenig entwickelte Fälle, die sich unter Umständen nur aus den Erblichkeitsverhältnissen sicher erkennen lassen. Über andere Zeichen der Krankheit siehe auch S. 6f.

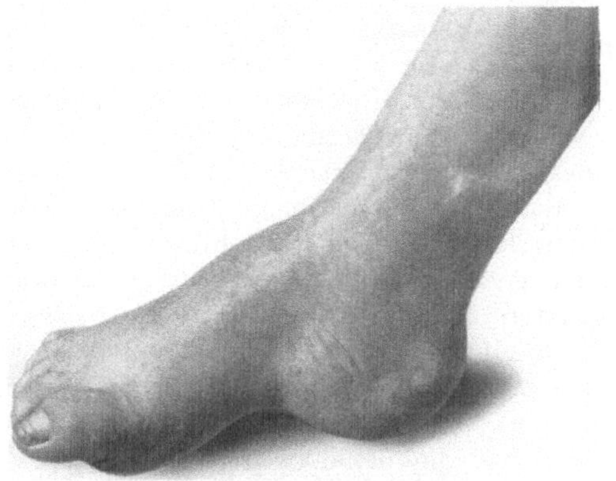

Abb. 31. Hohlfuß bei Myelodysplasie.

Atrophische Myotonie und Chlorose.

Diese beiden ausgesprochenen Heredopathien zeigen darin ähnliche Züge, indem bei ihnen wie kaum bei irgendeiner anderen Heredopathie innersekretorische Organe in großem Umfang in Mitleidenschaft gezogen sind. Einzelne Autoren, besonders Neurologen wie BING, vertreten auch heute die früher oft geäußerte Auffassung von JENDRASSIK, KOLLARITS u. a., es seien alle Heredopathien Erscheinungen einer einzigen Krankheit. Man könnte daher erwarten, daß bei den hier zu besprechenden Krankheiten, bei der

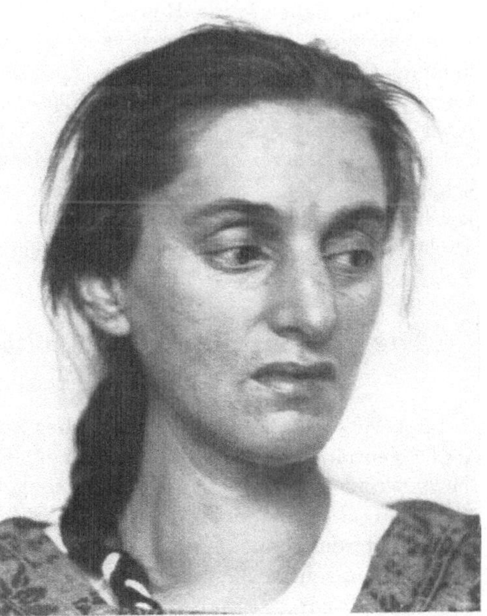

Abb. 32. Gesicht bei atrophischer Myotonie.

besonders starken Beteiligung innersekretorischer Organe, Mischungen oder Übergänge vorkämen. Das ist aber nun, sobald man auf die feinere Differenzierung jeder Einzelheit eingeht, ganz und gar nicht der Fall. Zwar werden auch die Myotoniker anämisch, aber ihre Anämie ist grundverschieden von der chlorotischen. Dazu kommt der Umstand, daß die Affektion der Myotoniker innersekretorisch sich vor allem bei Männern geltend macht (Testisatrophie), während bei der Chlorose Befallensein des männlichen Geschlechts überhaupt fehlt. Im weiteren sind selbstverständlich die neurologischen Prozesse der Myotonie etwas ganz Eigenartiges, streng nach Systemwahl Vorgeschriebenes und zeigt sich nie der geringste Anklang in dieser Richtung bei der Chlorose. Diese letztere Krankheit nimmt in der großen Mehrzahl der Fälle in ihren Erscheinungen mit zunehmendem Alter ab, während umgekehrt bei der atrophischen Myotonie mit den Jahren die Steigerung der Prozesse kommt. Man kann daher irgendeinen Gesichtspunkt herauslösen und wird auf die denkbar größte Verschiedenheit bei den beiden Krankheiten kommen, und diese Unterschiede lassen sich ungeheuer vermehren, je mehr man die einzelnen Züge analysieren und einer feinen Analyse unterwerfen kann.

Es kann daher keine Rede davon sein, daß die Heredopathien nur Erscheinungen einer einzigen Krankheit wären; denn es fällt auch keinem Genetiker und Biologen ein, die unzähligen Mutationen der Drosophila, des Löwenmäulchens oder der Ophrys als Erscheinungen einer Krankheit aufzufassen.

Es zeigt sich eben auch hier wieder, daß man mit rein morphologischen Gesichtspunkten meistens nicht genügend in die Tiefe dringt, sondern daß genetische Gesichtspunkte und Erfahrungen der allgemeinen Biologie uns heute leiten müssen, wenn wir über Grundprobleme der Erscheinungen reden wollen.

Die Einteilung der Psychoneurosen nach den Grundsätzen der Konstitutionslehre.

Bei jeder Besprechung neurotischer Zustände erlebt man es, daß fast jeder Neurologe seine besondere Namengebung für neurotische Störungen besitzt und nur seine Begriffsfassung gelten lassen will. Insbesondere wird der Begriff Neurasthenie und Psychoneurose von jedem wieder in besonderem Sinne gebraucht, und sofort erklärt ein zweiter Neurologe dem ersten, sein eben skizzierter Fall sei gar keine Neurasthenie, sondern eine Angstneurose, und ein dritter Neurologe und ein vierter lehnen beide Diagnosen ab und treten wieder für andere Auffassungen ein.

Es werden eben die verschiedensten Gesichtspunkte der Einteilung zugrunde gelegt. Bald ist es das historische Moment und die Achtung vor dem einmal geprägten Namen. Dann ist es die Berücksichtigung der Veranlagung und endlich ist es das Symptomatische der Erscheinung, das als Einteilungsprinzip benützt wird.

Die Klassifikation der Neurosen ist selbstverständlich schwer; einmal deswegen, weil scharf umrissene Begriffe selten geprägt sind und sich auch nicht prägen lassen wegen der Komplexheit der Entstehung und des starken Dominierens der Mischungen. Ein weiterer Grund ist die große Schwierigkeit der Durchdringung aller Probleme in diesem Gebiete. Dazu kommt, daß die historische Fassung eines Begriffes, z. B. der Neurasthenie im Sinne von Beard (1878), viel zu weit gezogen war, Heterogenes enthält und durch die fortschreitende Wissenschaft als unbrauchbar durchschaut wird. Den Begriff Neurasthenie nun aber auf eine ganz besondere Neurose einzuengen, nämlich auf die Erschöpfung aus äußeren Gründen ohne konstitutionelle Veranlagung, bietet Gefahren, weil eine Einigung für diese Fassung kaum zu erreichen sein wird, wenn einmal das Wort vorher in viel ausgedehnterem Sinne gebraucht worden ist.

Es ist daher das beste, zunächst nach den grundsätzlichen Fragen eine Scheidung voruznehmen, und die Grundlage dafür bietet die Konstitutionslehre. Wir werden auch bei den Neurosen sagen: das was uns entgegentritt, sind stets Phänotypen, bei denen das Exogene irgendwie einen Einfluß gehabt hat. Dabei ist entweder die genotypische Grundlage eine gesunde, normale oder sie ist abnorm und pathologisch. Wir unterscheiden daher als das Wesentlichste: Ist, vom Exogenen abgesehen, ein normaler oder abnormer Genotypus vorhanden? Zu den abnormen Genotypen müssen wir all das stellen, das in irgendeiner Weise sich als in den Genen verändert erweist, und hierher gehört die psychopathische Konstitution, Schizoid und Zykloid, in Analogie mit den entsprechenden Psychosen. Desgleichen gehört hierher das, was eine abnorme Widerstandslosigkeit gegenüber äußeren Einflüssen verrät, wobei die innere Veranlagung und Konstitution das Entscheidende und gewöhnlich auch das Vererbte und familiär Nachweisbare bedeutet. Meistens wird dies die nervöse Disposition genannt:

1. Diese konstitutionellen Formen kommen in den Familien dominant oder rezessiv vor. Es ist ganz selbstverständlich, daß die Erkennung der Anlage mitunter außerordentlich schwer ist, und ebenso selbstverständlich ist es, daß auf diesem Boden äußere Einflüsse eine ganz besondere Resonanz finden. Man kann aber immer sagen, daß die Art des äußeren Einflusses ziemlich gleichgültig ist, weil eben auf diesem schon vorbereiteten Resonanzboden eine große Anzahl der verschiedensten Außenweltsfaktoren die gleichen Schwingungen hervorrufen werden. Es wird sehr viel Wert darauf gelegt, daß zwischen Konstitution (Disposition), die nur Anlagen bedeuten, und eigentlichen Krankheiten, die das Pathos, das Krankheitsgeschehen, darstellen, unterschieden wird. Diese Unterscheidung ist bei konstitutionellen Affektionen nicht immer scharf

möglich; denn im Grunde ist natürlich jede Veränderung ein abnormer Zustand, der dem krankhaften Prozeß vollkommen an die Seite gestellt werden kann, ja, noch viel wesentlicher ist als dieser, und daher in medizinischer Betrachtung als Krankheit bezeichnet werden muß.

2. Gruppe der Neurosen, die rein exogen entstanden sind oder bei denen mindestens das Anlagemoment ganz außerordentlich zurücktritt bzw. nicht mit Sicherheit nachweisbar ist: Hierher würde ich zählen die Zustandsbilder der Schreckneurose, der Wunsch- und Begehrungsneurosen[1], die sicherlich auf nichtkonstitutionellem Boden vorkommen, die aber selbstverständlich, und dann ganz gewöhnlich enorm gesteigert, auf krankhafter Anlage sich aufbauen können. Von diesen Gruppen kann man sagen, daß sie überall in das Normale hineingreifen. Von den Wunsch- und Begehrungsneurosen ist es heute unzweifelhaft erwiesen, daß sie in die physiologische Breite weit hineinreichen, vielfach reine Artefakte der sozialen Gesetzgebung sind und deswegen eben mit der definitiven Erledigung in, wie man früher gesagt hat, unanständig rascher Weise zur Heilung kommen. Dabei ist es gleichgültig, ob die Wünsche und Begehren ihre Erfüllung gefunden haben oder ob sie abgewiesen worden sind. Die Aussichtslosigkeit oder die endgültige Erledigung bedeutet das Ende. Ganz anders natürlich bei bestehender krankhafter Anlage. Das ist ja in vollem Gegensatz zu Oppenheim von den meisten Autoren nachdrücklich betont worden.

Es gibt nun sicherlich auch vorübergehende nervöse Schwäche bei gesunder Konstitution, wenn wirklich unvernünftige Anforderungen an die Arbeitskraft gestellt werden. Bekannt ist in dieser Hinsicht die Erschöpfung der Telephonistinnen oder anderer Berufe, bei denen eine große Hetze vorhanden ist, und wenn dazu die Arbeitszeit über Gebühr hinausgezogen wird, z. B. durch besondere äußere Momente.

Die Affektneurosen, Psychoneurosen, dürften in der großen Mehrzahl der Fälle und besonders in ihren schweren Formen auf konstitutionellem Boden entstanden sein. Das, was man als Komplexneurose bezeichnet, haftet sicherlich bei normal nervöser Konstitution nur in geringerem Umfange und steht dann zu der Schwere des Affekts in einem gewissen Verhältnis. Je weniger dieses Verhältnis gefunden werden kann, desto wahrscheinlicher muß mit einer besonderen Anlage gerechnet werden.

3. Viszerale „Neurosen“: Es kann keinem Zweifel unterliegen, daß gewisse Störungen des viszeralen Nervensystems Krankheitsbilder erzeugen, die symptomatisch den Neurosen entsprechen oder ihnen außerordentlich nahekommen. Ich glaube nicht, daß wir heute schon diese Gruppe irgendwie klar abtrennen können. Genetisch wären sie keine psychogenen Neurosen wie die anderen. Aber gerade hier ist die sekundäre Beeinflussung der Psyche etwas ganz Gewöhnliches, und dieser

[1] Naegeli: Unfalls- und Begehrungsneurosen. Neue deutsche Chirurgie. Bd. 22. Stuttgart: Ferdinand Enke 1917.

Folgezustand wird fast regelmäßig dann das Überragende im Krankheitsbilde. Am besten verstehen wir „Neurosen" des viszeralen Nervensystems bei innersekretorischen Störungen, vor allem bei Hyperthyreosen und Basedow. Da kann es ganz besonders in den Anfängen noch gelingen, das Nichtpsychogene deutlich und klar zu beweisen.

An sich wäre es besser, diese Erscheinungen gar nicht als Neurosen zu bezeichnen und schon durch die Namengebung abzusondern. Aber bei der Ähnlichkeit der Erscheinungen mit psychogenen Neurosen begreifen wir, daß vorläufig immer noch der Ausdruck Neurose gebraucht wird.

Einen Versuch einer besonderen Nomenklatur bietet die Aufstellung der Begriffe Vagotonie und Sympathikotonie. Wir haben uns aber immer mehr überzeugt, daß bei diesen Zuständen doch so gut wie immer das ganze viszerale Nervensystem in Mitleidenschaft gezogen ist. Und daher wird der früher viel gebrauchte Ausdruck Vagotonie heute mehr und mehr aufgegeben. Zweckmäßig ist der Ausdruck vegetative Stigmatisation; doch soll man stets bedenken, daß organische Affektionen ganz ähnliche Bilder schaffen und v. BERGMANN mit vollem Recht für den Abbau der sog. Organneurosen (Herz, Magen, Darm) eingetreten ist.

Ich habe einmal früher darauf hingewiesen, daß das Globusgefühl eine typische vagotonische Erscheinung darstellt, und daß der Ausdruck „Globus hystericus" wohl falsch ist. Keine einzige Publikation der Unfalls- und Kriegsneurosen, auch mit Schilderungen der stärksten hysterischen Einschläge, zeigte den Globus. Die Sache dürfte sich so verhalten, daß die Globusempfindungen, aus den Störungen des viszeralen Nervensystems herrührend, bei hysterischen Reaktionen auf konstitutioneller Grundlage sofort ins Psychogene hineingenommen werden.

Diese Einteilung der Neurosen auf Grundlage der Konstitutionslehre dürfte zweifellos die wesentlichsten Differenzen hervorheben. Daß die allerverschiedensten Kombinationen im Einzelfalle der Beurteilung große Schwierigkeiten bieten, enthebt uns mit nichten der Aufgabe, grundsätzliche Unterschiede klar zu erfassen und herauszuarbeiten.

Auch in diesem Gebiete ist der Ausgangspunkt, einen normalen Mittelwert irgendwie zu konstruieren und die Plus- und Minusvarianten als psychopathisch zu erklären (GRUHLE), nach naturwissenschaftlich-biologischen Gesichtspunkten unzulässig. Es ist genau das gleiche, wie wenn für die körperlichen Erscheinungen JULIUS BAUER das vom Mittelwert Abwegige als degenerativ erklärt hat. Die Biologie und die Naturwissenschaften zeigen aber mit der denkbar größten Sicherheit (vor allem JOHANNSEN, ERWIN BAUR, DE VRIES), daß diese Abweichungen vom Mittelwert an sich nichts Besonderes darstellen (s. S. 104), daß ihre Nachkommen wiederum die Wahrscheinlichkeitskurve von GALTON wiedergeben, daß eine Vererbung also nicht besteht und diese Schwankung nur die genotypische, der Art eigene Variabilität darstellt und sie zwar nicht in der Praxis, wohl aber in der Theorie bedeutungslos ist.

Namenverzeichnis.

Die im Text hinter den Autornamen angeführten Ziffern (z. B. *21*/33) beziehen sich auf das Kongreßzentralblatt für die gesamte innere Medizin Band und Seite.

Sachverzeichnis.

Druck der Universitatsdruckerei H. Sturtz A.G., Würzburg.

Blutkrankheiten und Blutdiagnostik. Lehrbuch der klinischen Hämatologie. Von **Otto Naegeli,** Dr. med., Dr. jur. h.c., Dr. der Naturwissenschaften h. c., o. ö. Professor der Inneren Medizin an der Universität und Direktor der Medizinischen Universitätsklinik Zürich Fünfte, vollkommen neubearbeitete und erweiterte Auflage. Mit 104 zum größten Teil farbigen Abbildungen. XVII, 704 Seiten. 1931. RM 86.—; gebunden RM 89.60*

Die konstitutionelle Disposition zu inneren Krankheiten. Von Dr. **Julius Bauer,** Privatdozent für Innere Medizin an der Universität Wien. Dritte, vermehrte und verbesserte Auflage. Mit 69 Abbildungen. XII, 794 Seiten. 1924. RM 40.—; gebunden RM 42.—*

Vorlesungen über allgemeine Konstitutions- und Vererbungslehre. Für Studierende und Ärzte. Von Dr. **Julius Bauer,** Privatdozent für Innere Medizin an der Universität Wien. Zweite, vermehrte und verbesserte Auflage. Mit 56 Textabbildungen. IV, 218 Seiten. 1923. RM 6.50*

Konstitution und Vererbung in ihren Beziehungen zur Pathologie. Von Professor Dr. **Friedrich Martius,** Geheimer Medizinalrat, Direktor der Medizinischen Klinik an der Universität Rostock. (Aus: „Enzyklopädie der klinischen Medizin", Allgemeiner Teil) Mit 13 Textabbildungen. VIII, 259 Seiten. 1914. RM 12.60*

Konstitutionspathologie in den medizinischen Spezialwissenschaften. Herausgegeben von **Julius Bauer,** Wien.

1. Heft. **Konstitutionspathologie in der Kinderheilkunde.** Von Privatdozent Dr. Richard Lederer, Wien. Mit 25 Abbildungen. VII, 160 Seiten. 1924. RM 6.90*

2. Heft. **Konstitutionspathologie in der Ohrenheilkunde.** Von Professor Dr. Julius Bauer und Privatdozent Dr. Conrad Stein, Wien. Mit 58 Abbildungen. VI, 340 Seiten. 1926. RM 24.—*

3. Heft. **Konstitutionspathologie in der Orthopädie.** Erbbiologie des peripheren Bewegungsapparates. Von Dr. Berta Aschner und Privatdozent Dr. Guido Engelmann, Wien. Mit 80 Abbildungen. VII, 312 Seiten. 1928. RM 28.—*

Konstellationspathologie und Erblichkeit. Von Dr. **N. Ph. Tendeloo,** Professor der Allgemeinen Pathologie und der Pathologischen Anatomie an der Reichsuniversität Leiden. IV, 32 Seiten. 1921. RM 1.20*

Grundzüge einer Konstitutions-Anatomie. Von Professor Dr. **Walter Brandt,** Abteilungsvorsteher am Anatomischen Institut der Universität Köln. Mit 135 Abbildungen. IV, 382 Seiten. 1931. RM 28.—; gebunden RM 29 80

** Auf die Preise der vor dem 1. Juli 1931 erschienenen Bücher wird ein Notnachlaß von 10% gewährt.*